普通高等教育“十二五”创新型规划教材

Visual Basic 6.0 程序设计

主　编　陈　琦　唐建军　刘丁发

副主编　谭　亮　李光泉　凌　琳
　　　　徐照兴

参　编　裴冬菊　蒋　伟　李　娟
　　　　粮婵新　吴　燕　段瑞波
　　　　周传颂

北京理工大学出版社

BEIJING INSTITUTE OF TECHNOLOGY PRESS

图书在版编目（CIP）数据

Visual Basic 6.0 程序设计/陈琦，唐建军，刘丁发主编．—北京：北京理工大学出版社，2012.8

ISBN 978-7-5640-6559-1

Ⅰ.①V…　Ⅱ.①陈…②唐…③刘…　Ⅲ.①BASIC 语言-程序设计　Ⅳ.①TP312

中国版本图书馆 CIP 数据核字（2012）第 186927 号

出版发行／北京理工大学出版社
社　　址／北京市海淀区中关村南大街 5 号
邮　　编／100081
电　　话／(010)68914775(总编室)　68944990(批销中心)　68911084(读者服务部)
网　　址／http://www.bitpress.com.cn
经　　销／全国各地新华书店
印　　刷／北京慧美印刷有限公司
开　　本／787 毫米×1092 毫米　1/16
印　　张／16.25
字　　数／374 千字
版　　次／2012 年 8 月第 1 版　2012 年 8 月第 1 次印刷
印　　数／1～4000 册
定　　价／39.80 元

责任编辑／钟　博
责任校对／陈玉梅
责任印制／王美丽

图书出现印装质量问题，本社负责调换

前 言

Visual Basic (简称 VB)是可视化的面向对象和采用事件驱动的结构化高级程序设计语言。它功能强大,覆盖了程序设计领域中文件访问技术、数据库访问技术、图形处理技术、多媒体处理技术、Internet 技术、通信技术等多方面;使用方便、简单易学、容易掌握,初学者比较容易入门。

本书适合用做本科 VB 课程的通用教材,也适合作为 VB 二级考试参考用书。本教材在内容的组织上结合了作者多年担任 VB 教学的经验,以实用性为原则,有针对性地精选内容、安排章节,在内容描述上也进行了有效改进,突出了应用能力的培养这个主旨。综观全书,本教材可归结为以下几个特点:

(1)内容选择合理。VB 功能强大,内容繁多,因此作为本科学生应该学习哪些内容尤为重要,作者在这方面作了大量的调查了解后,科学合理地选定了其中的内容。

(2)实用性强。本书既可用做本科教材也可作为 VB 二级考试参考用书,文字内容通俗易懂,讲解细致,适合初次学习可视化编程的人员学习。

(3)采用内容加小结加实训加习题的编排方式。每章的内容讲解都引用了大量例题,强调实际动手能力的培养,同时又增加了较多的习题,包括二级 Visual Basic 考试练习题、与开发应用有关的练习题等,便于不同需求的读者取舍;另外每章作了小结,配了上机实训内容。

(4)采用教学内容加案例、理论加实践的讲述方法。读者在学好 VB 基础的前提下,动手能力、应用开发能力会得到提高。

本教材是多位老师精心合作的结晶,共分为 9 章。具体分工如下:江西农业大学陈琦编写了第一章、第四章和第九章;江西农业大学唐建军编写了第二章；江西先锋软件职业技术学院刘丁发(江西名师)编写了第三章；江西农业大学谭亮、李光泉、凌琳和江西服装学院徐照兴共同编写了第六、七、八章；昆明艺术职业学院段瑞波和长春汽车工业高等专科学校周传颂共同编写了第五章。江西农业大学裴冬菊、蒋伟、李娟、稂婵新、吴燕共同编写了书后习题，全书由陈琦老师统稿。

由于编者水平有限，书中难免存在错误和不足，恳请读者批评指正。

编　者

目录

第一章

Visual Basic 6.0 程序开发环境

本章学习导读

Visual Basic（简称 VB）是美国微软（Microsoft）公司推出的 Windows 环境下的应用程序开发工具，它继承了 Basic 语言简单易学的优点，同时增加了许多新的功能。Visual Basic 是当今世界上使用最广泛的编程语言之一，也被公认为是效率最高的一种编程语言。从数学计算、数据库管理、客户/服务器软件、通信软件、多媒体软件到 Internet/Intranet 软件，都可以用 Visual Basic 开发完成。由于 VB 易学好用、编程效率高，目前被广泛采用。

一、Visual Basic 6.0 的特点和版本

Visual Basic 是从 Basic 语言发展而来的，是开发 Windows 环境下图形用户界面软件的可视化工具。Visual 意指“可视的”，指的是采用可视化的开发图形用户界面（GUI）的方法，一般不需要编写大量代码描述界面元素的外观和位置，而只要把需要的控件拖放到屏幕上的相应位置即可。Basic 意指“初学者通用符号指令代码”（Beginners All Purpose Symbolic Instruction Code）。Visual Basic 采用 Basic 语言作为程序代码，并在原有 Basic 语言基础上进一步发展，至今已包含数百条语句、函数及关键词，其中很多与 Windows 图形用户界面（GUI）有直接关系。在 VB 中引入了面向对象的概念，把各种图形用户界面元素抽象为不同的控件，如各种各样的按钮、文本框、图片框等。VB 把这些控件模式化，为每个控件赋予若干属性和方法来控制其外观及行为。这样，在开发 VB 应用程序过程中，无须编写大量代码描述界面元素的外观和位置，只要从 VB 工具箱中把预先建立好的控件直观地加到屏幕上，就像使用“画图”之类的绘图程序，通过选择画图工具来画图一样，从而极大地提高了编程效率。

（一）Visual Basic 6.0 的特点

VB 是目前所有图形用户界面程序开发语言中最简单、广泛采用的语言之一。VB 主要有以下特点。

❶ 提供面向对象的可视化设计平台

利用传统的程序设计语言进行程序设计时，需要花费大量精力设计用户界面，且在设计过程中看不到程序的实际显示效果，必须在程序运行时才能观察。如发现界面不满意，还要回到程序中予以修改，这一过程常常需要反复多次。VB 提供的可视化设计平台，为程序员创造了所见即所得的开发环境，程序员不必再为界面设计编写大量程序代码，只需按设计要求，用系统提供的工具在屏幕上“画出”各种对象，无须知道对象的生成过程，VB 将自动生成界面设计代码。程序员所要编写的只是实现程序功能的那部分代码。

❷事件驱动的编程方式

传统的编程方式是面向过程的，程序员必须考虑执行每一步程序的顺序，即程序的执行完全按事先设计的流程运行，无疑增加了程序员的思维负担。VB 引入了面向对象的概念，采用事件驱动式编程机制，在 VB 图形用户界面应用程序中，用户的动作（即事件）决定着程序的运行流向，每个事件都驱动一段程序的运行。程序员在设计应用程序时，只要编写若干个具有特定功能的子程序（即事件过程和通用过程），这些过程分别面向不同的对象，但无须考虑它们之间的先后次序，各过程的运行由用户操作对象时引发的某个事件来驱动。

❸ 结构化的程序设计语言

结构化的程序设计语言，是指它能够方便地实现"自顶向下、分而治之、模块化"的程序设计方法。VB 是在结构化的 Basic 基础上发展起来的，具有高级程序设计语言的结构化语句、丰富的数据类型、众多的内部函数，便于程序的模块化、结构化设计。其结构清晰，简单易学。在输入代码的同时，编辑器自动进行语法检查。在设计过程中，可随时运行程序，随时调试改正错误，而在整个应用程序设计好后，可编译生成可执行文件（.exe），脱离 VB 环境，直接在 Windows 环境下运行。

❹ 交互式程序设计

传统高级语言编程一般都要经过三个步骤，即编码、编译和测试代码，其中每一步还需要调用专门的处理程序，而 Visual Basic 与传统的高级语言不同，它将这 3 个步骤的操作都集中在集成开发环境内统一处理，使得 3 个步骤之间不再有明显的界限，大大方便了设计人员的使用。在大多数语言中，如果设计人员在编写代码时发生错误，则只有在该程序编译时，错误才会被编译器捕获，此时设计人员必须查找并改正错误，然后再一次进行编译，对于每一个发现的错误都要重复这样的过程。而 Visual Basic 则不同，它采用交互式的在线检测式，即在设计人员输入代码时，便对其进行解释，即时捕获并突出显示其语法或拼写错误，使设计人员能及时发现并改正错误。

❺ 开放的数据库功能与网络支持

VB 系统具有很强的数据库管理功能，不仅可以管理 MS Access 格式的数据库，还能访问其他外部数据库，如 FoxPro、Dbase、Paradox 等格式的数据库。另外，VB 还提供了开放式数据连接（ODBC）功能，可以通过直接访问或建立连接的方式使用并操作后台大型网络数据库，如 SQL Server、Oracle 等。在应用程序中，可以使用结构化查询语言（SQL）直接访问服务器上的数据库，并提供简单的面向对象的库操作命令、多用户数据库的加锁机制和网络数据库编程技术，为单机上运行的数据库提供 SQL 网络接口，以便在分布式环境中快速而有效地实现客户/服务器（Client/Server）方案。

（二）Visual Basic 的版本

微软公司为了简化 Windows 应用程序的开发过程，于 1991 年推出了 Visual Basic1.0 版，并获得巨大成功。随着 Windows 操作系统版本的不断更新，Visual Basic 的版本也不断更新升级，到 1998 年推出 Visual Basic 6.0 版，已经经历了 6 个版本。Visual Basic 的最新版本是 2002 年发布的 Visual Studio. net 套件中的 Visual Basic. net，该版本网络功能更强，但由于 Visual Basic. net 对运行环境要求较高，目前使用还不够广泛。

目前拥有用户最多的 Visual Basic 版本仍然是 Visual Basic 6.0，它包括三种版本：学习版、专业版和企业版。三种版本适合于不同的用户层次，大多数应用程序可在三种版本中通用。

❶ 学习版(Learning Edition)

学习版是 Visual Basic 的基础版本,可用来开发 Windows 应用程序。该版本包括了所有内部控件(标准控件)、网格(Grid)控件以及数据绑定控件。

❷ 专业版(Professional Edition)

专业版包括了学习版的全部功能,同时还包括 ActiveX 控件、Internet 控件和报表控件等。该版本为专业编程人员提供了一套功能完备的开发工具。

❸ 企业版(Enterprise Edition)

企业版是可供专业编程人员使用的、功能强大的客户/服务器或 Internet/Intranet 应用程序开发工具。它包括了专业版的全部功能,还增加了自动化管理器、部件管理器、数据库管理工具等。

本书以 Visual Basic 6.0 企业版作为学习环境,但书中程序仍然可在专业版中运行,大多数程序可在学习版中运行。为叙述方便,除特别声明外,在本书中 Visual Basic 6.0 简称 VB。

二、VB 的安装和启动

(一)VB 的安装

❶ 系统要求

VB 可以运行在 Windows 9x/Me/NT/2000/XP 环境下,安装时对软、硬件没有特殊要求。对环境的要求与 Windows 9x/Me/NT/2000/XP 环境基本相同。如果安装企业版,对硬盘的要求为 150MB 左右,除此之外,安装帮助系统 MSDN 需硬盘空间 70MB 左右。

❷ 安装

VB 系统存放在一张安装光盘(CD)上。安装过程与其他 Microsoft 应用软件的安装过程类似,首先将 VB 安装盘放入光驱,然后在"我的电脑"或"资源管理器"中执行安装光盘上的 Setup 程序,启动安装程序,在安装程序的提示下进行安装。对于初学者可采用"典型安装"方式,但该方式不会将系统提供的图库(即界面设计时可能用到的一些图形文件)装入计算机。另外,VB 联机帮助文件使用 MSDN(Microsoft Developer Network)Library 文档的帮助方式,MSDN 与 VB 系统不在一张 CD 盘上,而与 Visual Studio 产品的帮助集合在另外两张 CD 盘上,在安装过程中,系统会提示插入 MSDN 盘。

(二)VB 的启动与退出

❶VB 的启动

Visual Basic 6.0 的启动方式主要有以下三种。

(1)单击 Windows 桌面左下角的"开始"按钮,执行"开始"→"程序"→Visual Basic 6.0 菜单操作。

(2)建立启动 Visual Basic 6.0 的快捷方式,通过快捷方式图标启动 Visual Basic 6.0。

(3)使用"开始"菜单中的"运行"命令,在"打开"栏内输入"C:\Program Files\Microsoft Visual Studio \VB98\VB6. EXE",单击"确定"按钮,即可启动 Visual Basic 6.0。

在成功启动 Visual Basic 6.0 之后,屏幕上会显示一个"新建工程"对话框,如图 1－1 所示。

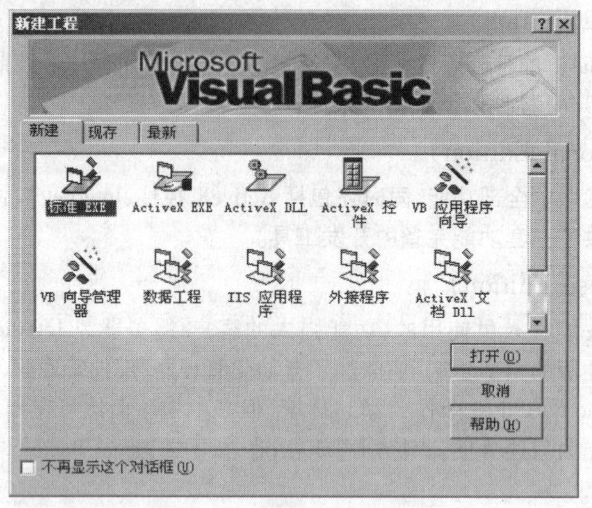

图 1－1　“新建工程”对话框

❷VB 的退出

如果要退出 VB，可单击 VB 窗口的“关闭”按钮，或者选择“文件”菜单中的“退出”命令，VB 会自动判断用户是否修改了当前工程的内容，并询问用户是否保存文件或直接退出。

三、Visual Basic 的集成开发环境

Visual Basic 被启动后，用户在对话框中选择一个要建立的工程类型，单击“打开”按钮，就进入了 Visual Basic 的集成开发环境。Visual Basic 的集成开发环境除了 Microsoft 应用软件常规的标题栏、菜单栏、工具栏外，还包括 VB 的几个独立的窗口，如图 1－2 所示。VB 应用程序的开发过程几乎都可以在集成环境中完成。

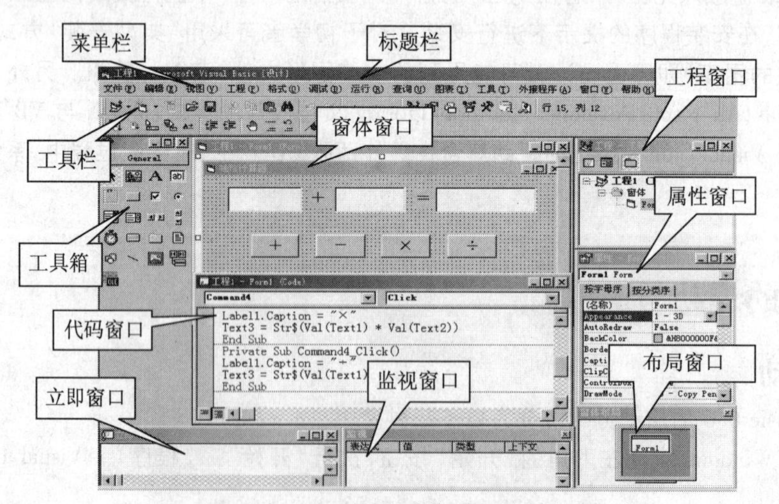

图 1－2　VB 应用程序集成开发环境

VB 的主窗口

❶ 标题栏

标题栏中显示的内容包括窗体控制菜单图标、当前激活的工程名称、当前工作模式以及最小化、最大化/还原、关闭按钮。标题栏中的标题为"工程 1 - Microsoft Visual Basic[设计]",说明此时集成开发环境处于设计模式,在进入其他状态时,方括号中的文字会有相应的变化。VB 有如下三种工作模式。

(1)设计模式:创建应用程序的大多数工作都是在设计时完成的。在设计时,可以设计窗体、绘制控件、编写代码并使用"属性"窗口来设置或查看属性设置值,可进行用户界面的设计和代码的编写,完成应用程序的开发。

(2)运行模式:代码正在运行的时期,用户可与应用程序交流,可查看代码,但不能改动它。

(3)中断模式:程序在运行的中途被停止执行时。在中断模式下,用户可查看各变量及不是属性的当前值,从而了解程序执行是否正常。还可以修改程序代码,检查、调试、重置、单步执行或继续执行程序,但不可编辑界面。按 F5 键或单击"继续"按钮程序继续运行;单击"结束"按钮停止程序运行。在此模式中会弹出立即窗口,在窗口内可输入简短的命令,并立即执行,以便检查程序运行状态。

❷ 菜单栏

Visual Basic 集成开发环境下的菜单栏中包含 VB 所需要的命令,Visual Basic 的菜单栏中包括 13 个下拉菜单,这是程序开发过程中的常用命令。

(1)文件(F):用于创建、打开、保存工程以及生成可执行文件等。

(2)编辑(E):用于程序源代码的编辑。

(3)视图(V):用于查看对象和打开各种窗口。

(4)工程(P):用于添加窗体、各种模块和控件。

(5)格式(O):用于窗体控件的对齐格式化。

(6)调试(D):用于程序的调试和查错。

(7)运行(R):用于程序启动、设置中断和停止运行等。

(8)查询(U):VB 6.0 新增,在设计数据库应用程序时用于设置 SQL 属性。

(9)图表(I):VB 6.0 新增,在设计数据库应用程序时用于编辑数据库。

(10)工具(T):用于集成开发环境下工具的扩展。

(11)外接程序(A):用于增加或删除外接程序。

(12)窗口(W):用于窗体的层叠、平铺等布局以及窗体的切换。

(13)帮助(H):用于在线帮助。

❸ 工具栏及对象指示区

利用工具栏可快速访问常用的菜单命令。除了图 1-3 所示的"标准"工具栏外,还有"编辑""窗体编辑器""调试"等专用工具栏。要显示或隐藏工具栏,可以选择"视图"菜单的"工具栏"命令或在"标准"工具栏处单击鼠标右键进行所需工具栏的选取。工具栏的右端是窗体或控件指示区,左边数字表示对象的坐标位置(窗体工作区左上角为坐标原点),右边数字表示对象的宽度和高度,其默认单位是 twip(1 英寸 = l440twip),可以通过窗体的 ScaleMode 属性改变。

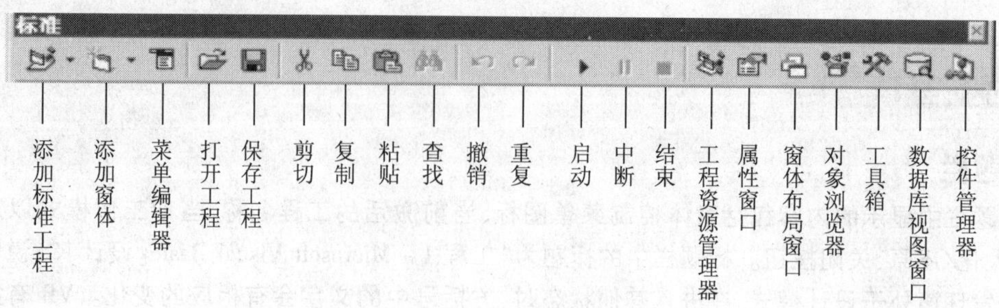

图 1-3　VB“标准”工具栏

❹ 窗体设计窗口

窗体设计窗口简称窗体(Form),就是应用程序最终面向用户的窗口。在应用程序运行时,各种图形、图像、数据等都是通过窗体或窗体中的控件显示出来的。在设计状态下,窗体中布满了排列整齐的网格点,如图 1-2 所示,这些网格方便设计者对控件的定位。如果要清除网格点或者改变点与点之间的距离,可通过执行“工具”菜单中的“选项”命令,在其中的“通用”选项卡中进行调整。程序运行时窗体的网格不显示。窗体的左上角显示的是窗体的标题,右上角有三个按钮,其作用与 Windows 下普通窗口中的作用相同。

在设计应用程序时,窗体就像一块画布,程序员根据程序界面的要求,从工具箱中选取需要的控件,在窗体中画出来。一般地,窗体中的控件可在窗体上随意移动、改变大小,锁定后则不可随意修改。窗体设计是应用程序设计的第一步。

❺ 工程资源管理器窗口

工程是指一个应用程序的所有文件的集合。工程资源管理器窗口(简称工程窗口)采用 Windows 资源管理器式的界面,层次分明地列出当前工程中的所有文件的清单,一般包括窗体文件(.frm)和标准模块文件(.bas)等类型文件,如图 1-4 所示。另外,每个工程对应一个工程文件(.vbp)。

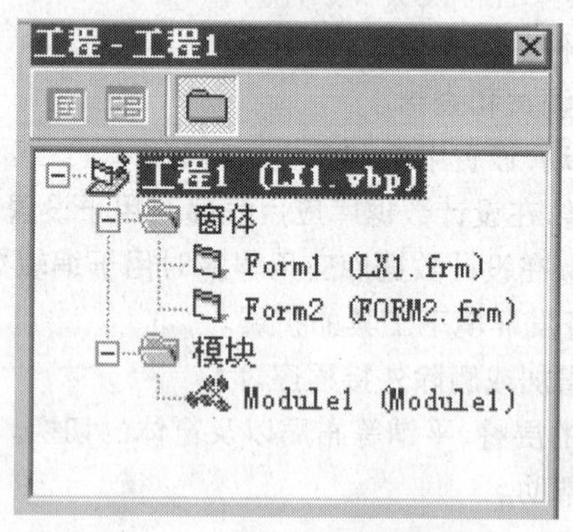

图 1-4　工程资源管理器窗口

1)工程文件

工程文件的扩展名为.vbp,工程文件用来保存与该工程有关的所有文件和对象的清单,这些文件和对象自动链接到工程文件上,每次保存工程时,其相关文件信息随之更新。在工程的所有对象和文件被汇集在一起并完成编码以后,就可以编译工程,生成可执行文件。

2)窗体文件

窗体文件的扩展名为.frm,该文件存储窗体上使用的所有控件对象和有关属性、对象的事件过程和通用代码等信息。每个窗体对应一个窗体文件,一个应用程序至少有一个窗体,可以拥有多个窗体。执行“工程”菜单中的“添加窗体”命令或单击工具栏中的“添加窗体”按钮,可以增加一个窗体。而执行“工程”菜单中的“移除窗体”命令,可以删除当前的窗体。每建立一个窗体,工程窗口中就增加一个窗体文件,每个窗体都有一个不同的名字,可以通过属性窗口设计(Name 属性),窗体默认名称为 Form1、Form2、Form3 等。

3)标准模块文件

标准模块文件的扩展名是.bas,它是为合理组织程序而设计的。标准模块是一个纯代码性质的文件,主要用来声明全局变量和定义一些通用的过程,它不属于任何一个窗体,可以被多个不同窗体中的程序调用。标准模块通过“工程”菜单中的“添加模块”命令来建立。一个标准模块对应一个标准模块文件。

在工程窗口的顶部还有三个按钮,分别是:“查看代码”“查看对象”和“切换文件夹”按钮。单击“查看代码”按钮可打开代码窗口,显示和编辑器代码;单击“查看对象”按钮可打开窗体设计窗口,查看和设计当前窗体;单击“切换文件夹”按钮则可以隐藏或显示文件夹中的个别项目列表。

❻ 属性窗口

在 VB 集成环境的默认视图中,属性窗口位于工程窗口的下面。按 F4 键,或者单击工具栏中的“属性窗口”按钮,或者选取“视图”菜单中的“属性窗口”子菜单,均可打开属性窗口,如图 1-5 所示。

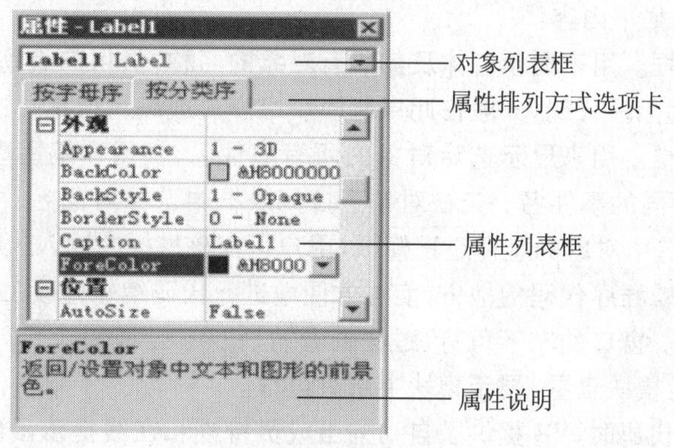

图 1-5　“属性”窗口

在 VB 中,窗体和控件被称为对象。每个对象都可以用一组属性来描述其特征,如颜色、字体、大小等,属性窗口就是用来设置窗体和窗体中控件的属性的。属性窗口中包含选定对象(窗体或控件)的属性列表,系统为每个属性预置了一个默认值,用户在程序设计时可通过修改对象的属性来改变其外观和相关特性,这些属性值将是程序运行时各对象的初始属性。

属性窗口由以下部分组成:

(1)对象列表框:修改对象的属性首先要选定对象,对象列表框中显示了当前窗体和其中所有对象的名称及所属的类。单击右端的下拉箭头,可打开列表框,从中可选择需更改其属性的对象。

(2)属性排列方式选项卡:可采用“按字母序”或“按分类序”两种方式来显示所选对象的属性。

(3)属性列表框:其中列出了所选对象在设计模式下可更改的属性及其默认值,对于不同的对象列出的属性也不同。列表框左半边显示所选对象的所有属性名,右半边显示相应的属性值。用户可以选定某一属性,然后对该属性值进行设置和修改。在实际的应用程序设计中,没有必要设置对象的所有属性,大多数属性可以使用默认值。

(4)属性说明:显示当前属性的简要说明。可通过右键快捷菜单中的"描述"命令来切换显示或隐藏属性说明。

❼ 代码窗口

代码窗口是专门用来进行程序代码设计的窗口,它可以显示和编辑程序代码,如图1-6所示。

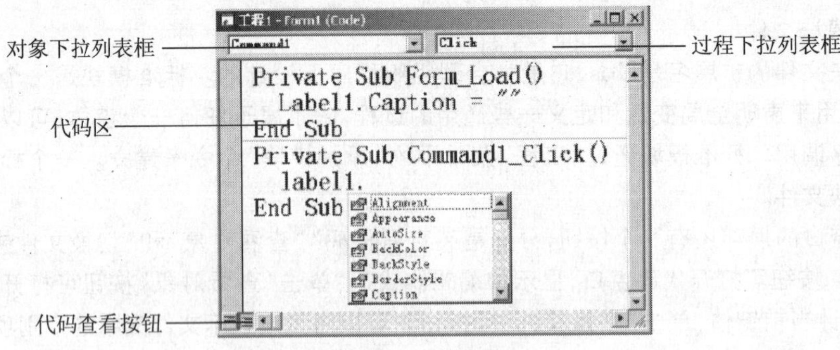

图1-6　代码窗口

每个窗体都有各自的代码窗口。打开代码窗口有四种方法:双击窗体或控件、单击工程窗口中的"查看代码"按钮、选择"视图"菜单中的"代码窗口"命令、选择右键快捷菜单中的"查看代码"命令。

代码窗口主要包括如下内容:

(1)对象下拉列表框。用来显示窗体及其所有对象的名称,供用户编写代码时选择操作对象,其中"通用"用来编写通用段代码,一般在此声明模块级变量或编写自定义过程。

(2)过程下拉列表框。用来显示选定对象的所有事件名,供用户编写事件过程时选择触发事件。不同的对象会有不同的事件名。先在对象下拉列表框中选择对象名,再在过程下拉列表框中选择事件名,即可构成选中对象的事件过程模板,用户可在该模板内输入代码。

(3)代码区。是编辑程序代码的地方,能够方便地进行代码编辑修改工作。

(4)代码查看按钮。窗口的左下角有"过程查看"按钮和"全模块查看"按钮,"过程查看"只显示所选的一个过程,"全模块查看"显示模块中所有过程。

(5)在输入和编辑代码时,VB提供了自动列出成员特性和在线提示函数语法的特性。当要输入控件的属性和方法时,在控件名后输入小数点,VB会自动显示一个下拉列表框,其中包含了该控件的所有成员(属性和方法),如图1-6下方所示。依次输入成员的前几个字母,系统会自动检索并显示出需要的成员,从列表中选中成员并按Tab键即可完成输入。当不熟悉控件有哪些属性时,该项功能非常有效。

如果系统设置禁止"自动列出成员"特性,可使用快捷键Ctrl+J获得该特性。

❽ 工具箱窗口

工具箱窗口如图1-7所示,它由工具图标组成,这些图标是VB应用程序的构件,称为图形对象或控件,每个控件由工具箱中的一个图标来表示。工具箱主要用于应用程序的界面设计。在设计阶段,首先用工具箱中的工具(控件)在窗体上建立用户界面,然后编写程序代码。界面的设计完全通过控件来实现。

VB默认的工具箱中有21个图标,其中20个控件被称为标准控件(注意,指针不是控件,它仅用于移动窗体和控件,以及调整它们的大小)。用户也可通过"工程"菜单的"部件"命令将Windows中注册过的其他控件(ActiveX控件)装入工具箱中。在设计状态下,工具箱通常是出现的,若不想显示工具箱,可以关闭工具箱窗口;若要再显示,可选择"视图"菜单的"工具箱"命令。在运行状态时，工具箱自动隐去。

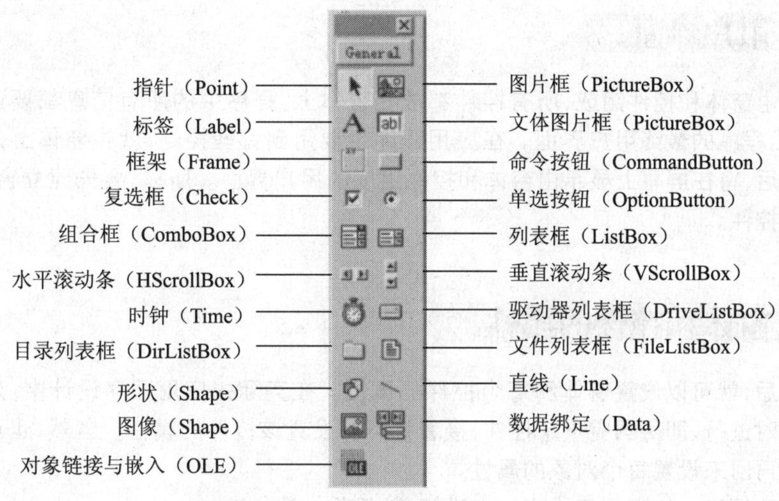

图 1－7　工具箱窗口

❾ 窗体布局窗口

窗体布局窗口中有一个表示屏幕的小图像，用来显示窗体在屏幕中的位置，可以用鼠标拖动其中的窗体小图标来调整窗体在运行时的位置。

❿ 立即窗口

立即窗口主要用于程序调试。使用立即窗口可以在中断状态下查询对象的值，也可以直接在该窗口使用 Print 语句或"?"显示变量或表达式的值，还可以在程序代码中利用 Debug. Print 方法，把输出送到立即窗口。"立即"窗口如图 1－8 所示，前 3 行是输入的命令。

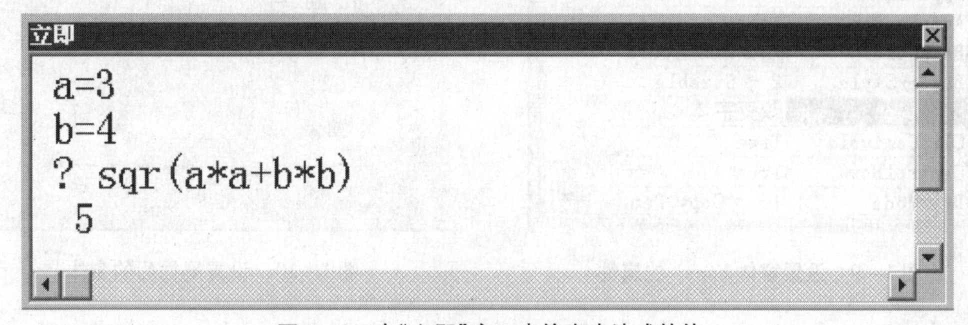

图 1－8　在"立即"窗口中输出表达式的值

四、可视化编程的一般步骤

VB 可视化编程不需要编写大量代码去描述界面元素的外观和位置，而是采用面向对象、事件驱动的方法。VB 的对象已被抽象为窗体和控件，因而大大简化了程序设计。用 VB 开发应用程序，一般包括三个主要步骤：建立用户界面、设置窗体和控件的属性、编写代码。

(一)建立用户界面

用户界面由窗体和控件组成,所有控件都放在窗体上,程序中的所有信息都要通过窗体显示出来,它是应用程序的最终用户界面。在应用程序中要用到哪些控件,就在窗体上建立相应的控件。程序运行后,将在屏幕上显示由窗体和控件组成的用户界面。所以,要先建立窗体,然后在窗体上创建各种控件。

(二)设置窗体和控件的属性

建立界面后,就可以设置窗体和每个控件的属性。在实际的应用程序设计中,建立界面和设置属性可以同时进行,即每画完一个控件,接着就可以设置该控件的属性。当然,也可以在所有对象建立完成后再回来设置每个对象的属性。

对象属性的设置一般可在属性窗口中进行,其操作方法如下。

❶ 设置窗体 Form1 的属性

单击窗体的空白区域选中窗体,在属性窗口中找到标题属性 Caption,将其值改为"改变字体",如图 1-9 所示;设置属性后的窗体如图 1-10 所示。

属性 - Form1

Form1 Form

按字母序 | 按分类序

(名称)	Form1
Appearance	1 - 3D
AutoRedraw	False
BackColor	&H8000000F&
BorderStyle	2 - Sizable
Caption	改变字体
ClipControls	True
ControlBox	True
DrawMode	13 - Copy Pen

图 1-9 设置窗体 Form1 的属性

图 1-10 设置属性后的窗体

❷ 设置控件的属性

单击窗体上的控件,确认选中该控件,根据需要逐一设置控件的各属性。单击选中标签控件 Label1,将其 Caption 属性设为"欢迎使用 Visual Basic ";将其 AutoSize 属性改为"True",使标签自动改变大小以适应文本的长短;在属性窗口找到并选中 Font"字体"属性,单击其右边的对话框按钮,在打开的"字体"对话框中设置字体大小。依次单击选中命令按钮 Command1 和 Command2,分别将它们的标题属性 Caption 设为"黑体"和"楷体"。属性设置后的窗体如图 1-10 所示。

❸ 编写代码

由于 VB 采用事件驱动编程机制,因此大部分程序都是针对窗体中各个控件所能支持的方法或事件编写的,这样的程序称为事件过程。例如,命令按钮可以接收鼠标事件,如果单击该按钮,鼠标事件就调用相应的事件过程做出相应的反应。

下面以图 1 – 11 所示的“改变字体”程序为例，叙述可视化编程的一般步骤。

1）新建一个工程

在 VB 中，开发的每个应用程序都被称为工程，新建一个工程有两种方法：

（1）启动 VB 后，系统显示“新建工程”对话框，在“新建”选项卡中选择“标准 EXE”项，然后单击“打开”按钮。

（2）选择“文件”菜单中的“新建工程”命令，在“新建工程”对话框中选择“标准 EXE”项，然后单击“确定”按钮。

采用上述任一种方法进入 VB 的集成开发环境，开始设计工程，即应用程序。系统默认的窗体只有一个 Forml。

图 1 – 11　程序运行界面

2）添加控件

向窗体中添加控件的方法是：单击工具箱中的“控件”图标，移动鼠标到窗体，鼠标指针变成十字形状，此时按下鼠标左键并拖动，即可在窗体上画出对应控件。在窗体 Form1 上绘出程序所需的控件，本例包括一个标签控件 Lablel，两个命令按钮控件 Command1、Command2，如图 1 – 12 所示，同类型控件的序号依次自动增加。

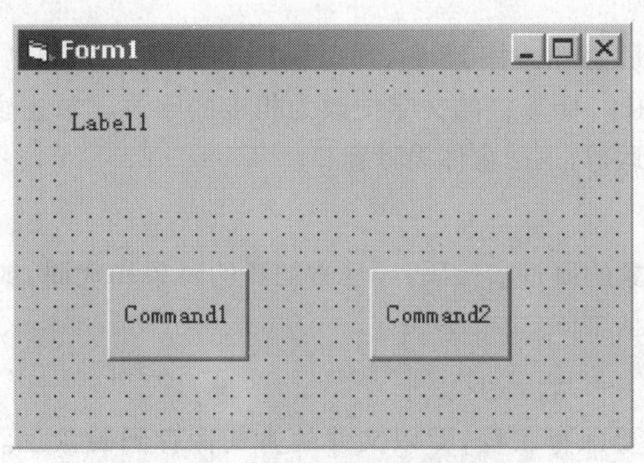

图 1 – 12　添加控件进行界面设计

❹ 编写代码

编写代码只能在代码窗口进行。用前面介绍的方法首先打开代码窗口，接着在窗口的对象下拉列表框中选择对象 Command1，再在过程下拉列表框中选择 Click（单击）事件，此时系统在代码区自动生成该事件过程的首行和尾行代码：

```
Private Sub Command3_Click()
13
End Sub
```

首尾两行代码程序员不必重复输入，只要在首、尾两行代码之间输入该事件过程必须实现的功能的代码：

```
Private Sub Commandl Click()
Label1.FontName = "黑体"'将标签中字体改为黑体
EndSub
```

用同样的方法输入命令按钮 Command2 的单击事件过程代码：

```
Private Sub Command2_Click()
Label1.FontName = "楷体_GB2312"
End Sub
```

输入事件过程代码如图 1－13 所示。

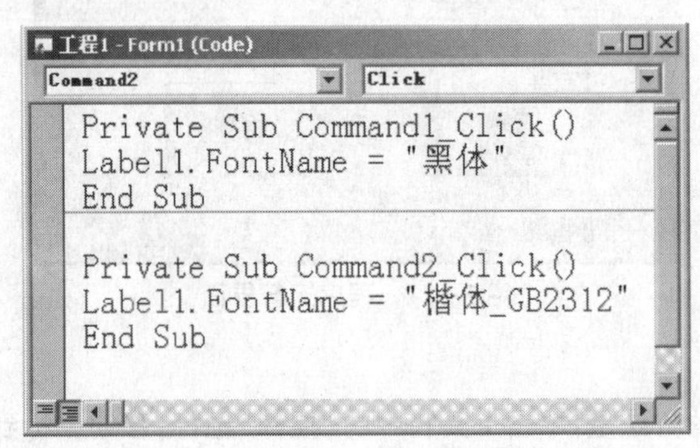

图 1－13　在代码窗口输入事件过程代码

❺ 运行工程

单击工具栏上的"启动"按钮或按 F5 键，即可运行工程，用户界面如图 1－11 所示。单击界面中的"黑体"或"楷体"按钮时，标签中的文字便改为相应的字体。单击窗体标题右上角"关闭"按钮，便可关闭该窗口，结束运行，返回窗体设计窗口。

❻ 修改工程

修改工程包括修改对象的属性和代码，或者添加新的对象和代码，或者调整控件的大小等，直到满足工程设计的需要为止。

❼ 保存工程

在程序调试正确后需要保存工程，即以文件的方式保存到磁盘上。常用下面两种方法保存工程：

(1) 单击"文件"菜单中的"保存工程"或"工程另存为"命令，如图 1－14 所示。

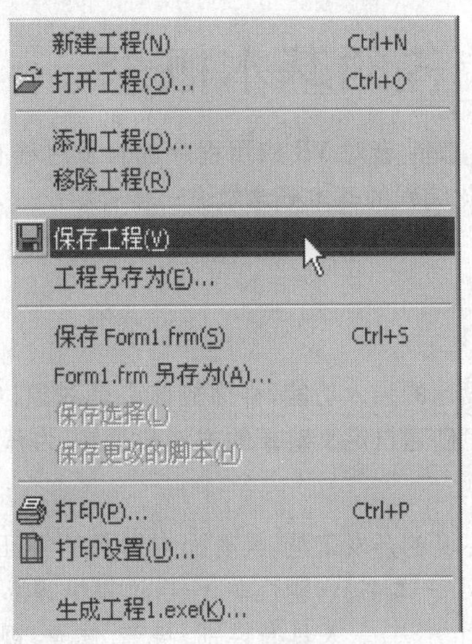

图 1－14　“文件”菜单的保存命令

(2)单击工具栏上的保存工程按钮。

如果新建工程从未保存过，系统将打开“文件另存为”对话框，如图 1－15 所示。由于一个工程可能含有多种文件，如工程文件和窗体文件等，这些文件集合在一起才能构成应用程序。因此，在“文件另存为”对话框中，需注意保存类型，并且将窗体文件(.frm)保存到指定文件夹中。窗体文件存盘后系统会弹出“工程另存为”对话框，保存类型为“工程文件(.vbp)”，默认工程文件名为“工程 1.vbp”，保存工程文件到指定文件夹中。建议将同一工程所有类型的文件存放在同一文件夹中。

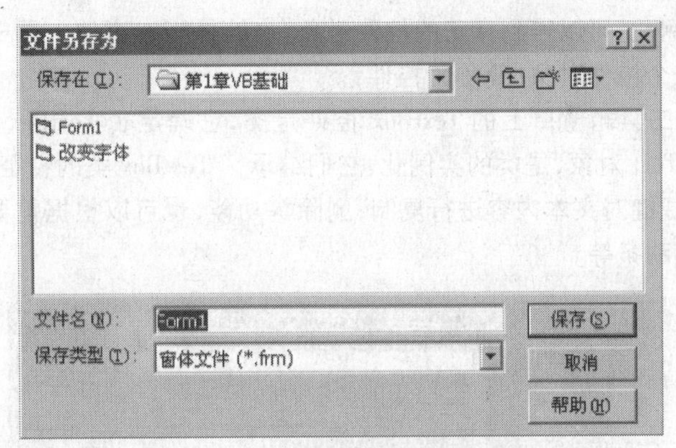

图 1－15　“文件另存为”对话框

如果想保存正在修改的磁盘上已有的工程文件，可直接单击工具栏上的“保存工程”按钮，这时系统不会弹出“文件另存为”对话框。

❽ 工程的编译

当完成工程的全部文件之后，可将此工程转换成可执行文件(.exe)，即编译工程。在 VB 中对程序(工程)的编译操作非常简单。首先在“文件”菜单中选择“生成工程 1.exe”命令，在打开的“生成工程”对话框中选择保存目标程序的文件夹和文件名，单击“确定”按钮即可生成 Windows 中的应用程序。

五、可视化编程的基本概念

通过上面的简单例子介绍，使读者对 VB 应用程序的开发过程有了初步认识。为了更好地掌握和使用 VB，下面对 VB 可视化编程的基本概念做进一步介绍。

（一）对象和类

VB 提供了面向对象程序设计的强大功能，程序的核心是对象（Object）。在 VB 中不仅提供了大量的控件对象，而且还提供了创建自定义对象的方法和工具，为开发应用程序提供了方便。

❶ 对象

VB 作为新一代 Windows 环境的开发工具，具有面向对象的特征。通常，对象被认为是现实生活中存在的各种物体，如一个人、一本书、一辆汽车、一台计算机等都是一个个的对象。任何对象都具有各自的特征（属性）和行为（方法）。人具有性别、身高、体重、视力等特征，也具有起立、行走、说话、写字等行为。在 VB 中，将程序所涉及的窗体（Form）、各种控件（如 Command Button、Label）、对话框和菜单项等视为对象，并将反映对象的特征和行为封装起来，作为面向对象编程的基本元素。

❷ 类

类是创建对象实例的模板，是同种对象的集合与抽象，它包含所创建对象的属性描述和行为特征的定义。例如，人类是人的抽象，一个个不同的人是人类的实例。各个人具有不同的身高、体重等属性值和不同的行为。

在 VB 中，工具箱窗口上的工具图标是 VB 系统设计好的标准控件类，有命令按钮类、文本框类等。通过将控件类实例化，可以得到真正的控件对象，也就是当在窗体上画一个控件时，就将类转换为对象，即创建了一个控件对象（简称为控件）。

如图 1－16 所示，工具箱窗口上的 TextBox 控件是类，它确定了 TextBox 的属性、方法和事件。窗体上显示的是两个 Text 对象，是类的实例化，它们继承了 TextBox 类的特征，具有移动、光标定位到文本框以及通过快捷键对文本内容进行复制、删除等功能，也可以根据需要修改各自的属性，如文本框的大小、添加滚动条等。

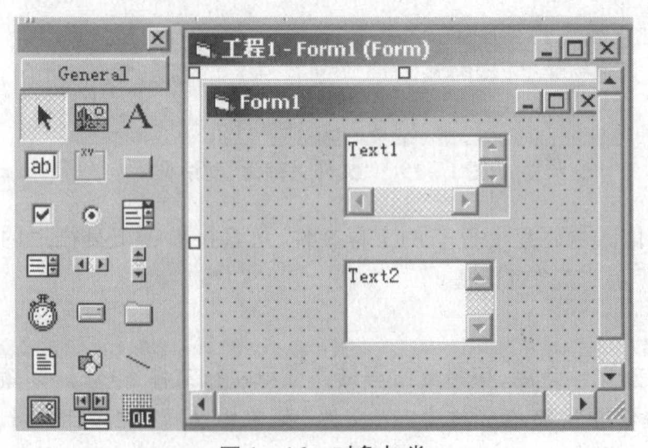

图 1－16　对象与类

窗体是个特例，它既是类也是对象。当向一个工程添加一个窗体时，实际上就由窗体类创建了一个窗体对象。

在 VB 应用程序中，对象为程序员提供了现成的代码，提高了编程的效率。例如，图 1－16 中的 Text 对象本身具有对文本输入、编辑、删除的功能，不需用户再编写相应的程序。

（二）对象的属性、事件和方法

VB 的控件是具有自己的属性、事件和方法的对象，可以把属性看做一个对象的特征，把事件看做对象的响应，把方法看做对象的行为，它们构成了对象的三要素。

❶ 对象的属性

VB 程序中，每个对象都有用来描述和反映该对象特征的参数，称为属性。例如，控件名称（Name）、标题（Caption）、颜色（Color）、是否可见（Visible）等属性决定了对象展现给用户的界面具有怎样的外观及功能。

不同的对象具有各自不同的一组属性，每个属性又可设置不同的属性值，VB 为每个属性预设了一个默认的属性值，用户可以通过以下两种方法修改或设置对象的属性：

①在设计阶段利用属性窗口直接设置对象的属性。这时只要在属性窗口中选中要修改的属性，然后在右列中键入或选择新的值就可以了。每当选择一个属性时，在属性窗口的下部就显示该属性的一个简短提示。

②在程序运行阶段通过程序代码设置对象的属性。这时可使用 VB 的赋值语句来实现，格式为：

对象名.属性名＝属性值

例如下面的语句可将命令按钮对象 Command1 的 Caption 属性设置为“结束”，即按钮显示为：

Command1.Caption＝“结束”

大部分属性既可在设计阶段设置，也可在程序运行阶段设置。但也有一些属性只能在设计阶段通过属性窗口设置（如对象的 Name 属性），而另一些属性又只能在运行阶段通过代码来设置（如驱动器列表框 DriveListBox 的 Drive 属性）。

❷ 对象的事件

1）事件

对于对象而言，事件就是发生在该对象上的事情。例如，在按钮对象上最常发生的事情就是“按一下”，这个“按一下”就是按钮对象的一个事件，在 VB 中称为单击事件。VB 为对象预先定义好了一系列事件，例如，单击（Click）、双击（DblClick）、改变（Change）、键盘按键（KeyPress）、鼠标移动（MouseMove）事件等。对于不同的对象，它能够识别的事件也不相同，同一事件作用于不同的对象，会引发不同的反应，产生不同的结果。比如，上课铃声是一个事件，教师听到铃声就要准备开始上课，向学生传授知识；学生听到铃声，就要准备听教师讲课，接受知识；行政人员不受影响，就可不予响应。

2）事件过程

当对象上发生了某个事件后，应用程序就要根据需要来处理这个事件，而处理的步骤就是事件过程。换句话说，事件过程是处理特定事件的程序代码。

例如，单击 Command1 命令按钮，使命令按钮上的字形改为粗体，则对应的事件过程如下：

```
Private Sub Command1_Click()
```

```
Command1.FontBold = True '将命令按钮上的字形改为粗体
End Sub
```

事件过程是依附于对象的,事件过程名由对象名(Name 属性值)加下划线、事件名组成,如 Command1_Click(),它代表单击命令按钮的事件过程。VB 为每一个对象预设了若干个可能发生的事件,在编写程序时,并不要求对这些事件都编写事件过程,只要对实际需要的事件编写事件过程即可。没有编写代码的空事件过程,系统也就不处理该事件。

3)事件驱动程序设计

VB 采用面向对象、事件驱动的编程机制。程序员只需编写响应用户动作的事件过程和通用过程,而不必考虑这些过程之间的存放次序和执行次序。程序启动后,系统等待某个事件的发生,一旦事件发生,系统将根据发生事件的对象和何种事件来找到相应的事件过程,然后去执行处理此事件的事件过程,待事件过程执行完后,系统又转入等待某个事件发生的状态,如此周而复始地执行,直到遇到 End 语句结束程序运行或单击"结束"按钮强行退出程序,这就是事件驱动程序设计方式。事件过程要经过事件的触发才会被执行,用户对事件驱动的顺序决定了整个程序的执行流程。因此,应用程序每次运行时所经过代码的路径可能是不同的。

❸ 对象的方法

在 VB 中,将一些特殊的过程和函数称之为方法,VB 已将这些特殊的过程和函数编写好并封装起来,作为方法供用户直接调用,这给用户的编程带来了很大方便。如 Print(对象打印)方法、Show(显示窗体)方法、Move(对象移动)方法等。因为方法是面向对象的,所以在调用方法时要注明对象。对象方法的调用格式为:

[对象名.]方法名[参数名表]

其中,若省略对象名,表示为当前对象,一般指当前窗体。例如:

Form1.Print"欢迎使用 Visual Basic!"

此语句使用 Print 方法在对象为 Form1 的窗体中显示"欢迎使用 Visual Basic!"。

(三)窗体对象

窗体(Form)就是平时所说的窗口,是设计用户界面的基础和所有控件的容器。各种控件对象必须建立在窗体上,一个窗体对应一个窗体模块。与 Windows 环境下的应用程序窗口一样,VB 中的窗体也具有控制菜单、标题栏、最大化/复原按钮、最小化按钮、关闭按钮以及边框。窗体的操作与 Windows 下的窗口操作完全相同。

❶ 窗体对象的主要属性

通过修改窗体的属性可以改变窗体内在或外在的结构特征,控制窗体的外观,常用窗体属性如表 1-1 所示。

表 1-1 常用的窗体属性

属性	含义
Name	窗体的名称
Caption	窗体标题栏中显示的标题
BackColor	窗体的背景颜色

续表

属性	含义
BorderStyle	窗体的边框风格
ControlBox	决定窗体是否具有控制菜单
MaxButton	决定窗体右上角是否有最大化按钮
WindowState	通过取值决定窗体是正常、最小化还是最大化状态

❷ 窗体的事件

窗体的事件较多，最常用的事件有 Click、DblClick 和 Load。窗体的 Click 和 DblClick 事件较简单，这里主要介绍 Load 事件。

在传统的程序设计中，一个应用程序结构一般以变量的声明、变量的初值、功能处理、结果输出这样的控制流进行。而在 VB 中，事件驱动的执行方式，使得用户对程序结构有一种没头没尾的感觉。实际上，可以将启动窗体的 Load 事件作为程序的头，而把 End 语句所在的事件过程看成程序的尾。

Load 事件是在窗体被装入内存时触发的事件。当应用程序启动时，系统自动执行该事件，无须用户引发，所以该事件通常用来在启动应用程序时对属性和变量进行初始化。

❸ 窗体对象的常用方法

窗体对象的常用方法有 Print（打印或显示）、Cls（清除）和 Move（移动）等，Print 方法用于在窗体、图片框、打印机上显示和打印信息，详细使用见第三章。

1）Cls 方法

Cls 方法用于清除运行时在窗体（或图片框）中显示的文本或图形，语句格式如下：

[对象.] Cls

若省略其中的对象选项，则表示对象为当前窗体。

注意：用 Cls 方法不能清除窗体在设计时设置的文本和图形。Cls 方法使用后，当前输出位置属性 CurrentX、CurrentY 被设置为 0。

2）Move 方法

Move 方法用于在运行时移动窗体或控件，并可改变其大小。语句格式如下：

[对象.] Move 左边距离[，上边距离[，宽度[，高度]]]

其中：

“对象”可以是窗体及除时钟、菜单外的所有控件，省略了对象，表示为窗体。

“左边距离、上边距离、宽度、高度”为数值表达式，默认以 twip 为单位，通常以对象的 Left、Top、Width 和 Height 属性值来表示。如果对象是窗体，则“左边距离”和“上边距离”以屏幕左边界和上边界为准，否则以窗体的左边界和上边界为准，宽度和高度表示改变其大小。

【例 1.1】 移动对象。程序运行时单击窗体，使命令按钮 Command1 移到窗体的中心。

新建一个工程，在窗体左上角画一个命令按钮控件 Command1（设置 Name 属性为 C1），如图 1－17所示。

编写如下代码：

```
Private Sub Form_Load()
Form1.Caption = "Move 方法示例"
C1.Caption = "按钮对象"
```

```
End Sub
Private Sub Form_Click()
C1.Move Form1.ScaleWidth /2 - C1.Width /2, Form1.ScaleHeight /2 - C1.
Height /2
End Sub
```

程序运行结果如图 1－18 所示。

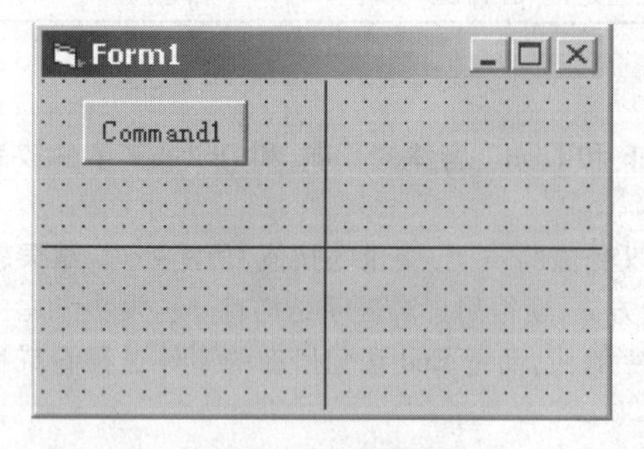

图 1－17　设计界面

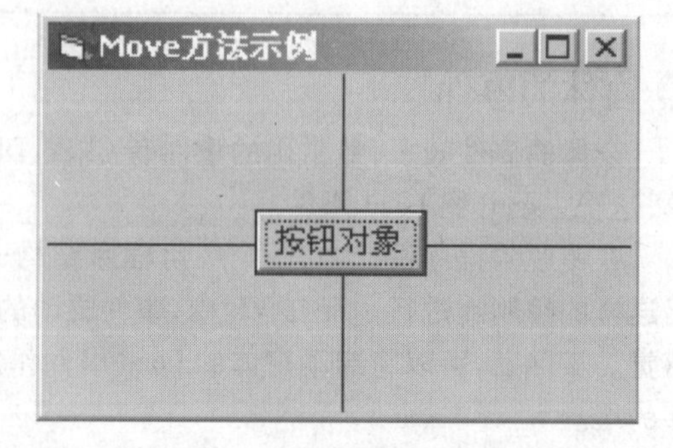

图 1－18　按钮移动到窗体中心

说明：

(1) ScaleWidth 与 ScaleHeight 是窗体的相对宽度与高度，即扣除窗体的边框和标题栏的高度。

(2) 移动窗体上的一个控件，实际上就是改变该控件的 Left 和 Top 属性。所以也可以通过对位置属性赋值来实现，如上例单击事件过程可写成：

```
Private Sub Form_Click()C1.Left = Form1.ScaleWidth /2 - C1.Width /2
C1.Top = Form1.ScaleHeight /2 - C1.Height /2
End Sub
```

(四) 控件

用 VB 开发程序就像盖房子，其中控件就像是盖房子用的钢筋、砖瓦等原材料。程序员使用不同的控件进行组合，并且设置其内部的联系，就可以方便地创建出程序。在 VB 中，控件是预先定义好的能够直接使用的对象。

❶ VB 中控件的类型

1) 内部控件

有时称为标准控件，在默认状态下工具箱中显示的控件都是内部控件，这些控件被“封装”在 VB 的 Exe 文件中，不可从工具箱中删除。如命令按钮、单选、文本框等控件。

2) ActiveX 控件

这类控件单独保存在.ocx 类型的文件中，其中包括各种版本 VB 提供的控件，如数据绑定网格、标准公共对话框、动画和 MCI 等控件，另外也有许多软件厂商提供的 ActiveX 控件。使用这类控件前，要先用“工程”菜单的“部件”命令将其装入工具箱中。

3) 可插入的对象

这类控件由用户根据需要随时创建。这种控件用于将利用 Microsoft Office 组件制作的内容

(如 Excel 工作表或 PowerPoint 幻灯片等)作为一个对象添加到工具箱中。

❷ 控件的画法

将工具箱中的控件添加到窗体中的过程称为“画控件”。

画控件有以下两种方法:

①单击工具箱中的控件按钮,在窗体上拖动鼠标画出控件,画出的控件大小和位置可随意确定。

②双击工具箱中的控件按钮,在窗体的中央自动出现控件,控件的大小和位置是暂时固定的。

❸ 控件的缩放和移动

在窗体上画出控件后,控件的边框上有八个蓝色小方块(称为控点),这表明该控件是“活动”的,通常称为当前控件。单击控件,可以使之成为当前控件。对于选中的控件,可以用两种方法进行缩放和移动:

①直接使用鼠标拖动控件到需要的地方。用鼠标指向控点,当指针变为双向箭头时,拖动鼠标便可改变控件的大小。

②在属性窗口中修改某些属性来改变控件的大小和位置。与窗体和控件大小及位置有关的属性有:Left、Top、Width 及 Height。

❹ 控件的复制与删除

在窗体上,控件的复制和删除操作与 Windows 环境下文件的操作相同。

①复制控件:选中控件,单击工具栏上的“复制”按钮,将控件复制到剪贴板中;单击工具栏上的“粘贴”按钮,这时由于复制的控件名称相同,系统会显示一个询问是否创建控件数组的对话框,如图 1－19 所示,单击“否”按钮,控件被粘贴到窗体的左上角,只要将它移动到适当的位置。复制品的所有属性与原控件相同,只是名称属性(Name)的序号比原控件大。

图 1－19　是否创建控件数组

②删除控件:只需选中控件后按 Delete 键或右键单击活动控件,在快捷菜单中选择“删除”命令即可。

❺ 控件的布局

当窗体上存在多个控件时,需要对窗体上控件的排列、对齐、是否等大等格式进行调整操作。这些操作一般可以通过“格式”菜单完成。要调整多个控件之间的位置和大小关系,需要同时选定多个控件。常用的选定方法有两种:

(1)在窗体的空白区域按下鼠标左键拉出一个矩形框,将需要选中的控件圈上。

(2)先按下 Shift 键,再用鼠标单击所要选中的控件。

注意,当选定多个对象时,其中必有一个并且只有一个是最后选择的对象,在这个对象的边缘上有八个实心小方块,其他被选对象的边缘则是八个空心小方块。多控件的格式操作都是以最后选择的对象为基准的。在选定多个控件之后,就可以利用“格式”菜单(如图 1－20 所示)对其进行格式调整。

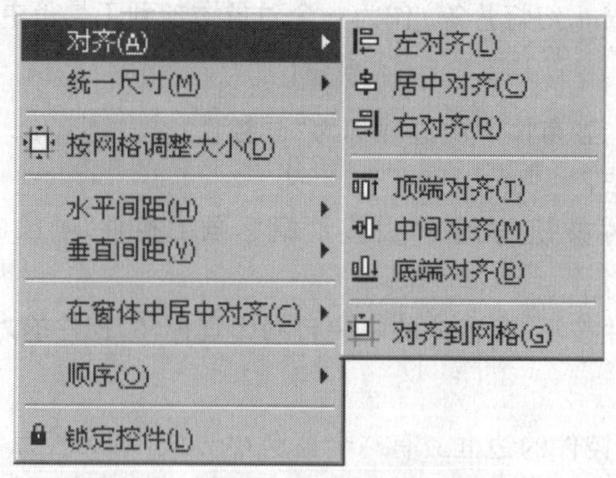

图 1-20　VB 的“格式”菜单

习题一

一、选择题

1. 在设计阶段，当双击窗体上的某个控件时，所打开的窗口是(　　)。

A. 工程资源管理器窗口　　B. 工具箱窗口

C. 代码窗口　　D. 属性窗口

2. “可视化编程”采用的是(　　)的程序设计方法。

A. 面向事件　　B. 面向过程　　C. 面向对象　　D. 面向属性

3. 以下叙述中错误的是(　　)。

A. Visual Basic 是事件驱动型可视化编程工具

B. Visual Basic 应用程序不具有明显的开始和结束语句

C. Visual Basic 工具箱中的所有控件都具有宽度(Width)和高度(Height)属性

D. Visual Basic 中控件的某些属性只能在运行时设置

4. 面向对象的编程方法最大优点是(　　)。

A. 具有标准工具箱　　B. 一个工程文件由若干个窗体文件组成

C. 不需要编写大量代码来描述图形对象　　D. 所见即所得

5. 下列选项中，不属于 Visual Basic 特点的选项是(　　)。

A. 面向图形对象　　B. 可视化的程序设计

C. 事件驱动编程机制　　D. 窗口中包含菜单栏和工具栏

6. 窗体设计器是用来设计(　　)。

A. 对象的属性　　B. 对象的事件

C. 应用程序的界面　　D. 应用程序的代码段

7. 每建立一个窗体，工程管理器窗口就会增加一个(　　)。

A. 工程文件　　B. 类模块文件　　C. 窗体文件　　D. 程序模块文件

8. Visual Basic 可视化编程有 3 个基本过程，依次是(　　)。

A. 创建工程、设计界面、保存工程　　B. 建立工程、设计对象、编写代码

C. 创建工程、建立窗体、建立对象　　D. 设计界面、设置属性、编写代码

二、填空题

1. VB 有三种工作模式，它们分别是________模式、________模式、________模式。

2. 对象的三要素是________、________、________。

3. 应用程序运行后,最终面向用户的窗口称为________________。

4. Visual Basic 包括的 3 个版本是________、________ 和________。

5. Visual Basic 中创建的窗体文件扩展名是________,每个工程对应的工程文件扩展名是________。

6. Visual Basic 中使用的控件一般分为三种,分别是________、________ 和可插入的________对象。

三、思考题

1. 简述 Visual Basic 6.0 的主要特点。

2. Visual Basic 6.0 的集成开发环境由哪些部分组成? 各部分的主要功能有哪些?

3. 简述 VB 可视化编程的一般步骤。

4. 试述可视化编程中对象、属性、事件和方法的含义。

5. 在窗体上画一个命令按钮控件,再复制两个按钮控件,并使用“格式”菜单命令调整它们之间的大小和位置关系。

6. 编写程序,运行时单击或双击窗体,可以改变标签(Lable)的标题。

四、上机实验

1. 启动 Visual Basic,然后创建一个“标准 EXE”工程。了解 Visual Basic 集成开发环境下各组成部分及其作用。

2. 编写一个简单的应用程序。要求窗体的标题为“简单 VB 实验”;窗体中有一个标题为“显示”的按钮;单击该按钮后在窗体上显示蓝色的“我爱中国”。

第二章

Visual Basic 语言基础

本章学习导读

数据是客观世界中的各种信息在计算机内的表现形式，也是程序的处理对象。数据可以是数字、字符、文字、声音、图像等，不同类型的数据有不同的操作方式和不同的取值范围。本章主要介绍 VB 所使用的数据类型和常用内部函数以及运算符和表达式的运算规则等。

一、基本数据类型

为了更好地处理各种数据，VB 定义了多种数据类型，如数值型数据、字符型数据、布尔型数据等，而且还允许用户根据需要定义自己的数据类型。下表 2－1 列出了 VB 所允许使用的标准数据类型。

表 2－1　VB 基本数据类型

类型	名称	存储空间	范围
整型	Integer	2	32768～32767
长整型	Long	4	－2147483648～＋2147483647
单精度	Single	4	正数:1.40E－45～3.40E38 负数:－3.40E38～－1.40E－45
双精度	Double	8	正数:4.94D－324～－1.79D308 负数:－1.79D308～－4.94D－324
货币型	Currency	8	－922337203685477.5805～922337203685477.5807
字节型	Byte	1	0～255
定长字符串	String * size	size	1～65535
变长字符串	String	字符串长度	0～20 亿左右
布尔型	Boolean	2	True 或 False
日期型	Date	8	100.1.1～9999.12.31
可变类型(数值)	Variant	16	任何数值，最大可达双精度的范围
可变类型(字符)	Variant	字符串长度	与变长字符串范围相同
对象型	Object	4	任何对象的引用

不同类型的数据，占用的存储空间不同，运行时速度也不同。因此，选择合适的数据类型，既可以节省存储空间，还可以优化程序的运行速度。并且，数据类型不同，对其处理的方法也不同，只有相同类型的数据才可以进行相互操作。

(一)数值型数据

VB 中数值型数据是指能够进行加、减、乘、除、乘方和取模等算术运算的数据。数值型数据包括:整型、实型、货币型和字节型数据。

❶ 整型

整型数是不带小数点和指数符号的数。整型数可以分为整型和长整型,并且整型数和长整型数都有十进制、十六进制、八进制三种表示形式。

1)整型数(Integer)

范围在 -32768 ~ +32767 之间,在内存中占用两个字节的存储空间。

十进制整型数只能包含数字 0 ~ 9、正负号(正号可以省略)。例如:25, -30,4500。

十六进制整型数由数字 0 ~ 9、a ~ f 和 A ~ F 组成,并且以 &H 引导,范围是 &H0 ~ &HFFFF,例如:&HA3,&HF。

八进制整型数由数字 0 ~ 7 组成,并且以 &O 或 & 引导。范围是 &O0 ~ &O177777。例如:&O23,&47。

在整型数末尾可以加上类型标识符%。例如:68%,100%。

2)长整型数(Long)

长整型数范围在 -2147483648 ~ +2147483647 之间,在内存中占用四个字节的存储空间。

十进制长整型数。例如:32768, -435210,15。

十六进制长整型数以 &H 开头,以 & 结尾。范围是 &H0 ~ &HFFFFFFFF&。例如:&HFFFF3,&H5。

八进制长整型数以 &O 或 & 开头,以 & 结尾。范围是 &O0 ~ &O37777777777&。例如:&O6743,&O3245632。

在长整型数末尾可以加上类型标识符 &。例如:32768&,32&。

对于一般用户,通常情况下不必掌握八进制或十六进制数,因为计算机都能使用十进制数工作。但是,对某些任务来说,其他进制的数可能更为合适。例如,设置控件的颜色时,使用十六进制数比十进制更方便直观。

❷ 实型

实型数是带有小数部分的数,分为单精度数和双精度数。

1)单精度数(Single)

单精度数在内存中占用四个字节的存储空间。单精度数可以有 7 位有效数字,小数点可以位于数字中的任何位置,正号可以省略。单精度数可以用定点形式和浮点形式表示。

单精度数的定点形式,例如:32.45,.65, -68.54。

单精度数的浮点形式用科学计数法,即用 10 的整数次幂表示的数,用字母“E”(或“e”)表示底数 10。例如:3.2e4(3.2×10^4),4.567e2(4.567×10^2),2.35e-2(2.35×10^{-2})。使用浮点形式需要注意以下两点,指数部分不能为小数,指数和底数中间不能用 * 连接。

例如:4.3e7.5,2.6 * e3 都是错误的表示形式。

在单精度数末尾可以加上类型标识符“!”。例如:4.7!, -82.73!。

2)双精度数(Double)

双精度数在内存中占用八个字节的存储空间。双精度数可以有 15 位有效数字,小数点可以位于数字中的任何位置,正号可以省略。双精度数也可以用定点形式和浮点形式表示。

双精度数的定点形式，例如：32.4578965，0.065762345。

双精度数的浮点形式用科学计数法，用字母“D”（或“d”）表示底数10。

例如：3.4d8（3.4×10^8），4.12d5（4.12×10^5），1.356d-2（1.356×10^{-2}）。使用浮点形式时同样需要注意上述两点。

在双精度数末尾可以加上类型标识符#。例如：4.87654321#，-23482.873#。

❸ 货币型（Currency）

货币型是为了计算货币而设定的数据类型，占用八个字节的存储空间。它支持小数点右边4位和小数点左边15位，取值范围在-922337203685477.5805～922337203685477.5807之间，是一个精确的定点数据类型。一般的数值型数据在计算机内是以二进制的方式进行运算的，因而有可能产生误差，而货币型数据是以十进制方式进行运算的，所以具有比较高的精确度。

在货币型数据末尾可以加上类型标识符@。例如：3.876@，-232.45@。

❹ 字节型（Byte）

字节型数表示无符号的整数，范围是0～255，占用一个字节的存储空间。因为字节型是无符号数，所以不能表示负数。

（二）字符型数据（String）

字符型数据是指字符和字符串，是用双引号括起来的一串字符。下列都是合法的字符串："happy" "2*3" "我们" ""（空字符串）。有两种类型的字符串：定长字符串和变长字符串。

❶ 定长字符串

定长字符串是在程序执行过程中，保持长度不变的字符串。例如：下列语句声明了一个长度为10个字符的字符串变量a：

```
Dim a As String * 10
a ="beautiful"
```

如果赋给字符串的字符个数少于10个，则用空格将字符串变量中的不足部分填满，如果赋给字符串的字符个数多于10个，则截去超出部分的字符。

❷ 变长字符串

变长字符串是指字符串的长度不固定，如果对字符串变量赋予新的字符串，它的长度就会发生变化。一个字符串如果没有定义成定长字符串，都属于变长字符串。例如：下列语句就声明了一个变长字符串a。

```
Dim a As String
a ="beautiful"
a ="beauty"
```

说明：

（1）字符串中包含的字符个数称为字符串长度。在Visual Basic中，把汉字作为一个字符处理。长度为0（不包含任何字符的字符串）的字符串称为空字符串。

（2）双引号在程序代码中起字符串的界定作用。输出字符串时，不显示双引号；从键盘上输入字符串时，也不需要输入双引号。

(3)在字符串中,字母的大小写是有区别的。例如:“baby”和“BABY”是两个不同的字符串。

(三)布尔型数据(Boolean)

布尔型数据占用两个字节的存储空间,用来表示逻辑判断的结果。布尔型数据只有两个值:True(真)和False(假)。当布尔型数据转换为数值型时,True转换为-1,False转换为0;当数值型数据转换为布尔型时,非0值转换为True,0转换为False。

(四)日期型数据(Date)

日期型数据占用两个字节的存储空间,可以表示的日期范围是100年1月1日到9999年12月31日,时间范围是0:00:00到23:59:59。日期型数据用两个“#”号把表示的日期和时间的值括起来。例如:#10/10/2005#,#4/5/2006#,#2:30:20 AM#。

(五)可变类型数据(Variant)

可变类型数据能够表示所有系统定义类型的数据,把这些数据类型赋予可变类型数据时,Visual Basic会自动完成两者的相互转换。例如:下列语句就声明了一个可变类型数据。

```
Dim a As Variant
a = 12
a = "xy"& 12
```

说明:在使用和定义数据时,需要注意以下一些问题:

(1)如果数据包含小数,则应使用单精度、双精度或货币型。

(2)所有的数值变量都可以相互赋值。将实型数据赋给整型时,VB自动将小数部分四舍五入,而不是将其去掉。

(3)在VB中一般使用十进制,但有时也可以用十六进制和八进制表示,表示值时它们与十进制是等价的。

(4)在VB中,数值型数据都有一个有效的范围,如果数据超出规定的范围,就会出现“溢出”信息。如果小于范围的下限值,系统按0处理,如果大于范围的上限值,系统只按上限值处理,并显示出错信息。

(六)对象类型数据(Object)

对象类型数据用来表示应用程序中的对象,主要以变量形式存在。对象类型数据占四个字节的存储空间。利用Set语句,声明为Object的对象可以被赋值并被任何对象所引用。

例如:
```
Dim command As CommandButton
Set command = Command1
command.Caption = "对象型变量"
```

二、常量与变量

在程序中,不同类型的数据既可以表现为常量形式,又可以表现为变量形式。常量是指在程序运行中始终保持不变的量。

(一)常量

在 VB 中,有三种形式的常量:直接常量、符号常量和系统常量。

❶ 直接常量

直接常量又称普通常量,可从字面形式上判断其类型,具体分为:数值常量、字符串常量、布尔常量、日期常量。

1)数值常量

数值常量有 5 种类型:整型、长整型、单精度实型、双精度实型、字节数。

(1)整型(Integer):表示 -32768 ~ 32767 之间的整数。

例如:10　110　20

(2)长整型(Long):表示 -2147483648 ~ 2147483647 之间的整数。

例如:长整型常数的书写:　23&

通常我们说的整型常量指的是十进制整数,但 VB 中可以使用八进制和十六进制形式的整型常数,因此整型常数有如下三种形式:

①十进制整数。如 125,0,-89,20。

②八进制整数。以 & 或 &O(字母 O)开头的整数是八进制整数,如 &O25 表示八进制整数 25,即(25)8,等于十进制数 21。

③十六进制。以 &H 开头的整数是十六进制整数,如 &H25 表示十六进制整数 25,即(25)16,等于十进制数 37。VB 中的颜色数据常常用十六进制整数表示。

单精度数和双精度数都属于实型常量。

(3)单精度实型(Single):有效数为 7 位,表示 -3.37E+38 至 3.37E+38 之间的实数,如 4.345, 3.67e2。

(4)双精度实型(Double):有效数为 15 位,如 1234.23456,4.1245d5。

实型常量的表示:

①十进制小数形式。它是由正负号(+,-)、数字(0~9)和小数点(.)或类型符号(!、#)组成,即 ±n.n, ±n! 或 ±n#,其中 *n* 是 0~9 的数字。

例如:0.123,.123,123.0,123!,123#等都是十进制小数形式。

②指数形式。

±nE±m　　或 ±n.nE±m,　　±nD±m　　或 ±n.nD±m

例如:1.25E+3 和 1.25D+3 相当于 1250.0 或者 1.25×10^3。

2)字符串常量

VB 中字符串常量是用双引号""括起的一串字符,例如"ABC","abcdefg","123","0","VB 程序设计"等。

说明:

①字符串中的字符可以是所有西文字符和汉字、标点符号等。

②""表示空字符串,而" "表示有一个空格的字符串。

③若字符串中有双引号,如 ABD"XYZ,则用连续两个双引号表示,即"ABD""XYZ"。

3)布尔常量

只有两个值 True,或 False。将逻辑数据转换成整型时:True 为 -1,False 为 0;其他数据转换成逻辑数据时:非 0 为 True,0 为 False。

4)日期常量

日期(Date)型数据按 8 字节的浮点数来存储,表示日期范围从公元 100 年 1 月 1 日 ~9999 年 12 月 31 日,而时间范围从 0:00:00 ~23:59:59。

一种在字面上可被认做日期和时间的字符,只要用号码符"#"括起来,都可以作为日期型数值常量。

例:#09/02/99#、#January 4,1989#,#2002 -5 -4 14:30:00 PM#都是合法的日期型常量。

说明:当以数值表示日期数据时,整数部分代表日期,而小数部分代表时间;如 1 表示 1899 年 12 月 31 日。大于 1 的整数表示该日期以后的日期,0 和小于 0 的整数表示该日期以前的日期。

❷ 符号常量

在程序设计中,经常遇到一些多次出现或难于记忆的常量。用户可用常量定义的方法,用标识符命名代替应用程序中出现的常数值。这样,不仅可以提高代码的可读性和可维护性,而且还可以做到一改全改。

声明常量的语法为:

```
[Public|Private]Const <常量名> [As <数据类型>] = <表达式>…
```

说明:

(1)常量名由用户定义,命名规则与变量名的规则一样,而且可以在常量名后加类型标识符来指定该常量的类型(也可以不要类型标识符)。

```
例如:Const PI# =3.1415927,指定 PI 为双精度型数据
Const x = 12.34,Const z = 143.4
```

(2)As <数据类型>是可选的,说明常量的数据类型。

(3)表达式由数值常量、字符串等常量及运算符组成,可以包含前面定义过的常量,但不能使用函数调用。

```
例如:Const PI# = 3.1415927
Const P# = PI/3
Const e ="egg"
```

(4)在一行中定义多个常量要用逗号进行分隔。

```
例如:Const x = 23.56, y ="plmm", z = 143.4e2
```

(5)Const 语句可以放在程序的不同位置。语句出现的位置不同,作用范围也不同。如果常量说明语句在过程内部,符号常量只能在该过程内有效;如果说明语句出现在窗体代码的声明部分,则窗体以及窗体中各控件的事件驱动都能使用这些被声明的常量。

【例 2.1】 符号常量的作用范围。

在窗体上添加两个命令按钮 Command1 和 Command2,在 Command1 和 Command2 的 Click 事件

中编写如下代码,观察运行结果。

编写 Command1 的 Click 事件代码:

```
Private Sub Command1_Click()
Const e = "egg"
Print e
End Sub
```

编写 Command2 的 Click 事件代码:

```
Private Sub Command2_Click()
Print e
End Sub
```

然后将语句 Const e = "egg" 在窗体的通用部分声明(代码如下),再观察运行效果。

```
Const e = "egg"
```

编写 Command1 的 Click 事件代码:

```
Private Sub Command1_Click()
Print e
End Sub
```

编写 Command2 的 Click 事件代码:

```
Private Sub Command2_Click()
Print e
End Sub
```

程序最终执行结果如图 2-1(a)、图 2-1(b)所示。

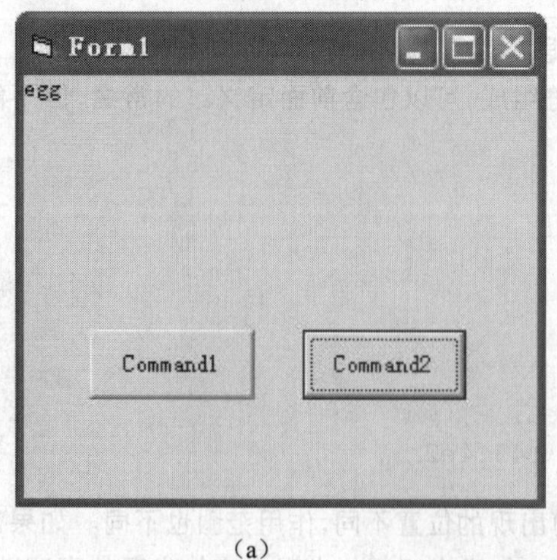

(a)

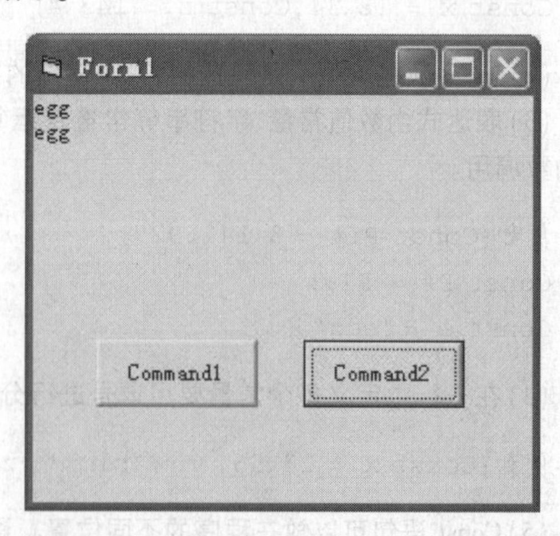

(b)

图 2-1 程序最终执行结果

(a)常量定义在 Command1 中;(b)常量定义在通用部分中

❸ 系统常量

VB 系统提供了应用程序和控件的系统定义常数。它们存放于系统的对象库中,可以在"对象浏览器"中查看内部常量。选择"视图"菜单中的"对象浏览器",弹出如图 2－2 所示的"对象浏览器"窗口。"对象浏览器"中的 VB 和 VBA 对象库中列举了 VB 的常数。

例如:要将标签 Label1 的背景颜色设置为红色,可以使用下面的语句:

```
Label1.BackColor = vbGreen
```

这里的 vbGreen 就是系统常量,这比直接使用 16 进制数来设置要直观得多。

又如,窗口状态属性 WindowsState 可取 0,1,2 三个值,对应三种不同状态。

在程序中使用语句 Myform. WindowsState = vbMaxmized,将窗口极大化,显然要比使用语句 Myform. WindowsState = 2 易于阅读和理解。

图 2－2　"对象浏览器"窗口

(二)变量

❶ 变量的数据类型

在程序执行过程中,其值可以发生变化的量称为变量。变量存放在动态存储区的单元,变量的值可以允许多次更新。

在 VB 中,变量的数据类型有 11 种,包括 Integer(整型)、Long(长整型)、Single(单精度浮点型)、Double(双精度浮点型)、Currency(货币型)、Byte(字节型)、String(字符串型)、Boolean(逻辑型)、Date(日期时间型)、Object(对象型)、Variant(可变型)。变量的数据类型决定了变量能够用来存储哪种类型的数据。

❷ 变量的命名规则

程序中每一个变量都要有一个名称,即变量名。通过变量名可以引用它所存储的数值。在 VB 中,对变量命名有如下规定:

(1)变量名的第一个字母必须是字母,不能是数字或下划线。

(2)变量名的长度不能超过 255 个字符。

(3)变量名中不能包含.,[,],+,-,*,/,?,& 等字符。

(4)变量名不能使用 VB 保留字,如不能使用 Const 作为变量名。

(5)表示变量类型的类型说明符只能作为变量名的最后一个字符。

(6)在变量名中,大小写字母是等价的。如在同一个程序中,变量名 abc,ABC 表示相同的变量名。

(7)变量名中不能出现空格。

(8)在同一个程序模块中,不能出现相同的变量名。

根据以上原则,变量名 class_1,a%,classA 等均是合法的变量名,而 class#room,const,8class,?class 等均是不合法的变量名。

说明:

(1)变量命名最好见名知意,不要使用太长的变量名。例如:用 sum 表示求和,aver 表示求平均。

(2)变量名不能与过程名和符号常量名同名。

(3)变量名尽量区分大小写,以便源代码的维护。例如:floatScore,intMin。

❸ 变量的声明

VB 不要求在使用变量前特别声明。如果没有声明变量,VB 按照默认的数据类型来处理,一般为可变类型。但是,在使用可变类型存储时会浪费一些内存空间,而且有些数据类型不能和可变类型互相转换。所以,建议用户在使用变量前先声明,告诉程序要使用哪些数据类型。

声明变量就是用一个说明语句来定义变量的类型。其作用就是在程序中使用变量之前,通知 VB 编译器需要开辟的存储单元及其类型。声明变量有两种方式,一种是显式声明,另一种是隐式声明。

1)显式声明

声明语句的语法为

{Dim|Private|Static|Public} <变量名>[As <类型>][,<变量名2>[As <类型2>]]…

说明:

(1)Dim 语句用于说明变量的关键字。不同性质的变量使用不同的关键字。Dim 和 Private 用于声明私有的模块级变量或过程级局部变量,Static 用于声明过程级局部变量,Public 用于声明公有的模块级变量。

(2)变量名遵守变量命名规则。

(3)类型用来定义被声明的变量的数据类型或对象类型,可以是标准类型或用户自定义类型。省略 As <类型>子句时,被声明的变量为可变类型。

```
例如:Dim sum As Integer
Dim score As Single
Private total As Double
Public y As Data
Dim t
```

声明变量后,VB 自动将数值类型的变量赋初值 0,字符型或可变类型赋空串,布尔型赋 False。

2)隐式声明

在 VB 中可以不定义变量,而在需要时直接给出变量名,变量的类型可以用类型标识符来标识,用这种方法声明变量成为隐式声明。隐式声明比较方便,并能节省代码,但是可能带来不便,使程序出现无法预料的结果，而且较难查出错误。

例如：Price!

Number%

上述语句还可以写成：

```
Dim price!
Dim number%
```

在程序设计中，应该养成显式声明的良好习惯。要强制显式声明变量，可以在类模块、窗体模块或标准模块的声明段中加入语句 Option Explicit。或选择“工具”菜单执行“选项”命令，弹出如图 2－3 所示的对话框，选中“要求变量声明”后，系统要求对所有使用的变量都要先声明再使用。

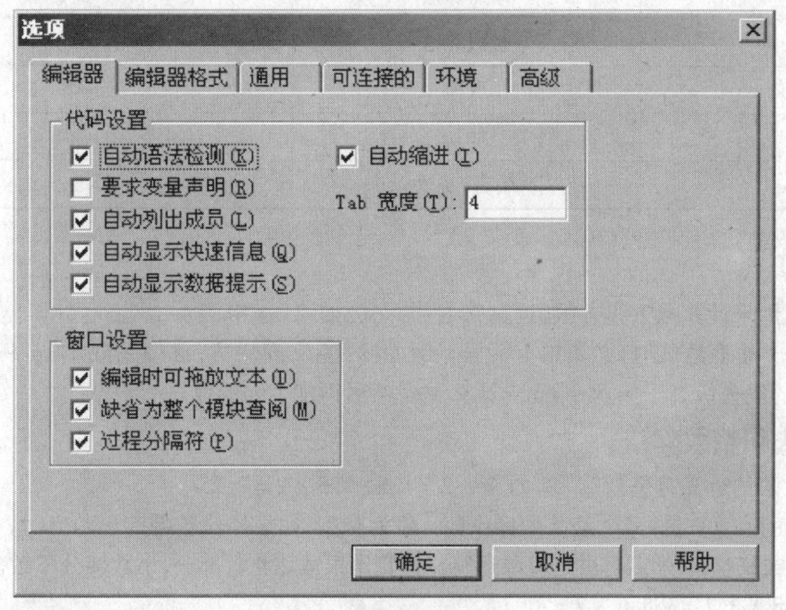

图 2－3　“编辑器”选项卡

❹ 强制显式声明——Option Explicit 语句

良好的编程习惯都应该是“先声明变量，后使用变量”，这样做可以提高程序的效率，同时也使程序易于调试。Visual Basic 中可以强制显式声明，可以在窗体模块、标准模块和类模块的通用声明段中加入语句：Option Explicit。

三、运算符和表达式

运算是对数据的加工。运算符是各种不同运算的符号，如＋、－。操作数是参与运算的数。表达式是由运算符和操作数以及其他一些符号一起构成的式子。表达式是程序设计语言中的基本语法单位，用来表示某个求值规则。

每个表达式都产生一个值，不同类型数据构成的表达式所产生值的类型也不同。在 VB 中，有 5 种运算符和表达式：算术运算符和算术表达式，字符串运算符和字符串表达式，日期运算符和日期表达式，关系运算符和关系表达式，布尔运算符和布尔表达式。

(一)算术运算符和算术表达式

算术运算符有七个,如表 2-2 所示。在这七个算术运算符中,只有取负运算符“-”是单目运算,其他运算符均是双目运算,需要两个操作数。

表 2-2　算术运算符

运算符	名称	表达式例子
^	乘方	a^b
*	乘法	a * b
/	浮点除法	a/b
\	整数除法	a\b
Mod	取模	a mod　b
+	加法	a + b
-	取负,减法	a - b, - a

❶ 指数运算

指数运算用来计算乘方和方根,运算符为“^”。例如:2^3 = 8。

当指数是一个表达式时,必须加上括号。例如:x 的 $a+b$ 次方,必须写成 x^($a+b$),不能写成 x^$a+b$,因为^的优先级高于 +,x^$a+b$ 先计算 x^a,然后再加上 b 的值。

❷ 浮点除法和整数除法

浮点数除法的运算符是“/”。例如:3 / 2 = 1.5, 4.5 / 2 = 2.25。

整数除法的运算符是“\”。整除的操作数一般为整型,如果操作数带有小数点时,首先将它们四舍五入为整型或长整型,然后再进行整除运算。运算结果截取整数部分,小数部分不做舍入处理。

例如:12.8 \ 3.7 = 3,5.6 \ 2 = 3

❸ 取模运算

取模运算用来求余数,结果是第一个操作数整除以第二个操作数所得的余数。如果操作数为实数,首先将它们四舍五入取整,然后再进行求模运算。运算结果的符号取决于左操作数的符号。

例如:13 Mod 2 = 1, 25.8 Mod 4.3 = 2, - 43.6 Mod 2.7 = -2

❹ 算术运算符的优先级

同一个表达式中出现多个不同的运算符时,其运算顺序有先有后。在 VB 中,算术运算符的优先级如表 2-3 所示:

表 2-3　算术运算符的优先级

优先顺序	运算符
1	^(指数运算符)
2	-(取负运算符)
3	*,/(乘、除运算符)

续表

优先顺序	运算符
4	\(整除运算符)
5	Mod(取模运算符)
6	+,-(加、减运算符)

其中乘和除是同级运算符,加和减是同级运算符。当一个表达式中含有多种运算符时,必须按照上述顺序求值。同级运算符从左到右运算,如果表达式有括号,则先计算括号内表达式的值,有多层括号时,从内层括号往外层括号计算。

❺ 表达式书写规则

VB 中算术表达式又叫数值型表达式,它由算术运算符、数值型常量和变量、函数和圆括号组成,它的运算结果是一个数值。例如:

```
3 +5.6
5 +sin(x)
```

VB 中的算术表达式与数学中的表达式写法有所不同,在书写时要注意以下问题:

(1)每个 VB 符号占 1 个,所有符号必须并排写。尤其要注意指数运算符的书写,例如:x2 要写成 x^2,x1 要写成 x1。

(2)乘法运算符 * 要写明。例如:x * y,不能写成 xy。

(3)括号必须配对,不能多也不能少,而且只能是圆括号,不能是方括号或者花括号。

(4)有歧义的写法要避免。例如:2^-2 的结果是 0.25,而不是 -4,最好写成 2^(-2)。

(二)字符串运算符和字符串表达式

字符串运算符有"&"和"+",用于连接两个或者更多的字符串。当两个字符串用连接符连接起来后,第二个字符串的内容直接添加到第一个字符串的尾部。

例如:"a"&"b"&"c"结果为 abc

"a"+"xy"结果为 axy

"a+x*y"&"b()"&"c 我们"结果为 a+x*yb()c 我们

另外,"&"会将非字符串类型的数据转换成字符串后再进行连接,而"+"不能自动转换。也就是说,"+"两边必须是字符串类型的数据,"&"两边则不一定。

例如:1 &"a"& 3,结果为 1a3,而 1 +"a" + 3 则是一个错误的字符串表达式。

字符串表达式是由字符串常量、字符串变量、字符串函数等一起组成的。可以是一个简单的字符串常量,也可以是字符串变量,或者是两者的组合。

(三)日期表达式

日期型数据是一种特殊的数据,它们只能进行"+""-"运算。日期表达式是由"+"、"-"号、日期型常量等组成。

两个日期型数据相减得到两个日期之间相隔的天数(结果为一个数值型数据)。

例如:#4/5/2000# - #3/2/2000# 结果为 34,表示 2000 年 4 月 5 日与 2000 年 3 月 2 日相差 34 天。

一个日期型数据可以通过加减一个整数来表示增加或减少的天数(结果为日期型数据)。

例如:#12/3/2004# + 30 结果为 2005-1-2,表示 2004 年 12 月 3 日增加 30 天为 2005 年 1 月 2 日。

#12/3/2004# - 30 结果为 2004-11-3,表示 2004 年 12 月 3 日减少 30 天为 2004 年 11 月 3 日。

(四)关系运算符和关系表达式

关系运算和布尔运算的结果都是布尔型的值,通常用在程序的条件判断中。

❶ 关系运算符

关系运算符如表 2-4 所示:

表 2-4 关系运算符

运算符	名称	表达式例子
<	小于	6 < 4
<=	小于等于	2 <= 3
>	大于	0 > 1
>=	大于等于	"a" >= "a"
=	等于	0 = true
<>	不等于	2 <> 5

关系运算符用来比较两个操作数的大小。关系运算符两边可以是数值表达式、字符型表达式或日期表达式。各个关系运算符的优先级相同。

❷ 关系表达式

关系表达式是由操作数和关系运算符组成的表达式。关系表达式的运算结果是一个布尔值,即真(True)或假(False)。另外,VB 把任何非零值都认为是逻辑真,但一般以 -1 表示逻辑真,以 0 表示逻辑假。

说明:

(1)关系运算符运算次序为:先分别求出关系运算符两边表达式的值,然后再把两者进行比较,根据表达式的值和关系运算符计算结果。

(2)数值型数据按值比较大小。

(3)日期型数据将日期看成"yyyymmdd"的 8 位整数,按数值大小比较。

例如:#12/3/2004# > #12/4/2004# 结果为 False。

(4)字符型数据按 ASCII 码值进行比较。比较两个字符串时,先比较两个字符串的第一个字符,其中 ASCII 码值较大的字符所在的字符串大。如果第一个字符相等,再比较第二个字符,一直比较到结果出现为止。

```
例如:"x" > "abc"结果为 True
     "abb" > "abc"结果为 False
```

注意：

①字符串比较大小是比较 ASCII 码值大小，不是比较字符串长度。

②常见字符的 ASCII 码值大小。

"空格" < "0" < …… < "9" < "A" < …… < "Z" < "a" < …… < "z" < "任何汉字"

(5) 关系运算符两边的操作数类型要相同。当类型不同时，会出现类型不匹配的错误。例如："tt" > 321 类型不匹配。

(6) 对单精度数或双精度数进行比较时，因为机器的误差，可能得到不希望的结果。因此，应当避免直接判断两个浮点数是否相等。

(7) 数学上判断 x 是否在区间[a,b]时，一般写成 a≤x≤b，但在 VB 中应写成：

```
a <= x And x <= b
```

(五) 布尔运算符和布尔表达式

❶ 布尔运算符

布尔运算符又称逻辑运算符。布尔运算符的操作数要求为布尔值。VB 提供的布尔运算符有：And，Or，Not，Xor，Eqv，Imp 六种。常用的布尔运算符如表 2－5 所示：

表 2－5　布尔运算符

运算符	名称	说明
And	与	两个表达式的值均为真，结果才为真，否则为假
Or	或	两个表达式的值只要有一个为真，结果就为真只有两个表达式的值都为假，结果才为假
Not	非	取反操作，由真变假，由假变真

❷ 布尔表达式

布尔表达式是指用布尔运算符连接布尔表达式或布尔值而成的式子。

例如：
```
3 >5 Or 2 <3
1 +2 >4 Or 3 <9 Mod 2
32 /2 >4 And 4 *2 /3 >7
```

说明：

布尔运算真值表如下表 2－6 所示：

表 2－6　布尔运算真值表

x	y	x And y	x Or y	Not x
True	True	True	True	False
True	False	False	True	False
False	True	False	True	True
False	False	False	False	True

(六)运算符的优先次序

一个表达式中可能含有多种运算,VB 按以下顺序对表达式求值。这个顺序就是运算符的优先顺序。优先顺序如表 2 – 7 所示:

说明:

(1)运算符整体优先顺序:括号 - >函数运算 - >算术运算 - >关系运算 - >逻辑运算。

(2)同级运算符按照从左到右出现的顺序计算。

(3)括号内的运算符总是优于括号外的运算。

表 2 – 7 运算符优先顺序

优先顺序	运算符类型	运算符
1	算术运算符	^(指数运算符)
2		–(取负运算符)
3		*,/(乘法和除法运算符)
4		\(整除运算符)
5		Mod(取模运算符)
6		+,–(加法和减法运算符)
7	字符串运算符	&(字符串连接运算符)
8	关系运算符	>,<,>=,<=,<>,=
9	布尔运算符	Not
10		And
11		Or

【例 2.2】 设 $x=4, y=5, z=7$,求表达式 $x+y$ Mod 2 > 3 And $y*2 \backslash 3 < (3+z)$ 的值。

解析:按下面步骤求解:

(1)先做括号内的算术运算,结果为 10。

(2)再做剩余的算术运算:4 + 1 > 3 And 3 < 10。

(3)再做关系运算:True And True。

(4)得出运算结果:True。

【例 2.3】 判断某个年份是否闰年的根据是该年份满足下列条件之一:

(1)能被 4 整除,但不能被 100 整除的年份是闰年。

(2)能被 100 整除,又能被 400 整除的年份是闰年。

设年份用 year 表示,写出判断 year 是否闰年的布尔表达式。

解析:判断 year 是否满足条件(1)的布尔表达式:

year Mod 4 = 0 And year Mod 100 <> 0

判断 year 是否满足条件(2)的布尔表达式:

year Mod 100 = 0 And year Mod 400 = 0

两个布尔表达式是或者的关系,所以判断某个年份 year 是否闰年的布尔表达式为:

year Mod 4 = 0 And year Mod 100 <> 0 Or year Mod 100 = 0 And year Mod 400 = 0

四、常用内部函数

函数是一种特定的运算,在程序中使用一个函数时,只要给出函数名并给出一个或多个参数,就能得到对应的函数值。在 VB 中,有内部函数和用户自定义函数。内部函数也称为标准函数,可以分为 5 类:转换函数,数学函数,字符串函数,时间、日期函数,随机函数。用户自定义函数在后面的章节介绍。

(一)数学运算函数

数学运算函数用于各种数学运算,包括三角函数、求平方根、绝对值、对数及指数函数等常用数学函数。

常用数学运算函数如表 2-8 所示:

表 2-8　常用数学运算函数

函数	说明
Sin	返回弧度的正弦
Cos	返回弧度的余弦
Atn	返回弧度的反正切
Tan	返回弧度的正切
Int	返回不大于给定数的最大整数
CInt	返回数四舍五入后的整数
Fix	返回数的整数部分
Abs	返回数的绝对值
Sgn	返回数的符号值
Exp	返回 e 的指定次幂
Log	返回数的自然对数
Sqr	返回数的平方根

❶ 三角函数

Sin(x),其中 x 是数值表达式,并且要以弧度为单位。如果 x 是角度,可用下面的公式转化为弧度。

1 度 = p/180 = 3.14159/180 弧度

❷ 取整函数

Int(x),返回不大于 x 的最大整数。例如:Int(4.2) = 4, Int(-4.2) = -5。

CInt(x),把 x 的小数部分四舍五入,转化成整型。例如:CInt(4.2) = 4, CInt(-4.2) = -5。

Fix (x),去掉 x 小数部分,返回其整数部分。例如:Fix(4.6) = 4, Fix(-4.6) = -4。

❸ 绝对值函数

Abs(x),返回 x 的绝对值。例如:Abs(4.2) = 4, Abs(-4.2) = 4。

❹ 符号函数

Sgn(x),返回 x 的符号。

当 x 的值小于零时,函数返回 -1。

当 x 的值等于零时,函数返回 0。

当 x 的值大于零时,函数返回 1。

例如:Sgn(4.2) =1, Sgn(-4.2) = -1。

❺ 指数函数和对数函数

Exp(x),返回以 e 为底,以 x 为指数的值。

Log(x),返回 x 的自然对数。

❻ 平方根函数

Sqr(x),返回 x 的平方根,x 必须大于等于零。

例如:Sqr(16) =4。

(二)字符串运算函数

VB 提供了大量的字符串函数,有很强的字符串处理能力,下面予以详细说明。

❶ 删除空白字符串函数

LTrim(s),删除字符串 s 左边的空白字符,结果为字符串型。

RTrim(s),删除字符串 s 右边的空白字符,结果为字符串型。

Trim(s),删除字符串 s 左右两边的空白字符,结果为字符串型。

例如:s = "head"
    LTrim(s) = "head"; RTrim(s) = "head";Trim(s) = "head"

❷ 字符串长度测试函数

Len(s),返回字符串 s 的长度及所含字符的个数,结果为数值型。

例如:len("This is a book!") = 15

❸ 字符串截取函数

Left(s,n),截取字符串 s 最左边的 n 个字符,结果为字符串型。

Right(s,n),截取字符串 s 最右边的 n 个字符,结果为字符串型。

Mid(s,p,n),从字符串 s 中,从第 p 个字符开始,向后截取 n 个字符,结果为字符串型。

例如:s = "head:头"
    Left(s,2) = "he";Right(s,1) = "头";Mid(s,2,3) = "ead"

❹ 字符串匹配函数

Instr(n,s1,s2),在字符串 s1 中第 n 个字符开始查找字符串 s2 的位置。如果找到,返回值为 s2 的第一个字母在 s1 中的位置,若找不到,返回值为零,默认 n 表示从头开始查找。

```
例如:s1 = "head:头"
s2 = "ead"
InStr(s1, s2) =2
```

❺ 字母大小写函数

Ucase(s),将字符串 s 中的小写字母转化成大写字母。

Lcase(s),将字符串 s 中的大写字母转化成小写字母。

```
例如:s1 = "headCHECK"
    UCase(s1) = "HEADCHECK"
    s1 = "headCHECK"
    LCase(s1) = "headcheck"
```

❻ 数值型转换为字符型函数

Str(x),返回数值 x 的字符串形式。

```
例如:x = 12.456
    Str(x) = "12.456"
```

❼ 字符串型转换为数值函数

Val(s),返回字符串 s 中所含的数值,遇到非数值型的数据就停止转换(指数符号除外)。

```
例如:s1 = "12.456a1";Val(s1) = 12.456
    s2 = "3 * 2";Val(s2) =3
    s3 = "4 and 5";Val(s3) =4
    s4 = "2e -2"; Val(s4) =0.04
    s5 = "3.14.25"; Val(s5) =3.14
```

❽ String 函数

String(n,ch),生成 n 个同一字符组成的字符串,这个字符由 ch 指定,也可以是某字符的 ASCII 码。

```
例如:String(4,"*") = "****"
String(3, 65) = "AAA"
```

❾ Space 函数

Space(n),生成由 n 个空格组成的字符串。

例如:Space(5)生成 5 个空格。

(三)日期和时间函数

日期和时间函数使程序能向用户显示日期和时间,日期和时间函数如表 2 - 9 所示:

表 2-9　日期和时间函数

函数	说明
Now	以 yy-mm-dd hh:mm:ss 格式返回系统时间和日期
Date	以 yy-mm-dd 格式返回当前日期
Day(Date)	返回当月中第几天(1~31)
WeekDay(Date)	返回星期几(1~7)
Month(Date)	返回一年中的某月(1~12)
Year(Date)	以 yyyy 格式返回年份
Hour(Time)	返回小时(0~23)
Minute(Time)	返回分钟(0~59)
Second(Time)	返回秒(0~59)
Timer	返回从午夜到目前经过的秒数
Time	以 hh:mm:ss 格式返回当前时间

(四)格式输出函数

VB 显示数字的格式比较灵活,对于数值、日期和字符串采用标准格式显示。使用 Format 函数,可以将数值转化为指定格式的字符串输出。

Format 函数的格式为:

Format(<表达式>,<格式字符串>)

说明:

(1)表达式为需要转化的数值,可以是数值型、日期型表达式。

(2)格式字符串表示转化后的格式,用双引号括起来,格式字符串是由格式符构成的。

格式说明符按照类型可以分为数值型和字符型,数值型格式符如表 2-10 所示:

表 2-10　数值型格式输出函数

格式符	说明	举例
0	按规定的位数输出,实际数值位数小于符号位时,数字的前面加 0	Format(123.456,"0000.0000")=0123.4560 Format(123.456,"00.00")=123.46
#	按规定的位数输出,实际数值位数小于符号位时,数字的前面不加 0	Format(123.456,"####.####")=123.456 Format(123.456,"##.##")=123.46
.	加小数点	Format(123,"000.000")=123.000
,	千分位	Format(12345,"#,###")=12,345
%	数值乘以 100 加百分号	Format(123.456,"#.###%")=12345.6%
$	在数值前加 $	Format(123.456,"$#.###")=$123.456

其中,使用符号"0"与"#"时应注意的是:当数值的实际整数位数大于格式中整数位数时,按实际位数输出,当数值的实际小数位数大于格式中的小数位数时,按四舍五入输出。

字符型格式输出符如表 2－11 所示：

表 2－11　字符型格式输出符

格式符	说明	举例
@	字符占位符，显示字符或者空格。实际字符位数小于符号位时，字符前面加空格	Format("abcd","@@@@@") = "abcd" Format("abcd","@@@@") = "abcd"
&	字符占位符，显示字符或者不显示。实际字符位数小于符号位时，字符前面不加空格	Format("abcd","&&&&&") = "abcd" Format("abcd","&&&&") = "abcd"
<	将所有字符强制小写	Format("ABCD","<&&&&") = "abcd"
>	将所有字符强制大写	Format("abcd",">&&&&") = "ABCD"
!	强制由左到右填充字符，默认值是由右到左填充字符	Format("abcd","@@@@@") = "abcd" Format("abcd","@@@@@") = "abcd"

（五）随机函数

在模拟、测试及游戏程序中，经常使用随机函数。

❶ 随机函数

随机函数格式为：Rnd[(x)]。

是产生一个大于或等于 0 小于 1 的随机数函数。

例如：Print Rnd

　　.7055475

VB 还提供了一些参数和语句，可以让用户获取不同形式和范围的随机数。为了生成某个范围内的随机整数，可以使用下列公式：

Int((upper－lower＋1)＊Rnd＋lower)

upper 是随机数范围的上限，lower 是随机数范围的下限。

例如：Int((10 ＊ Rnd)＋1)产生 1 到 10 之间的随机整数(包括 1 和 10)。

❷ Randomize 语句

Randomize 语句格式为：Randomize[<n>]

Randomize 语句是产生随机数的种子，使每次产生的随机数都不同。

五、程序语句

（一）程序语句书写规则

为了提高编程的效率，必须注意 VB 的编码规则。

(1)一般情况下，输入程序时一行写一个语句，一行最多可以达到 255 个字符。如果要在同一行上书写多条语句，语句之间用冒号“：”分隔；如果要将一条语句分多行写，必须在行末加续行符“_”(空格和下画线)，并且续行符只能出现在行尾。

例如：`Dim a As Integer: a = 10: Print a`

```
Dim a As String
a ="续行符的使用"& _
"学会了吗?"
Print a
```

(2)VB 代码不区分大小写,且自动转化代码。对系统的关键字,总是转化成首字母为大写的格式。

(二)命令语法格式中的符号约定

为了规范语句的写法,提高程序的可读性和通用性,本书中语句、函数和方法格式中都采用统一的约定。书中出现的各种符号含义如表 2-12 所示:

表 2-12　符号的约定

符号	含义
< >	必选参数表示符,< >中出现的参数必选不可,否则会发生语法错误
[ ]	可选参数表示符,[ ]中内容出现与否由用户定义,出现与否都不影响语句的功能
|	多中选一表示符,分割多个选项,必须从多个中选择一个
{ }	包含多中选一的各项
,…	表示同类项目的重复出现
…	省略了叙述中不涉及的部分

六、常用控件

(一)命令按钮、标签和文本框

❶ 命令按钮

命令按钮(Command Button)是 Windows 应用程序中最常见的控件,用户能够通过简单的单击按钮来执行所希望的操作。只需将相应代码写入其 Click 事件过程,单击按钮时会调用 Click 事件过程。命令按钮在工具箱中的图标为:┘。

下面介绍命令按钮的常用属性、事件和方法。对于命令按钮中介绍过的常用控件所共有的属性(如 Caption、Name、Font、Enabled、Visible、ForeColor、BackColor、Left、Top、Width、Height 等),在介绍其他控件时将不再重复。

1)命令按钮的常用属性

(1)Name 属性:对象的名称。

应用程序中的每个控件都必须有一个唯一的 Name 属性。Name 属性只能在属性窗口中进行修改,不能在程序运行时改变。

在窗体上放置一个控件时,Visual Basic 会给控件分配一个默认的名字。但为了操作方便,提高程序的可读性,用户可以根据控件在程序中的实际作用,为其取一个合适的名称。控件名称的命名规则与前面提到的变量的命名规则一致，为方便编写程序代码，我们建议对控件的命名尽量做到"见名知意"。

对于每个控件在起名时微软都有相应的名称前缀建议，命令按钮(Command Button)的默认名称为 Command1、Command2、…微软建议的名称前缀为 cmd。

VB 中其他控件的 Name 属性与命令按钮的 Name 属性用法一样，以后不再介绍。

(2) Caption 属性：对象的标题。

如果说控件的 Name 属性是作为控件内部标识符给程序员看的，而 Caption 属性则是作为控件的外部标识来指引用户的。

Caption 属性的默认值与控件的 Name 属性的默认值相同，如新建名称为 Command1 的命令按钮，其 Caption 属性的初值也为 Command1。在进行程序设计时一般都需要重新设置命令按钮的 Caption 属性，以说明该按钮的功能。

(3) Enabled 属性：设置是否响应，为逻辑型。

命令按钮的 Enabled 属性设定或返回一个值，决定命令按钮是否响应用户生成的事件，也就是命令按钮是否可用。如果这个属性设置为 True，那么控件就可以在程序运行时由用户操作；如果该属性设置为 False，则用户可以看到这个控件但是不能操作。此时，控件颜色表现为灰色或变淡，指示用户它是不可访问的，也就是不能响应用户产生的任何事件。这个属性的默认值为 True。

Enabled 属性可以在设计时在属性窗口设置，也可以在程序运行时通过赋值语句为其赋值。

Visual Basic 中其他控件的 Enabled 属性与命令按钮的 Enabled 属性用法一样，以后不再介绍。

(4) Visible 属性：设置是否可见，为逻辑型。

当命令按钮的 Visible 属性设为 False 时，控件是不可见的。当控件被隐藏时，它不响应用户产生的任何事件，但是可以通过代码访问。在默认情况下，命令按钮的 Visible 属性为 True。Visible 属性可以设计时在属性窗口设置，也可以在程序运行时通过赋值语句为其赋值。

(5) BackColor 属性：背景颜色。

BackColor 属性返回或设置命令按钮的背景色。

(6) Style 属性：样式属性，为整型。

Style 属性返回或设置命令按钮的外观，是标准的(0 - Standard)还是图形的(1 - Graphical)，系统默认的是标准的(0 - Standard)。

(7) Picture 属性：图片属性。

Picture 属性返回或设置命令按钮上面显示的图形。

⊙**小提示：**BackColor 属性和 Picture 属性必须在 Style 属性设置为(1 - Graphical)时才有作用。如果标准的(0 - Standard)，命令按钮是标准的 Windows 按钮。

(8) Cancel 属性和 Default 属性：逻辑型。

Cancel 属性返回或设置一个值，用来指示窗体中按钮是否为取消命令按钮。当 Cancel 属性设置为 True 时，该按钮就是取消按钮，用户只要在程序运行时按键盘上的 Esc 键，就相当于单击了一下该按钮。默认情况下 Cancel 属性为 False。

Default 属性返回或设置一个值，用来指示窗体中的按钮是否为默认命令按钮。当 Default 属性为 True 时，该按钮就是默认命令按钮。如果窗体上其他控件不响应键盘事件，而且焦点不在其他命令按钮上，那么当用户按键盘上的 Enter 键时，相当于单击了一下该按钮。

⊙**小提示:**一个窗体同时只能有一个命令按钮的 Cancel 属性或 Default 属性为 True,当设定其他按钮的 Cancel 属性或 Default 属性为 True 时,其他原来为 True 的按钮将自动变为 False。

(9) Font 属性组:字体属性组。

Font 属性是一个对象,它包括 Name、Bold、Italic、Size、Underline、Strikethrough 6 个属性。Visual Basic 中其他控件的该属性用法与此类似。

①Font. Name 或 FontName 属性返回或设置在控件中显示文本所用字体的类型名称,该属性为 String 类型,默认为"宋体"。需要注意的是,在代码中设置字体时,字体一定要在系统中存在。

②Font. Size 或 FontSize 属性返回或设置在控件中显示文本的大小,该属性为 Integer 类型,默认为 9 号字。

③Font. Bold 或 FontBold 属性返回或设置在控件中显示文本是否为粗体,该属性为 Boolean 类型,默认为 False。

④Font. Italic 或 FontItalic 属性返回或设置在控件中显示文本是否为斜体,该属性为 Boolean 类型,默认为 False。

⑤Font. Underline 或 FontUnderline 属性返回或设置在控件中显示文本是否加下画线,该属性为 Boolean 类型,默认为 False。

⑥Font. Strikethrough 或 FontStrikethrough 属性返回或设置在控件中显示文本是否加删除线,该属性为 Boolean 类型,默认为 False。

(10) Left、Top 属性:位置属性(如图 2-4 所示)。

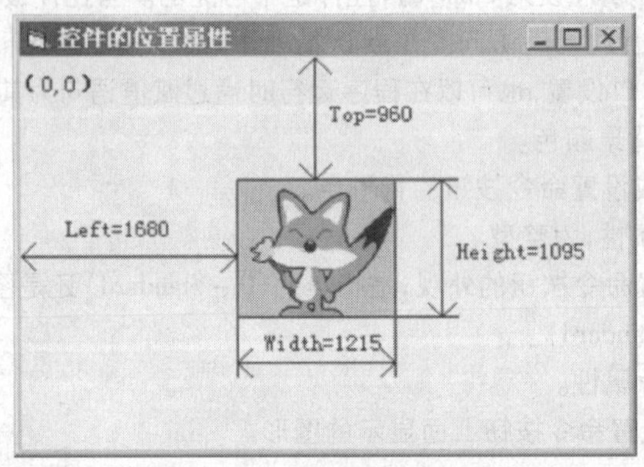

图 2-4　控件的位置属性

- Left 属性返回或设置控件左上角顶点的横坐标。
- Top 属性返回或设置控件左上角顶点的纵坐标。

(11) Width 属性和 Height 属性:大小属性。

- Width 属性返回或设置控件的宽度。
- Height 属性返回或设置控件的高度。

⊙**小提示:**以上这 4 个位置属性和大小属性对所有控件都有效,但对于有些在运行时不可见的控件没有必要进行设置(如 Timer 控件)。

(12) Value 属性:逻辑型。

在程序代码中设置命令按钮的 Value 属性为 True,相当于调用执行该命令按钮的 Click 控件。

需要注意的是,Value 属性只能在代码窗口中设置,不能在属性窗口中设置。

(13) ToolTipText 属性:字符类型。

ToolTipText 属性返回或设置鼠标在命令按钮上停留时的提示文本。一般我们用该属性来提示某个命令按钮的用处,对于图形按钮特别有效。例如,Visual Basic 编辑窗口的"资源管理器"按钮,当鼠标放到上面时出现如图 工程资源管理器 提示。

2) 命令按钮的常用事件

命令按钮的常用事件是 Click 事件,命令按钮的功能是通过编写命令按钮的 Click 事件程序代码来实现的。但是命令按钮无 DblClick 事件。

3) 设置焦点

焦点是接收用户鼠标或键盘输入的能力。当对象具有焦点时,可接收用户的输入。在 Microsoft Windows 界面,任一时刻可运行几个应用程序,但只有具有焦点的应用程序才有活动标题栏,才能接受用户输入。例如,在某个应用程序的窗体中如果有几个文本框 TextBox,只有具有焦点的 TextBox 才接受由键盘输入的文本。

当对象得到或失去焦点时,会产生 GotFocus 或 LostFocus 事件。窗体和多数控件支持这些事件。

GotFocus 对象得到焦点时发生,LostFocus 对象失去焦点时发生。如下方法可以将焦点赋给对象:① 运行时选择对象;② 运行时用快捷键选择对象;③ 在代码中用 SetFocus 方法(控件名.SetFocus)。

有些对象,它是否具有焦点是可以看出来的。例如,当命令按钮具有焦点时,标题周围的边框将凸出显示,如图 2-5 中的确定按钮。只有当对象的 Enabled 和 Visible 属性为 True 时,它才能接收焦点。Enabled 属性允许对象响应由用户产生的事件,如键盘和鼠标事件。Visible 属性决定了对象在屏幕上是否可见。

图 2-5　具有焦点的按钮

❷ 标签框控件

标签控件用来为其他没有标题的控件(如文本框、列表框、组合框等)进行说明,还可以用来显示一些程序运行过程中的提示信息。

工具箱中标签控件的图标为:A。

标签控件的默认名称为 Label1、Label2、…微软建议的名称前缀为 lbl(特别注意名称中的 l 是字母 L 的小写,不是数字 1)。

1) 标签框的常用属性

(1) Caption 属性:标题属性。

基本用法与命令按钮类似,不同的是标签控件不能获得焦点。标签控件可以通过字符前加一个“&”符号来设置访问键，按下 Alt + 访问键后，焦点就会移到焦点顺序在标签后面的下一个可以获得焦点的控件上面。

(2) AutoSize 属性和 WordWrap 属性：扩展属性，为逻辑型。

在默认情况下，当输入的 Caption 的内容超过控件宽度时，文本不会自动换行，而且在超过控件高度时，超出部分被裁减掉。为使控件能够自动调整以适应内容多少，可将 AutoSize 属性设为 True，这样控件可水平扩展以适应 Caption 内容。为使 Caption 内容自动换行并垂直扩展，应将 WordWrap 属性设为 True。

(3) Alignment 属性：对齐方式，为整数类型。

Alignment 属性返回或设置标签中文本的对齐方式，当 Alignment 属性为 0 时(默认值)，文本在标签中居左显示；为 1 时，文本居右显示；为 2 时，居中显示。

(4) BackStyle 属性：背景样式，为整数类型。

BackStyle 属性返回或设置控件的背景样式是否透明。当属性值为 0 时，标签背景透明；当属性值为 1(默认值)时，标签背景不透明，背景色即 BackColor 属性所设置的颜色。

(5) BorderStyle 属性：边框样式，为整数类型。

BorderStyle 属性返回或设置控件的边框样式。属性值为 0(默认值)时，无边框；为 1 时，有边框。

2) 标签框的常用事件

标签框常用事件有 Click、DblClick、Change 等。但通常在程序设计中仅仅把标签作为一个显示文本的控件，很少对标签进行编程。

❸ 文本框

文本框(TextBox)通常用于在运行时输入和输出文本，是计算机和用户进行信息交互的控件。

工具箱中文本框控件的图标为：[ab|]。

文本框控件的默认名称为 Text1，Text2，…微软建议的名称为前缀. txt。

1) 文本框的常用属性

(1) Text 属性：文本属性，为字符串类型。

Text 属性返回或设置文本框中的文本(类似于标签控件的 Caption 属性)。Text 属性是文本框控件最重要的属性之一，可以在设计时在属性窗口赋值，也可以在运行时在文本框内输入或通过程序代码对 Text 属性重新赋值。

(2) MaxLength 属性：设置字符长度，为整数类型。

MaxLength 属性可以指定能够在文本框控件中输入的字符的最大数量。MaxLength 属性的取值范围为 0 ~ 65535，默认值为 0。若在其取值范围内设定了一个非 0 值，则尾部超出部分将被截断。如将文本框 Text1 的 MaxLength 设置为 5，那么在 Text1 中只能输入 5 个字符。又如执行下面代码，文本框将只显示“Hello”。

```
Text1.MaxLength = 5
Text1.Text = "HelloWorld"
```

(3) MultiLine 属性：设置多行显示，为逻辑型。

MultiLine 属性返回或设置文本框是否接受多行文本。

当 MultiLine 属性为 False(默认值)时，文本框中的字符只能在一行显示。

当 MultiLine 属性为 True 时，则可以在程序运行时在文本框中输入多行文本。另外也可以在设计的时候在 Text 属性里面直接按 Ctrl + Enter 来换行。在代码中通过给 Text 属性赋值也可以实现换行。方法是在需要换行的地方加入回车符[Chr(13)或 VbCr]和换行符[Chr(10)或 vbLf],也可同时将两个符号连起来用 vbCrLf 表示。

```
例如:Text1.Text = "第一行" + Chr(13) + Chr(10) + "另起一行"。
或:Text1.Text = "第一行" + vbCr + vbLf + "另起一行"。
或:Text1.Text = "第一行" + vbCrLf + "另起一行"。
```

上面三条语句效果一样。

⊙**小提示:**MultiLine 属性只能在程序设计时在属性窗口修改,不能通过程序代码来改变。

(4)ScrollBars 属性:滚动条属性,为整数类型。

ScrollBars 属性返回或设置文本框是否有滚动条。当文本过长时,应该为文本框加滚动条以显示全部内容。ScrollBars 的具体属性值如下:

属性值为 0(默认值)时,无滚动条;属性值为 1 时,加水平滚动条;

属性值为 2 时,加垂直滚动条;属性值为 3 时,同时加水平和垂直滚动条。

⊙**小提示:**只有 MultiLine 属性为 True 时,ScrollBars 属性才能起作用。ScrollBars 属性也只能在设计时在属性窗口中进行修改。

(5)PasswordChar 属性:密码文本框属性。

PasswordChar 属性返回或设置一个值,当在文本框中输入文本时,用该值代替显示文本。该属性在设计密码程序时非常有效。其值只能为一个字符,默认值为空。

⊙**小提示:**只有 MultiLine 属性为 False,且 PasswordChar 值为非空格时,该属性设置才有效。

(6)文本编辑属性。

①SelStart 属性,数值类型,设置或返回文本框内被选定文本的起始位置,从 0 开始计数。

②SelLength 属性,数值类型,设置或返回文本框内被选定文本的长度。

③SelText 属性,字符串类型,设置或返回文本框内被选中的文本内容。

⊙**小提示:**上述 3 个属性只能在程序设计过程中在代码中进行修改或赋值,不能在属性窗口设置。

2)与剪贴板有关的常用方法

在 Windows 系统中,剪贴板是常用的工具,Visual Basic 可以方便地操作剪贴板(ClipBoard)对象,配合文本框来实现文本的复制、剪切和粘贴。剪贴板(ClipBoard)对象的常用方法有以下几个:

(1)Clear 方法。

清除剪贴板的内容,用法为 ClipBoard. Clear。

(2)GetText 方法。

返回剪贴板内存放的文本。例如,要把剪贴板的内容复制到光标所在文本框内。

应用举例:Text1. SelText = ClipBoard. GetText。

当然也可以把剪贴板的内容赋值给字符串变量。

应用举例:Str1 = ClipBoard. GetText。

(3)SetText 方法。

将指定内容送入剪贴板。

如将选中文本送入剪贴板：ClipBoard. SetText(Text1. SelText)。

将字符串常量送入剪贴板：ClipBoard. SetText("Made In China!")。

【例2.4】 完成一个简单的记事本程序的设计，要求可以对文本框中选中的内容进行复制、粘贴操作。

①界面设计如图2-6所示。

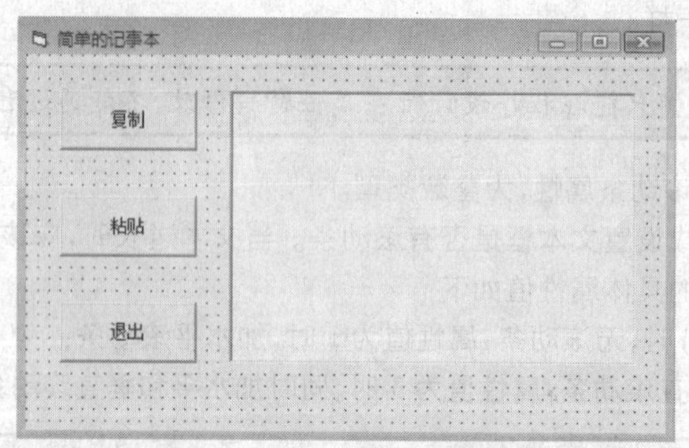

图2-6 简单的记事本程序

各控件的属性设置如表2-13所示。

表2-13 属性设置

对象	属性	设计时属性值	说明
Form1	Caption	简单的记事本	
Text1	Multiline	True	支持多行
Command1	Caption	复制	
Command2	Caption	粘贴	
Command3	Caption	退出	

②代码设计：

```
Private Sub Command1_Click()                                    '复制
  Clipboard.SetText (Text1.SelText)
End Sub
Private Sub Command2_Click()                                    '粘贴
  Text1.SelText = Clipboard.GetText
End Sub
Private Sub Command3_Click()
  End                                                           '退出
End Sub
```

3）文本框的常用事件

（1）Change 事件。

当文本框的内容发生改变时，就触发该事件。

例如,如下代码:

```
Private Sub Text1_Change()
  Print Text1.Text
End Sub
```

在文本框内输入“你好”二字时,窗体上面应该会输出两行,第一行为“你”,第二行为“你好”。

(2) KeyPress 事件。

当用户在文本框内按任意有效键时都会触发该事件,与 Change 事件不同,KeyPress 事件带有一个形参 KeyAscII,当调用该过程时,KeyAscII 返回按键的 AscII 值。

【例 2.5】 完成一个密码验证程序的设计,设初始密码为“12345”,要求在文本框内输入密码后确定,如输入正确,则显示“欢迎光临!”,否则显示“密码不符,请重新输入!”,同时清空文本框中的内容;要求最多允许输入 3 次密码,如果输入 3 遍后密码仍不吻合,显示“非法用户,请退出程序!”,文本框不能用。

①界面设计如图 2-7 所示。

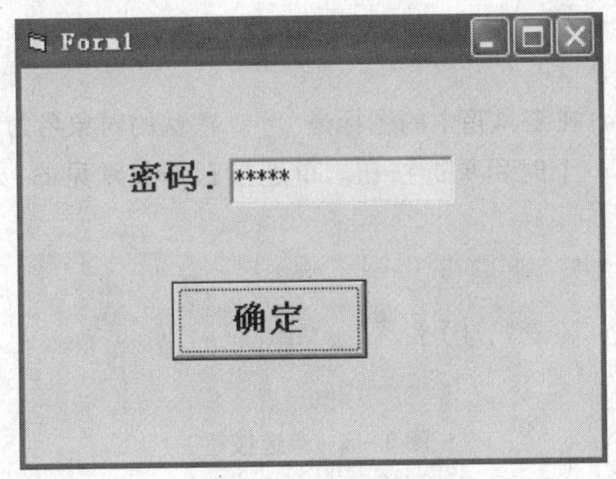

图 2-7 密码验证框

控件的部分属性如表 2-14 所示:

表 2-14 属性设置

对象	属性	设计时属性值	说明
Label1	Caption	密码:	
Text1	Text		设置为空
Command1	Caption	确定	

②代码设计:

```
Private Sub Command1_Click()
 Static times As Integer              '静态变量,统计输入密码的次数
  times = times + 1                   '用 times 变量表示输入第几次密码
  If Text1.Text = "12345" Then        '输入密码正确
     Label2.Caption = "欢迎光临!"
  Else
```

```
            If times < 3 Then                    '输入密码不正确
              Msgbox("密码不符,请重新输入!")
              Text1.Text = ""
              Text1.SetFocus                     '设置焦点,把光标自动放在文本框内
            Else                                 '第三次密码不正确
              Msgbox("非法用户,请退出程序!")
              Text1.Text = ""
              Text1.Enabled = False
            End If
        End If
    End Sub
```

(二)单选按钮、复选框和框架

❶ 单选按钮

单选按钮(OptionButton)在工具箱中的图标是 ⊙。默认的对象名为 Option1、Option2 等。

在若干选项中只能选一个时用单选按钮。单选按钮是很常见的,如性别的选择,如图 2-8 所示。

图 2-8　单选按钮

1)单选按钮的常用属性

单选按钮的大部分属性与前面讲过的控件类似,不再重复,不同的属性如下:

(1)Value 属性:表示选中状态,为逻辑型

返回或设置单选按钮控件的状态,为逻辑类型,返回 True 时表示选择了该按钮;返回 False(默认)表示按钮没有被选中。

(2)Alignment 属性:对齐方式属性,为整数类型

0:单选按钮显示在左边,标题显示在右边,默认设置。

1:单选按钮显示在右边,标题显示在左边。

2)单选按钮的常用事件

和命令按钮一样,单选按钮的常用事件是 Click,不过一般来说我们只是用单选按钮来传送一个值,很少对它的事件进行编程。

【例 2.6】　利用单选按钮设置文字字号的变化,文字用标签控件显示。

①界面设计如图 2-9 所示,在窗体上分别放置 1 个标签控件和两个单选按钮控件。各控件的属性设置详见表 2-15。

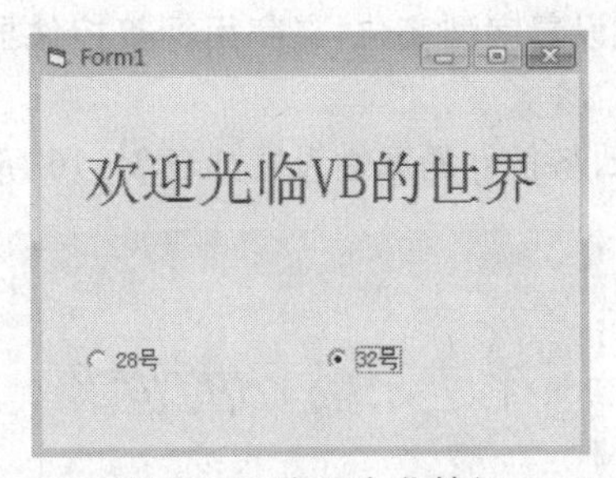

图2－9 字号变化按钮

表2－15 属性设置

对象	属性	设计时属性值	说明
Label1	Caption	欢迎光临 VB 的世界	
	Alignment	2	居中显示
Option1	Caption	28 号字	
Option2	Caption	32 号字	

②代码设计：

```
Private Sub Option1_Click()  '单击单选按钮即选中
    Label1.FontSize = 28
End Sub
Private Sub Option2_Click()
    Label1.FontSize = 32
End Sub
```

❷ 复选框控件

复选框在工具箱中的图标是☑。默认的对象名为 Check1、Check2 等。与单选按钮相比较，复选框就意味着可以选择多个项目。

1）复选框的常用属性

（1）Value 属性：返回或设置复选框控件的状态，数值类型。

0（或 Unchecked）：复选框未被选定，默认设置。

1（或 Checked）：复选框被选定。

2（或 Grayed）：复选框变成灰色的"√"，再度单击后变成未选中状态。

⊙**小提示：**反复单击同一复选框时，其 Value 属性只能在 0、1 之间交替变换。

（2）Alignment 属性：对齐方式，为整数类型。

0：复选框按钮显示在左边，标题显示在右边，默认设置。

1：复选框按钮显示在右边，标题显示在左边。

2）复选框的常用事件

复选框控件的常用事件一般为 Click 事件，不支持双击事件。系统把一次双击解释为两次单击。

【例 2.7】 利用复选框按钮设置字型变化，文字用标签控件显示。要求标签框能自动换行实现扩展。

②界面设计如图 2－10 所示，各控件的属性设置如表 2－16 所示。

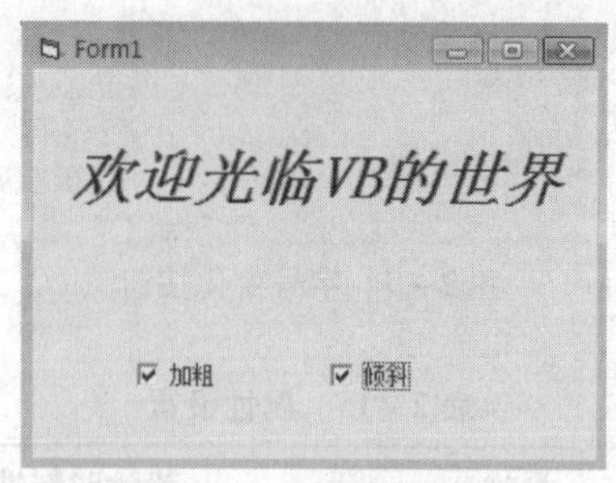

图 2－10　复选框实例

表 2－16　属性设置表

对象	属性	设计时属性值	说明
Label1	Caption	欢迎光临 VB 的世界	
	Alignment	2	居中显示
Check1	Caption	加粗	
Check2	Caption	倾斜	

②代码设计：

```
Private Sub Check1_Click()
    If Check1.Value = 1 Then                        '判断 Check1 被选中
        Label1.FontBold = True
    Else                                            'Check1 未被选中
        Label1.FontBold = False
    End If
End Sub
Private Sub Check2_Click()
    If Check2.Value = 1 Then
        Label1.FontItalic = True
    Else
        Label1.FontItalic = False
    End If
End Sub
```

❸ 框架控件

框架控件在工具箱中的图标为 。

框架与窗体、图片框控件类似，可以作为其他控件的容器使用，我们称这类控件为容器控件。在容器中的控件不仅可以随容器移动，而且控件在容器中的相对位置也随之可以调整。

往框架控件里面添加其他控件的方法如下：

(1)先添加框架控件，然后在控件框架里面再添加其他控件。

(2)对先于框架加到窗体上面的控件，可以先剪切该控件，然后选中框架，右键单击"粘贴"按钮，就可以把其他控件加入到框架里面。

【例 2.8】 设置一个字体属性设置程序，利用单选按钮来控制字体和字号，利用复选框来控制字型，利用框架分别对字体、字型和字号进行分组，这样就可以实现单选按钮的多选。

①界面设计如图 2－11 所示。

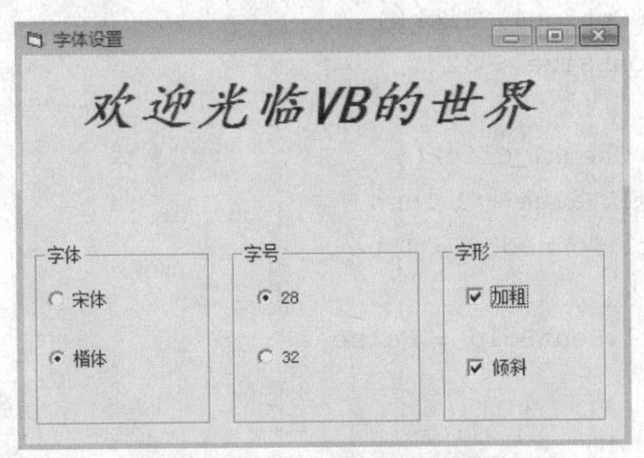

图 2－11　字体设置程序

在窗体上分别放置 1 个文本框(TextBox)和 3 组框架(Frame)控件，每个框架中再分别设置 3 个单选按钮(OptionButton)或 3 个复选框。各控件的属性设置如表 2－17 所示。

表 2－17　属性设置

对象	属性	设计时属性值	说明
Form1	Caption	字体设置	
Label1	Alignment	2－Center	文本居中
	Caption	欢迎光临 VB 的世界	
Frame1	Caption	字体	
Frame2	Caption	字号	
Frame3	Caption	字形	
Option1	Caption	宋体	
Option2	Caption	楷体	
Option3	Caption	28	
Option4	Caption	32	
Check1	Caption	加粗	
Check2	Caption	倾斜	

②代码设计：

```
Private Sub Option1_Click()          '宋体
    Text1.FontName = "宋体"
```

```
End Sub
Private Sub Option2_Click()                    '楷体
    Text1.FontName = "楷体_gb2312"
End Sub
Private Sub Option3_Click()
    Text1.FontSize = 28
End Sub
Private Sub Option4_Click()
    Text1.FontSize = 32
End Sub
Private Sub Check1_Click()                     '粗体
    If Check1.Value = 1 Then
        Text1.FontBold = True
    Else
        Text1.FontBold = False
    End If
End Sub
Private Sub Check2_Click()                     '倾斜
    If Check2.Value = 1 Then
        Text1.FontItalic = True
    Else
        Text1.FontItalic = False
    End If
End Sub
```

③程序运行效果如图 2-11 所示。

(三)列表框和组合框

列表框和组合框都可以为用户提供选项列表,用户可以在列表中进行选择。

❶ 列表框控件

工具箱中列表框控件的图标为![]。

列表框用来列出供操作的多项选择,用户可以通过单击某项,选择自己需要的选项并对其做某种处理。选择时从中可选取一项,也可选取多项。如果供选择的项目太多,超出了设计的长度,则 Visual Basic 会自动给列表框加上滚动条。在程序运行时,我们不能在列表框内进行输入。列表框的对象名默认为 List1、List2 等。

1)列表框控件常用属性

(1)List 属性:访问列表项目。

该属性用来列出列表框项目的内容。在列表框中所有表项的值都以数组形式存放,List 属性就是保存这些选项值的数组,要取出其中某项的值,只需通过访问该项对应数组的下标(注意下标值从 0 开始)。

引用的格式为:列表框对象名.List(Index)。

其中,Index 表示该项目在列表框中的位置索引值(注意第一项的索引值为0)。

例如,要在文本框中显示列表框的第二个表项的内容,我们可以写出下面的语句:

Text1.Text = List1.List(1)

(2)ListCount 属性:列表框项目总数,整数类型。

该属性列出了列表框中表项的数量个数。列表框中表项的排列从 0 – ListCount – 1,即 List 属性下标值的范围是 0 – ListCount – 1,总数为 ListCount 项。

(3)ListIndex 属性:判断已选项目的位置,为整数类型。

该属性值为被选中表项的索引,如果没有选中任何一项,则该属性值为 – 1。但需要注意的是,该属性只能在运行时可用,它设置或返回控件中当前选定项目的索引。第一个项目的索引号为0,而最后一个项目的索引为 ListCount – 1。如图2 – 12 所示,选中"故宫"的 ListIndex 为0,选中"白金汉宫"的 ListIndex 为2。

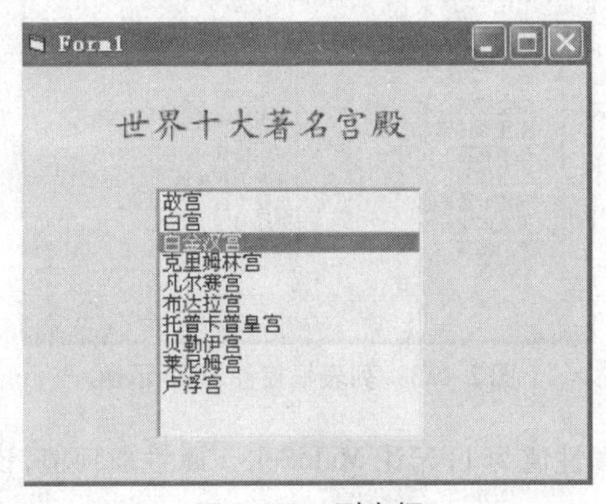

图2 – 12　列表框

(4)Text 属性:最后一次选中的表项内容,为字符串类型。

该属性用来返回当前选中的表项内容,Text 属性值不能直接修改。

对于单选的列表框控件 List1,字符串 List1.list(ListIndex)与 List1.Text 相等,都是被选中表项的文本。

(5)Selected 属性:判断列表框中某项的选择状态,逻辑型。

该属性是一个逻辑数组,返回的值表示对应的项在程序运行时是否被选中。数组元素个数与列表框中的项目个数相同,其下标的变化范围也是从 0 – ListCount – 1。该属性只能在程序中设计和引用。

引用的语法格式为:控件对象名.Selected(Index) = [True | False]。

例如,List1.Selected(3) = True 表示列表框 List1 的第四个项目被选中,此时 ListIndex 的值设置为3。

(6)MultiSelect 属性:指定选项表项的方式是否具有多选的,整数类型。

利用列表框控件的该属性,可以为列表框设置"单选"或"允许多选"属性。

MultiSelect 属性值为0:只能单选(默认值),不允许复选。

MultiSelect 属性值为1:简单复选,鼠标单击或按下空格键在列表中选中或取消一个项目。此属性仅在 Style 为0 时有效。

MultiSelect 属性值为2:扩展多选,按下 Shift 并单击鼠标,或按下 Shift 并移动箭头键,就可以从前一个选定的项目扩展选择到当前的选择项,即选定多个连续的项目。按下 Ctrl 并单击鼠标可在列表中选中一个项目或取消一个选中的项目。此属性仅在 Style 为 0 时有效。

(7) Sorted 属性：设置列表框中表项是否按照字母升序排列，逻辑型。

它有 True 和 False 两个值：设为 True 时按升序排列；设为 False 时不按升序排列。该属性的默认值为 False。注意该属性为只能在属性窗口中进行设置。

(8) SelCount 属性：返回被选中表项的个数，整数类型。

(9) Style 属性：控件样式属性，整数类型。

该属性用来指示控件的显示类型和行为，在运行时是只读的。

Style 属性值为 1，为复选框样式，如图 2－13 所示的左边列表框 List1。

Style 属性值为 0(默认值)，为标准样式，如图 2－13 所示的右边列表框 List2。

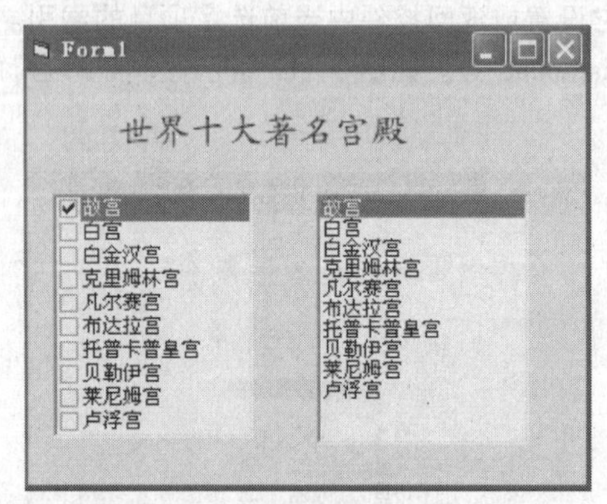

图 2－13　列表框控件 Style 示例

若列表框控件的 Style 属性值为 1，无论 MultiSelect 属性取何值，该列表框在实际使用上允许多选。

2) 列表框控件的常用方法

(1) AddItem 方法。

用于将项目添加到列表框或组合框中。格式如下：

控件对象件名. AddItem　表项文本[,Index]

Index 即索引值，可以指定项目文本的插入位置，省略 Index 则表项文本自动加到列表框末尾。Index 值只能小于列表框的 ListCount 属性值。

另外，列表框控件的表项也可以在属性设置时添加。具体操作方法为：在属性窗口内选中 List 属性，在下拉框中添加文本，然后按 Ctrl＋Enter 键换行输入下一个表项。

(2) Clear 方法。

该方法用以清空列表框控件中的所有表项。格式如下：

控件对象名. Clear

(3) RemoveItem 方法。

该方法用以删除列表框中的指定表项。格式如下：

列表框控件名. RemoveItem Index

Index 即指定表项的位置索引，范围从 0－ListCount－1。

3) 列表框控件常用事件

(1) Click 单击事件。

当单击某一列表项目时，将触发列表框控件的 Click 事件。该事件发生时系统会自动改变列表框控件的 ListIndex、Selected、Text 等属性，无须另行编写代码。

(2) DblClick 双击事件。

当双击某一列表项目时,将触发列表框控件的 DblClick 事件。

【例 2.9】 用户界面如图 2－14 所示。双击左边列表框中的项目可以将其添加到右边列表框中,双击右边的列表框中的项目可以将其删除。

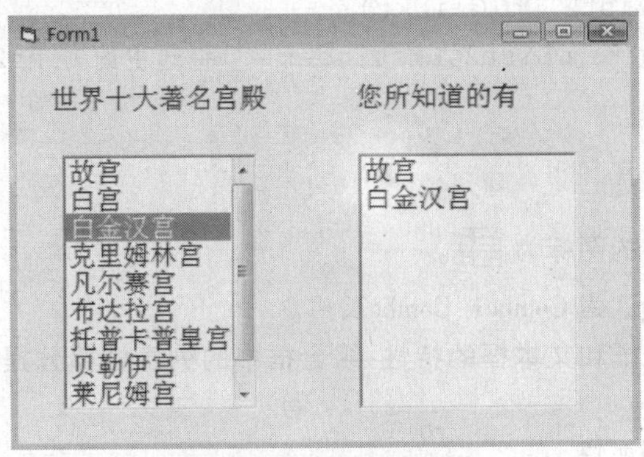

图 2－14　添加删除表项

①界面设计,如图 2－14 所示,在窗体上排列出相应的列表框、标签控件。部分控件的属性设置表 2－18。

表 2－18　属性设置

对象	属性	设计时属性值	说明
Label1	Caption	世界十大著名宫殿	
	Alignment	2	居中
Label2	Caption	您所知道的有	
	Alignment	2	居中

②具体代码如下:

```
Private Sub Form_Load()
Label1.FontSize = 14                    '设置字体大小
Label2.FontSize = 14
List1.FontSize = 14
List2.FontSize = 14
List1.AddItem"故宫"                     '为 List1 添加表项
List1.AddItem"白宫"
List1.AddItem"白金汉宫"
List1.AddItem"克里姆林宫"
List1.AddItem"凡尔赛宫"
List1.AddItem"布达拉宫"
List1.AddItem"托普卡普皇宫"
List1.AddItem"贝勒伊宫"
List1.AddItem"莱尼姆宫"
List1.AddItem"卢浮宫"
```

```
End Sub
Private Sub List1_DblClick()
List2.AddItem List1.Text              '将选中的 List1 表项添加到 list2 中
End Sub
Private Sub List2_DblClick()
List2.RemoveItem List2.ListIndex    '将选中的 List2 表项删除
End Sub
```

❷ 组合框控件

控件箱中组合框控件的图标为 。

组合框控件对象名默认为 Combo1、Combo2、…。

组合框控件兼有列表框和文本框的特性:组合框中的列表框部分提供选择项列表,文本框部分显示选择的结果。

1) 组合框控件的常用属性

组合框的属性和列表框的基本相同,这里介绍一些与列表框不同的属性。

(1) Style 属性:组合框样式属性,整数类型。

组合框有 3 种样式,都是只读属性,只能在设计界面时设置。

- Style 属性值为 0(该属性的默认值),为下拉式组合框。

用户可以像文本框一样直接输入文本,也可单击组合框右侧的箭头按钮打开选择列表。选定某个选项后,将选项插入到组合框顶端的文本部分。

- Style 属性值为 1,为简单组合框。

任何时候都在组合框内显示列表。为了能够显示列表中的所有表项,必须将组合框绘制得足够大,当选择数超过可显示的限度时将自动插入一个垂直滚动条。用户可以直接输入文本,也可从列表中选择。

- Style 属性值为 2,为下拉式列表框。

下拉式列表框包括一个不可输入文本的文本框和一个下拉式列表框。单击箭头按钮可以引出列表框,它限制用户输入,如图 2-15 所示。

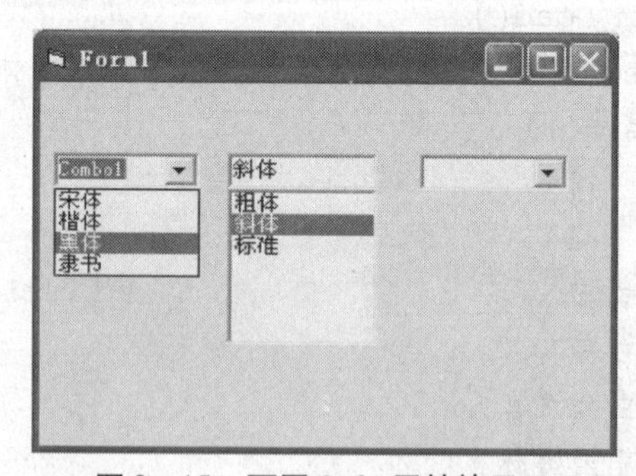

图 2-15　不同 Style 属性效果图

第一个组合框控件的 Style 属性值为 0,它不仅可以下拉、弹出选项的列表框,又可以在文本框内编辑。

第二个组合框控件的 Style 属性值为 1,它类似于列表框控件,但可以在文本框内输入。在设置简单组合框时,需要将组合框选中,按住边界点向下拉伸,出现图示效果。

第三个组合框控件的 Style 属性值为 2，它不准用户输入，其余特性与 Style 属性值为 0 的组合框情况相同。

(2) Text 属性：文本属性，为字符串类型。

该属性值是用户所选择项目的文本或直接从编辑区输入的文本，即直接显示在文本中的内容。注意：组合框控件不支持多选。

2) 组合框控件的常用事件

(1) Click 事件。

用户在组合框控件的列表部分选择表项的同时触发 Click 事件，此时 ListIndex 属性值就是组合框中所选表项的索引。

(2) KeyPress 事件。

对于 Style 属性值为 0 或 1 的组合框控件，KeyPress 事件可以用于修改或添加列表部分的表项：该事件由在其文本框中按任何键触发，但在组合框中一般应在按回车键（ASCII 码为 13）时执行修改或添加表项的操作。

下列 Combo1 控件的 KeyPress 事件过程可在文本框内新表项的输入结束（以回车键为标志）后向组合框添加该表项：

```
Private Sub Combo1_KeyPress(KeyAscii As Integer)
  If KeyAscii = 13 Then Combo1.AddItem Combo1.Text
End Sub
```

3) 组合框控件的常用方法

组合框控件的常用方法同列表框控件的基本一致，主要有添加表项的方法 AddItem、删除表项的方法 RemoveItem 和清除表项的方法 Clear 等。

4) 组合框中列表项数据的排序

要对组合框和列表框中的列表项数据进行排序，用户可以利用它们的 List 属性，将列表项数据看成数组的形式进行排序。具体排序格式如下：

```
For i = 0 To Combo1.ListCount - 2                  '表项数据的索引号从 0 开始
For j = i + 1 To Combo1.ListCount - 1
  If Combo1.List(i) > Combo1.List(j)Then         '由小到大排序
   t = Combo1.List(i): Combo1.List(i) = Combo1.List(j)
   Combo1.List(j) = t
  End If
Next j, i
```

【例 2.10】 设计一个字体设置程序完成如下功能：要求分别单击三个组合列表框的列表项时，都能实现对标签控件 Label1 字体的设置。具体要求如下：

(1) 将标签 Label1 的标题设置为“程序设计”，将 Label1 的对齐方式设置为居中，大小随文字字体大小自动改变。

(2) 程序启动后，组合列表框 Combo1 的文本框显示为宋体，组合列表框 Combo2 的文本框显示为宋体，组合列表框 Combo3 的文本框显示为 30。对 Combo1、Combo2、Combo3 的相关属性做合理设置。

具体操作如下：

①界面设计，如图 2－16 所示。

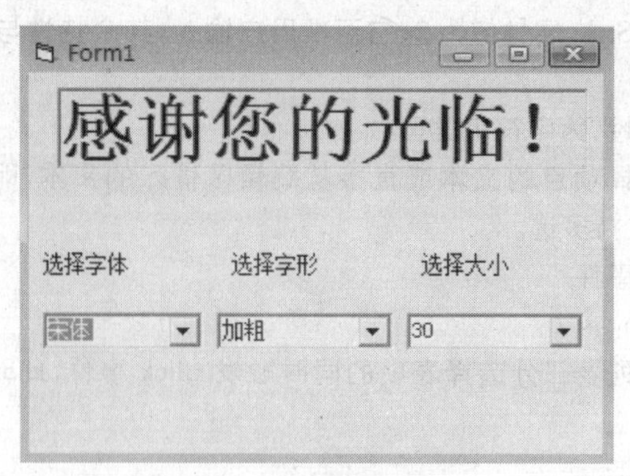

图 2－16　组合框示例

部分控件的属性设置如表 2－19 所示：

表 2－19　属性设置

对象	属性	设计时属性值	说明
Label1	Caption	感谢您的光临！	
	Alignment	2	居中显示
	BoderStyle	1	具有边框的三维效果
	AutoSize	True	
Label2	Caption	选择字体	
Label3	Caption	选择字形	
Label4	Caption	选择字号	
Combo1、Combo2、Combo3	Style	2	下拉式列表框

②具体程序代码如下：

```
Private Sub Form_Load()                 '添加表项
 Combo1.AddItem"宋体"
 Combo1.AddItem"楷体_GB2312"
 Combo1.AddItem"黑体"
 Combo2.AddItem"常规"
 Combo2.AddItem"斜体"
 Combo2.AddItem"粗体"
 Combo2.AddItem"粗体斜体"
 For i = 4 To 72 Step 4
   Combo3.AddItem i
 Next i
 Combo1.Text = "宋体"
 Combo2.Text = "常规"
 Combo3.Text = 12
End Sub
```

```
Private Sub Combo1_Click()
 Label1.FontName = Combo1.Text                    '应用字体
End Sub
Private Sub Combo2_Click()
 Select Case Combo2.ListIndex                     '应用字形
 Case 0
    Label1.FontItalic = False
    Label1.FontBold = False
 Case 1
    Label1.FontItalic = True
    Label1.FontBold = False
 Case 2
    Label1.FontBold = True
    Label1.FontItalic = False
 Case 3
    Label1.FontItalic = True
    Label1.FontBold = True
 End Select
End Sub
Private Sub Combo3_Click()
 Label1.FontSize = Combo3.List(Combo3.ListIndex)  '应用字号
End Sub
```

(四)滚动条

滚动条控件分为水平滚动条(HscrollBar)控件和垂直滚动条控件(VscrollBar)。水平滚动条控件名称的默认值为 Hscroll1、Hscroll2、……,垂直滚动条控件名称的默认值为 Vscroll1、Vscroll2 等。

工具箱中水平滚动条控件、垂直滚动条控件的图标分别为 。

垂直和水平滚动条在滚动方向上不同,别的属性和事件都是相同的。

❶ 滚动条控件常用属性

1) Max 和 Min 属性:整数类型

- Max 属性——返回或设置当滚动框处于底部或最右位置时,一个滚动条位置的 Value 属性的最大设置值。
- Min 属性——返回或设置当滚动框处于底部或最左位置时,一个滚动条位置的 Value 属性的最小设置值。

这两个属性设置的范围可以是 -32768 ~ 32767,默认设置值为 0 ~ 32767。

2) Value 属性:整数类型

返回或设置滚动条的当前位置,其返回值始终介于 Max 和 Min 属性值之间,包括这两个值。

3) LargeChange 属性:整数类型

该属性确定:当用户单击滚动条和滚动箭头按钮之间的区域时,滚动条控件 Value 属性值的改变量。

4) SmallChange 属性:整数类型

该属性确定:当用户单击滚动箭头按钮时,滚动条控件 Value 属性值的改变量。

❷ 滚动条控件常用事件

1) Change 事件

当滚动条移动,其 Value 属性值发生变化时,就触发了 Change 事件。

2) Scroll 事件

用户在按住鼠标并且拖动滚动条上的滚动块时,就触发了 Scroll 事件。

在用户按住鼠标键移动滚动块,未释放鼠标按键时,Scroll 事件就接连不断地发生;在用户释放鼠标时,就不是产生 Scroll 事件,而是产生了 Change 事件。这两个事件之间存在这一定的联系:Scroll 事件的发生(要求滚动条的 Value 值已经发生了改变),必将导致 Change 事件的发生,而 Change 事件的发生,则不一定导致 Scroll 事件的发生。

【例 2.11】 调色板应用程序。

①界面设计,如图 2-17 所示。

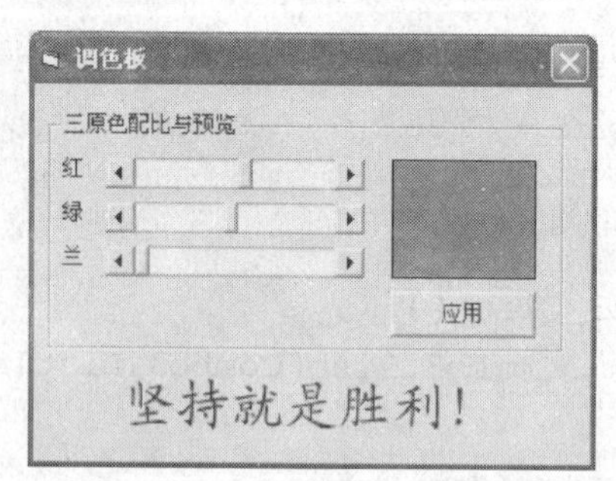

图 2-17　调色板程序

在窗体上方建立框架控件(Frame1);双击工具箱中的 Picture 控件,在框架左边放三个标签框,建立三个水平滚动条,在框架右边建立图片框控件 Picture1;图片框中的背景颜色随着滚动块的拉动而随之发生改变。点击"应用"按钮后,标签框(Label4)中字体的颜色和图片框中背景的颜色就可一致。调整好各控件的位置,各控件属性设置如表 2-20 所示。

表 2-20　属性设置

对象	属性	设计时属性值	说明
Frame1	Caption	三原色配比与预览	
Label1.	Caption	红	
Label2	Caption	绿	
Label3	Caption	蓝	
Label4	Caption	坚持就是胜利	
Command1	Caption	应用	

②代码设计:

```
Dim r As Single, g As Single, b As Single
Private Sub Form_Load()
```

```
  HScroll1.Min = 0: HScroll1.Max = 255
  HScroll2.Min = 0: HScroll2.Max = 255
HScroll3.Min = 0: HScroll3.Max = 255
End Sub
Private Sub HScroll1_Change()              '红色滚动条的 Change 事件
  r = HScroll1.Value
  g = HScroll2.Value
b = HScroll3.Value
  Picture1.BackColor = RGB(r, g, b)       '设置图片框的背景颜色
End Sub
Private Sub HScroll1_Scroll()              '红色滚动条的 Scroll 事件
  r = HScroll1.Value
  g = HScroll2.Value
  b = HScroll3.Value
  Picture1.BackColor = RGB(r, g, b)
End Sub
Private Sub HScroll2_Change()              '绿色滚动条的 Change 事件
  r = HScroll1.Value
g = HScroll2.Value
  b = HScroll3.Value
 Picture1.BackColor = RGB(r, g, b)
End Sub
Private Sub HScroll2_Scroll()              '绿色滚动条的 Scroll 事件
Hscroll2_change                            '调用绿色滚动条的 Change 事件
End Sub
Private Sub HScroll3_Change()              '蓝色滚动条的 Change 事件
r = HScroll1.Value
  g = HScroll2.Value
  b = HScroll3.Value
  Picture1.BackColor = RGB(r, g, b)
End Sub
Private Sub HScroll3_Scroll()              '蓝色滚动条的 Scroll 事件
Hscroll3_change                            '调用蓝色滚动条的 Change 事件
End Sub
Private Sub Command1_Click()               '应用预览的颜色
  Label4.ForeColor = Picture1.BackColor
End Sub
```

从中用户可以发现,Scroll 事件是针对滚动块的,对于单击箭头按钮、单击滑块与箭头之间的区域没有反应,而 Change 事件对滚动块的移动、单击箭头按钮、单击滑块与箭头之间的区域都能做出反应。

(五)定时器

工具箱中定时器控件的图标为 。

定时器控件借用计算机内部的时钟,实现了由计算机控制、每隔一个时间段自动触发一个事件。它在运行时是不可见的,所以在界面设计时可以放置在窗体的任意位置。

❶ 定时器控件常用属性

定时器控件默认的控件名称为 Timer1、Timer2 等。

1) Interval 属性:设置间隔时间,为整数类型

该属性表示定时器的时间间隔,以毫秒为单位(设置为 1000,时间间隔为 1 秒)。

Interval 属性值为 0,则定时器不起作用;Interval 属性的最大值为 65535。

2) Enabled 属性:设置是否响应,为逻辑值

该属性返回或设置一个值,该值原来确定一个窗体或控件是否能够对用户产生的事件做出反应。它有两个值:True 或 False。当设为 True 时,表示定时器开始工作;当设为 False 时,表示关闭定时器。

❷ 定时器控件的 Timer 事件

Timer 事件是定时器控件的唯一事件。在控件的 Enabled 属性值为 True 时,Interval 属性值的设定决定了间隔多长时间调用一次 Timer 事件。

下面来看两个例子。

【**例 2.12**】 电子时钟设计,程序运行效果如图 2-18 所示。

1) 界面设计,在窗体中放置一个 Label 控件用于动态显示当前时间,再放置一个 Timer 控件,用于更新 Label 中的时间。部分控件属性如表 2-21 所示。

图 2-18 模拟电子秒表

表 2-21 部分控件属性

对象	属性	设计时属性值	说明
Form1	Caption	电子时钟	
Label1.	Caption		为空
Timer1	Enabled	True	可用
	Interval	1000	时间间隔为 1 秒

②具体代码如下:

```
Private Sub Form_Load()
  Label1.FontSize = 28                          '设置字体大小
End Sub
Private Sub Timer1_Timer()
  Label1.Caption = Time
End Sub
```

程序运行以后就像一个电子表,其中的时间会随系统时间不断地变化。

【例 2.13】　设计一个闪烁的标语程序:使一行文字从左到右来回移动,到达边界后再换一个方向不间断地移动,同时让字的颜色产生一些变化。

具体设计过程如下:

①界面设计,如图 2 – 19 所示,拖动鼠标,在窗体上放置一个标签框和定时器,控件属性如表 2 – 22 所示。

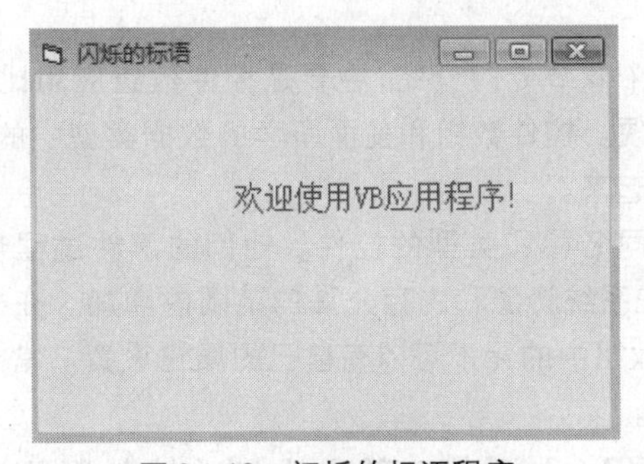

图 2 – 19　闪烁的标语程序

表 2 – 22　属性设置

对象	属性	设计时属性值	说明
Form1	Caption	闪烁的标语	
Label1.	Caption	欢迎使用 VB 应用程序	为空
Timer1	Enabled	True	可用
	Interval	100	时间间隔为 0.1 秒

②代码设计:

```
Dim x As Single
Private Sub Form_Load()
x = 100
Label1.FontSize = 12                          '设置字体大小
Label1.AutoSize = True
End Sub
Private Sub Timer1_Timer()
 If Label1.Left > = Form1.Width - Label1.Width Or Label1.Left <
```

```
0 Then
        x = -x                                         '反方向
    End If
    Label1.Left = Label1.Left + x
    Label1.ForeColor = QBColor(Int(Rnd * 15))  '颜色随机变化
    End Sub
```

每次调用定时器事件 Timer1_Timer 都会使标签移动,当移动到边界的时候,表达式"Label1.Left >= Form1.Width - Label1.Width Or Label1.Left < 0"可判断是否越界,如果越界则重新设置标签移动的步长,使标签在窗体内反向移动。

"QBColor(Int(Rnd * 15)),QBColor"是一个颜色函数,值是在0~15之间的整数(用一个随机数来产生该函数的参数),并用该数改变控件 Label1 的 ForeColor 属性,使控件的前景色发生变化。

(六)控件数组

控件数组在这里作为一个章节专门介绍,主要是控件数组应用比较广泛,用控件数组解决问题有时会给用户带来很多方便。控件数组和前面所学的数据类型中的数组在意义上很相似,不过它需和具体的控件对象结合起来。

控件数组是一组具有共同名称和类型的控件。他们的事件过程也相同。一个控件数组至少应有一个元素,元素数目可在系统资源和内存允许的范围内增加。在控件数组中可用到的最大索引值为32767。同一个控件数组中的元素可以有自己的属性设置。常见的控件数组的应用是实现选项按钮的分组和菜单控件。

❶ 在设计时创建控件数组(主要有3种方式创建控件数组)

(1)将相同的名字标识符赋予多个控件的 Name 属性。

假设要创建一个名字为 Command1 的命令按钮控件数组,先将第一个命令按钮的 Name 属性设为"Command1",再将其他的命令按钮控件的 Name 属性也设为"Command1",当将第2个命令按钮控件的 Name 属性设为"Command1"时,屏幕上会出现如图2-20所示的提示对话框,询问是否同意创建一个控件数组。此时,单击"是"按钮时,就创建了一个控件数组。

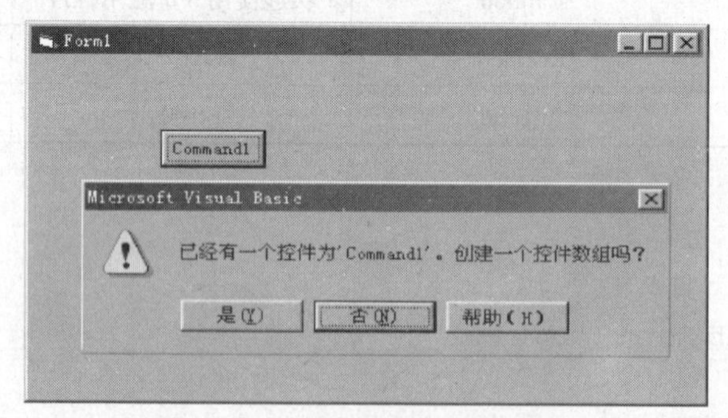

图2-20 创建控件数组的对话框

(2)复制现有的控件并将其粘贴到窗体上。

(3)将控件的 Index 属性设置为非 Null。

其中,第一种方法最常用;第2种方法操作方便简单,和方法1类似;第3种方法使用时要小心，可能创建的不是一个控件数组，而是多个，一般不用此方法。

❷ 运行时添加控件

在运行时，可用 Load 和 Unload 语句添加和删除控件数组中的控件。然而，添加的控件必须是现有控件数组的元素，必须在设计时创建一个 Index 属性为 0 的控件。例如，要在程序运行时添加一个如图 2－21 所示的控件数组，可以先在窗体上创建一个命令按钮（Command1），同时设置其 Index 属性为 0。

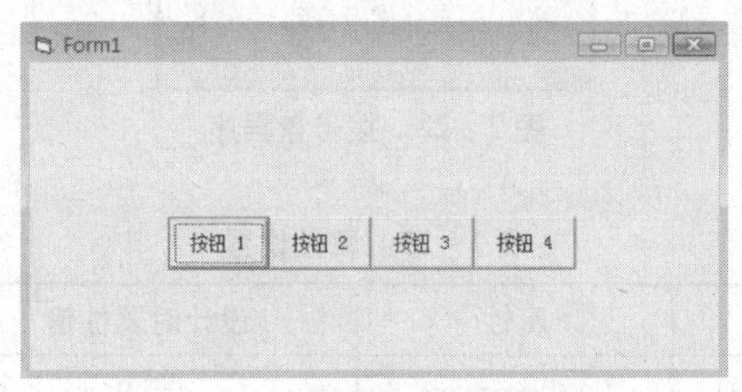

图 2－21　运行时添加的控件数组

过程代码如下：

```
Private Sub Form_Load()
  Command1(0).Visible = False
  For i%  = 1 To 4
    Load Command1(i)
    Command1(i).Visible = True
    Command1(i).Top = Command1(i - 1).Top
    Command1(i).Left = Command1(i - 1).Left + Command1(i - 1).Width
    Command1(i).Caption = "按钮" + Str(i)
  Next i
End Sub
```

❸ Index 参数的意义

控件数组的事件过程中有一个 Index 属性，如在 Command1_Click( ) 事件过程的第一行代码是这样的：Private Sub Command1_Click(Index as Integer)。这里的 Index 返回或设置唯一的标识控件数组中一个控件的编号。

因为控件数组元素共享同一个 Name 属性设置，所以必须在代码中使用 Index 属性指定数组中的一个特定控件。Index 必须以整数的形式（或一个能计算出整数的数字表达式）出现在紧接控件数组名之后的圆括号内，如 Command1(2)。同时，需要注意的是，要从控件数组中删除一个控件，需改变控件的 Name 属性设置，并删除该控件的 Index 属性设置。

下面就来看一个控件数组的示例应用程序：

【例 2.14】　设计一个拨号盘程序。要求：命令按钮数组构成数字键，单击数字键以后，文本框就输出相应的号码；单击“重拨”按钮以后，再现原来的拨号过程（提示：再现过程由定时器实现），定时器的时间间隔为 0.5s，文本框最多接受 10 个字符。

①界面设计。

在窗体上创建一组 10 个命令按钮，构成一组控件数组和一个文本框，如图 2－22 所示。调整好各控件的位置，设置各控件属性如表 2－23 所示。

图 2-22　拨号盘程序

表 2-23　属性设置

对象	属性	设计时属性值	说明
Command1(0) - command1(9)	Caption	0-9	Command1 为控件数组、数组元素为 Command1(0) - command1(9)
Command1(0) - command1(9)	Index	0-9	
Command2	Caption	重拨	
Text1	Text		空值
	Font	宋体、粗体、16 磅	
	ForeColor	蓝色	
	Alignment	1	右对齐
	Maxlength	10	最多接受 10 个字符
Form1	Caption	拨号盘	

②代码设计：

```
Dim s As String, i As Integer
Private Sub Command1_Click(Index As Integer)
Text1.Text = Text1.Text + Command1(Index).Caption      '拨号
s = Text1.Text                                         '将已拨号的数暂存到s中
End Sub
Private Sub Command2_Click()                            '按重拨键后定时器开始工作
Timer1.Enabled = True
Text1.Text =""
i = 1
End Sub
Private Sub Form_Load()
Timer1.Enabled = False
Timer1.Interval = 500
```

```
i = 1
Text1.MaxLength = 10
End Sub
Private Sub Timer1_Timer()
Text1.Text = Text1.Text + Mid(s, i, 1)      '重现拨号过程
i = i + 1
End Sub
```

(七)鼠标、键盘事件

Visual Basic 应用程序能够响应鼠标和键盘事件。鼠标的 Click、DblClick 等事件已经在前面有所涉及,在本节中要着重介绍鼠标的 MouseDown、MouseUp 和 MouseMove 事件和键盘的 KeyPress、KeyDown 和 KeyUp 事件。这几类鼠标和键盘的事件在编程中应用非常广泛。

❶ 鼠标事件

所谓鼠标事件是由用户操作鼠标而引发的能被 Visual Basic 中各种对象识别的事件。除了 Click 和 DblClick 之外,鼠标还有以下三个事件:

MouseDown 事件:当鼠标的任意一个按钮按下时被触发。

MouseUp 事件:当鼠标的任意一个按钮释放时被触发。

MouseMove 事件:当鼠标移动时被触发。

鼠标事件发生的先后顺序依次是:MouseDown、MouseMove 和 MouseUp。这三个事件过程的使用格式如下:

```
Private Sub Object_MouseMove(Button As Integer,Shift As Integer,_
X As Single,Y As Single)
Private Sub Object_MouseDown(Button As Integer,Shift As Integer,_
X As Single,Y As Single)
Private Sub Object_MouseUp(Button As Integer,Shift As Integer,_
X As Single,Y As Single)
```

其中:

Object:窗体对象或大多数可视控件。

Button:整数类型,表示鼠标的哪一个键按下或放开。鼠标键状态与 Button 值的对应关系如:Button = 1,表示左键按下;Button = 2,表示右键按下;Button = 4,表示中键按下。

在鼠标事件过程中,若未指定按键 Button 的值,则程序运行时无论按下鼠标的哪一个键,都会执行相应的 Mouse 事件。

Shift:整数类型,表示鼠标事件发生时,键盘上的 Shift、Ctrl 和 Alt 键是否被按下。各键状态与 Shift 值的对应关系如:Shift = 1,表示 Shift 键按下;Shift = 2,表示 Ctrl 键按下;Shift = 4,表示 Alt 键按下。

X、Y:鼠标在获得焦点的控件中的相对坐标。

Button 和 Shift 都可以重复选择。例如,同时按下鼠标左右两键,则 Button 的值为 3。同时按下 Ctrl 和 Alt 键,则 Shift 值为 6。

⊙**小提示:**当鼠标指针位于窗体中没有控件的区域时,窗体将识别鼠标事件。当鼠标指针位于某个控件上方时,该控件识别鼠标事件。

【例 2.15】 鼠标器事件示例。当鼠标器按下左键移动时出现"你移动了鼠标。请按住右键!",当鼠标器右键按下时出现"你按住了右键,请松开!",当松开鼠标器右键时出现"你松开了右键,好好学习!",运行界面如图 2-23 所示。

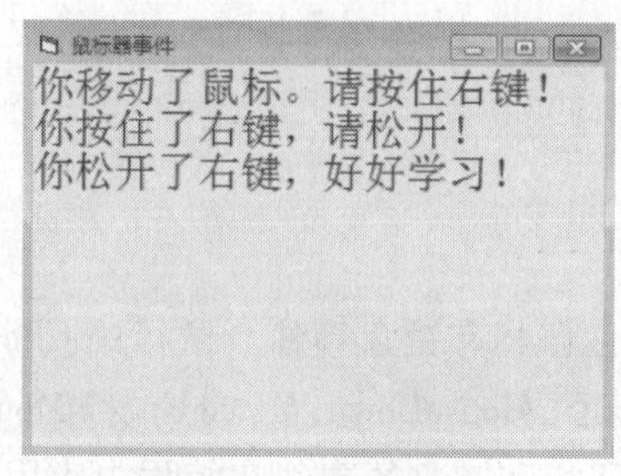

图 2-23 鼠标事件

①界面设计,将窗体的 Caption 属性都设置为"鼠标器事件"。

②程序代码如下:

```
Private Sub Form_Load()
Form1.FontSize = 18                     '设置字体大小
End Sub
Private Sub Form_MouseMove(Button As Integer, Shift As Integer, _
X As Single, Y As Single)               '按住左键移动
    If Button = 1 Then
     Form1.Print"你移动了鼠标。请按住右键!"
    End If
End Sub
Private Sub Form_MouseDown(Button As Integer, Shift As Integer, _
X As Single, Y As Single)               '按下右键
    If Button = 2 Then
    Form1.Print"你按住了右键,请松开!"
    End If
End Sub
Private Sub Form_MouseUp(Button As Integer, Shift As Integer, _
X As Single, Y As Single)               '释放右键
    If Button = 2 Then
     Form1.Print"你松开了右键,好好学习!"
    End If
End Sub
```

⊙**小提示:**上述三个事件均为窗体事件,因此一定要在窗体上(避开标签)操作鼠标,相应的 MouseMOve、MouseDown、MouseUp 事件才会发生。

❷ 键盘事件

1) KeyPress 事件

并不是按下键盘上任意一个键都会引发 KeyPress 事件，该事件只对会产生 ASCII 码的按键有反应，能产生 ASCII 码的按键包括数字、大小写字母、Enter、Backspace、Esc、Tab 等键。方向键（↑、↓、→、←）是不会产生 ASCII 码的按键。因此，在这些按键上不会引发 KeyPress 事件。

KeyPress 事件过程使用格式如下：

```
Sub Object_KeyPress([Index As Integer, KeyAscii As Integer])
```

其中：

Index——返回控件数组的索引号，对普通控件没有此属性。

KeyAscII——返回与按键相对应的 ASCII 码值。

上述事件过程接收到的是用户通过键盘输入的 ASCII 码数值。例如，当键盘处于小写状态，用户在键盘按"A"键，则 KeyAscII 参数值为 97；当键盘处于大写状态，用户在键盘按"A"键，则 KeyAscII 参数值为 65。

【例 2.16】 要求完成一个加法器应用程序。在前面两个文本框中输入数据后，单击"="按钮，求和结果显示在第三个文本框。单击"清空"按钮，三个文本框中的内容全部清空，前两个文本框中只允许输入数字和小数点。

①界面设计，如图 2-24 所示，在窗体上分别放置 3 个文本框、两个命令按钮、1 个标签框和 1 个 Line 控件。部分控件的属性设置如表 2-24 所示。

表 2-24　属性设置

对象	属性	设计时属性值	说明
Text1	Text		为空
Text2	Text		为空
Text3	Text		为空
Label1	Caption	+	
Command1	Caption	=	
Command2	Caption	清空	
Command3	Caption	退出	

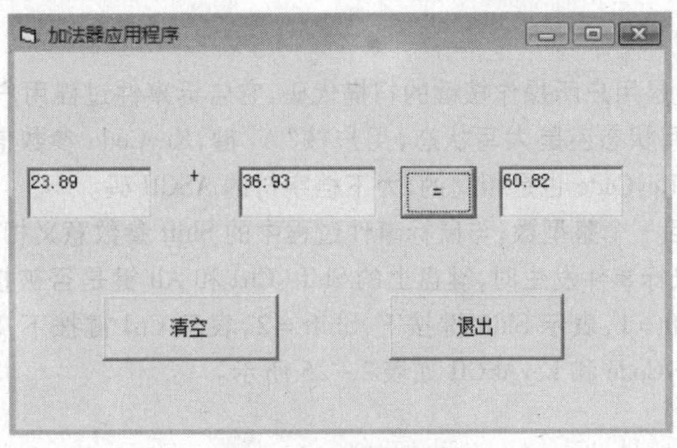

图 2-24　加法程序

②程序代码如下：

```
Private Sub Text1_KeyPress(KeyAscii As Integer)
'Text1 中只允许输入数字和小数点
  If (KeyAscii < 48 Or KeyAscii > 57)And KeyAscii < > 46 Then
    KeyAscii = 0
  End If
End Sub
Private Sub Text2_KeyPress(KeyAscii As Integer)
'Text2 中只允许输入数字和小数点
  If (KeyAscii < 48 Or KeyAscii > 57)And KeyAscii < > 46 Then
    KeyAscii = 0
  End If
End Sub
Private Sub Command1_Click()
  Text3.Text = Val(Text1.Text) + Val(Text2.Text)   '转换成数字后两数相加
End Sub
Private Sub Command2_Click()                        '清空文本框内容
  Text1.Text = ""
  Text2.Text = ""
Text3.Text = ""
End Sub
Private Sub Command2_Click()                        '退出
End
End Sub
```

2) KeyUp 和 KeyDown 事件

当控制焦点在某个对象上，用户按下键盘上的任一键，便会引发该对象的 KeyDown 事件，释放按键便触发 KeyUp 事件。

KeyUp 和 KeyDown 的事件过程使用格式如下：

```
Private Sub Object_KeyDown(KeyCode As Integer, Shift As Integer)
Private Sub Object_KeyUp(KeyCode As Integer, Shift As Integer)
```

其中：

- KeyCode 参数值是用户所操作按键的扫描代码，它告诉事件过程用户操作了哪一个物理键。例如，不管键盘处于小写状态还是大写状态，用户按"A"键，KeyCode 参数值相同。对于有上档字符和下档字符的键，其 KeyCode 也是相同的，为下档字符的 ASCII 码。
- Shift 参数值返回一个整型数，与鼠标事件过程中的 Shift 参数意义相同。

即 Shift——表示鼠标事件发生时，键盘上的 Shift、Ctrl 和 Alt 键是否被按下。各键状态与 Shift 值的对应关系如下：Shift = 1，表示 Shift 键按下；Shift = 2，表示 Ctrl 键按下；Shift = 4，表示 Alt 键按下，部分键（字符）的 keyCode 和 keyASCII 如表 2 - 25 所示。

表 2 – 25 部分键(字符)的 KeyCode 和 KeyASCII

键(字符)	KeyCode	KeyASCII
“A”	65	65
“a”	65	97
“!”	49	33
“1”(大键盘上)	49	49
“1”(数字键盘上)	97	49
Home 键	36	无
F10 键	121	无

【例 2.17】 设计一个签名程序:单击鼠标左键开始绘制,按下左键并移动鼠标进行绘制,释放鼠标则停止绘制,然后在新的位置开始绘制。用鼠标右键可以绘制较粗的线条。在窗体的左下角显示当前坐标值。

①界面如图 2 – 25 所示,控件属性如表 2 – 26 所示。

表 2 – 26 属性设置

对象	属性	设计时属性值	说明
Form1	Caption	个性签名	
Label1	Top	True	
Label2	Top	True	标签位于窗体底部

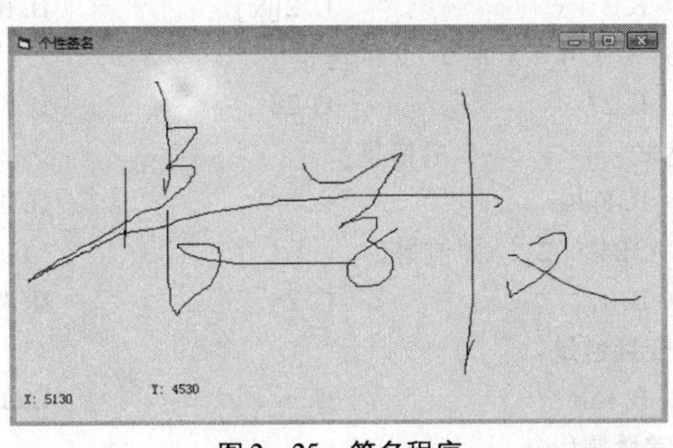

图 2 – 25 签名程序

②代码如下:

```
Dim x0 As Integer, y0 As Integer
Private Sub Form_MouseDown(Button As Integer, Shift As Integer,
X As Single, Y As Single)
Dim k As Integer
k = k + 1
If k = 1 Then
    x0 = X: y0 = Y: Line (x0, y0) -(X, Y)         '设置绘图起点
```

```
End If
End Sub
Private Sub Form_MouseMove(Button As Integer, Shift As Integer,
X As Single, Y As Single)
    If Button = 1 Then Line -(X, Y)                    '按下鼠标左键时绘制图形
    If Button = 2 Then Circle (X, Y), 25: Circle (X, Y), 30:
Circle (X, Y), 35: Circle (X, Y), 40                   '按鼠标右键绘制粗线形
    Label1.Caption = "X:" + Str(X)
    Label2.Caption = "Y:" + Str(Y)
End Sub
Private Sub Form_Resize()                               '标签位于窗体底部
Label1.Top = Form1.ScaleTop + Form1.ScaleHeight - Label1.Height
Label2.Top = Form1.ScaleTop + Form1.ScaleHeight - Label2.Height
End Sub
```

③程序运行时,就可以随意在上面绘制自己的签名,效果如图 2-25 所示。

习题二

一、选择题

1. 下列(　　)不能作为 VB 合法的变量名。

A. xy　　B. a6　　C. const　　D. const1

2. 下列(　　)是 VB 合法的变量名。

A. xy@1　　B. 3+x　　C. 2[x]　　D. tt%

3. 表达式 4 * 7 Mod 3 + 4 \ 3 + 5 ^2 的值是(　　)。

A. 26　　B. 27　　C. 28　　D. 32

4. 设 x = -3,则表达式 -4 < x < -2 的值是(　　)。

A. True　　B. False　　C. -1　　D. 0

5. VB 表达式 Mid("A2B4", 2,1)的值是(　　)。

A. 2　　B. 0　　C. 2　　D. 4

6. 在 VB 中,合法的变量名是(　　)。

A. x_1　　B. sub　　C. a[1]　　D. a&b

7. 在 VB 中,合法的常量是(　　)。

A. 'xxx'　　B. 2/3　　C. 5E　　D. False

8. VB 表达式 Sqr(9) + Int(-5.4) * Sgn(6.8) - Fix(3.1)的值是(　　)。

A. -6　　B. -5　　C. 35　　D. 30

9. 函数 Int(Rnd * 80) + 10 是在(　　)范围内的整数。

A. [10,90]　　B. [10,89]　　C. [11,90]　　D. [11,89]

10. Double 类型的数据由(　　)字节组成。

A. 21　　B. 4　　C. 8　　D. 16

11. 要声明一个长度为 256 个字符的定长字符串变量 str,以下语句正确的是(　　)。

A. Dim str As String　　B. Dim str As String(256)

C. Dim str As String[256]　　D. Dim str As String * 256

12. 下列声明语句中存在变体变量的是(　　)。

A. Dim a,b As Integer　　B. Dim a As String

C. Static a As Integer　　D. Public a As Currency

13. 文本框中选定的内容,由下列(　　)属性来反映。

A. SelText　　B. SelLength　　C. Text　　D. SelStart

14. 执行后会删除文本框 Text1 中文本的语句为(　　)。

A. Text1. Caption = " "　　B. Text1. Text = " "

C. Text1. Clear　　D. Text1. Cls

15. 将数据"宋体"添加到列表框 List1 中,并使其成为第一项,使用(　　)语句。

A. List1. AddItem"宋体",0　　B. List1. AddItem"宋体"

C. List1. AddItem 0,"宋体"　　D. List1. AddItem"宋体",1

16. 复选框对象是否被选中,是由其(　　)属性决定的。

A. Checked　　B. Enabled　　C. Value　　D. Selected

17. 组合框中的 Style 属性值确定了组合框的类型和显示方式,以下选项中不属于组合框 Style 属性值的是(　　)。

A. 下拉式组合框　　B. 弹出式组合框

C. 简单式组合框　　D. 下拉式列表框

18. 不能通过(　　)来删除列表框中的选择项。

A. List 属性　　B. RemoveItem 方法

C. Clear 方法　　D. Text 属性

19. 以下不允许用户在程序运行时输入文字的控件是(　　)。

A. 标签框　　B. 文本框

C. 下拉式组合框　　D. 简单组合框

20. 滚动条的(　　)属性用于指定用户单击滚动条的滚动箭头时,Value 属性值的增、减量。

A. LargeChange　　B. SmallChange　　C. Value　　D. Change

21. 执行语句 List1. List(List1. ListCount) = "80"语句后(　　)。

A. 会产生出错信息　　B. List1 列表框最后一项被赋值"80"

C. List1 会增加一个"80"项　　D. 指定 List1 列表框的表项个数为 80 个

22. 为使文本框显示滚动条,必须首先设置的属性是(　　)。

A. AutoSize　　B. Alignment　　C. Multiline　　D. ScrollBars

23. 设计动画时通常用时钟控件(　　)属性来控制动画速度。

A. Interval　　B. Timer　　C. Move　　D. Enabled

24. 将定时器的时间间隔设置为 1s,那么定时器的 Interval 属性值应为(　　)。

A. 1000　　B. 1　　C. 100　　D. 10

25. 下列(　　)属性用来表示各对象(控件)的位置。

A. Text　　B. Caption　　C. Left　　D. Name

26. 将焦点主动设置到指定的控件或窗体上,应采用(　　)方法。

A. SetData　　B. SetFoucs　　C. SetText　　D. GetData

27. 标签框控件和文本框控件内的对齐方式由——(　　)属性决定。

A. Alignmemt　　B. Multiline　　C. AutoSize　　D. Name

28. 在程序运行期间属性值不允许改变的是(　　)属性。

A. Caption　　B. Name　　C. BackColor　　D. Enabled

29. OptionButton 控件和 CheckButton 控件都有 Value 属性,下列叙述正确的是(　　)。

A. 都是设置控件是否可用

B. 都是设置控件是否可见

C. OptionButton 的 Value 属性是逻辑值,而 CheckButton 的 Value 值是数值

D. OptionButton 的 Value 属性是数值,而 CheckButton 的 Value 值是逻辑值

30. 下列表达式错误的是(　　)。

A. Label1. Visible And Label2. Visible

B. Text1. Text + s $ + Text2. Text

C. (Label1. Height + Label2. Width)/2

D. Text1. Index + Text1. Visible

31. 文本框的 ScrollBars 属性值为 3 – Both,但是在文本框中却看不到水平与垂直滚动条,可能的原因是(　　)。

A. 文本框的 MultiLine 属性值为 False

B. 文本框的 MultiLine 属性值为 True

C. 文本框尚未输入内容

D. 文本框的 Locked 属性值为 False

32. 下列关于添加"控件"的方法正确的是(　　)。

A. 单击控件图标,将指针移到窗体上,双击窗体

B. 双击工具箱中的控件,即在窗体中央出现该控件

C. 单击工具箱中的控件,将指针移到窗体上,再单击

D. 用鼠标左键拖动工具箱中的某控件到窗体中适当位置

33. 下面有一程序,如果从键盘上输入"Testing",则在文本框中显示的内容是(　　)。

```
Private Sub Text1_KeyPress(KeyAscii As Integer)
If KeyAscii > = 65 And KeyAscii < = 122 Then
KeyAscii = 65
End If
End Sub
```

A. A　　B. Testing　　C. AAAAAAA　　D. 程序出错

34. 文本框 Text1 和 Text2 用于接受输入的两个数,求这两个数的乘积,错误的是(　　)。

A. y = Text1. Text * Text2. Text

B. y = Val(Text1. Text) * Val (Text2. Text)

C. y = Str(Text1. Text) * Str(Text2. Text)

D. 文本框的 Text 属性是字符型,所以以上语句都错误。

35. 为了在按下 Esc 键时执行某个命令按钮的 Click 事件过程,需要把该命令按钮的一个属性设置为 True,这个属性是(　　)。

A. Value　　B. Default　　C. Cancel　　D. Enabled

36. 假定窗体上有一个标签,名为 Label1,为了使该标签透明并且没有边框,则正确的属性设置为(　　)。

A. Label1. BackStyle = 0 : Label1. BorderStyle = 0

B. Label1. BackStyle = 1 : Label1. BorderStyle = 1

C. Label1. BackStyle = True ; Label1. BorderStyle = True

D. Label1. BackStyle = False ; Label1. BorderStyle = False

37. 程序运行时，拖动滚动条上的滚动块，则触发的事件是(　　)。

A. Move　　B. Change　　C. Scroll　　D. GetFocus

二、填空题

1. 设 $A=1, B=2, C=3$，表达式 A < B And Not C > A Or C > B And A < > B 的值为______。

2. 式 Ln|y/2x| - e - 4 对应的 Visual Basic 表达式为____________。

3. 式 Format(3245.6728,"#####.###")的值是________。

4. Print Val(34.1 - ab) + 125.3 Mod 14 / 3 ^ 2 语句后，输出值为__________。

5. 一元二次方程 $ax^2+bx+c=0$ 有实根的条件是 a 不等于 0，并且 $b^2-4ac\geqslant 0$，表示该条件的布尔表达式是:________。

6. 要是标签框(Label)l 控件可换行显示并且可自动调节大小，需将其________属性和__________属性同时设置为 True。

7. 大多数控件都可设置其________属性使其有效或无效，可设置其________属性使其可见或不可见。

8. 组合框具有__________和__________两种控件的基本功能。

9. 鼠标 __________的动作，使滚动条的 Scroll、Change 事件都会发生。

10. 执行语句"HScroll1. Value = HScroll1. Value + 100"时，发生____________事件。

11. 将焦点定位于命令按钮 Command1 之上的语句为______________。

12. 定时器控件只能接收__________事件。

13. Text 文本框能接受的最长字符数由文本框的__________属性确定。

14. ________方法用来向列表框中加入表项。

15. 定时器的 Interval 属性值为 0 时，表示__________。

三、解答题

1. 下列数据中哪些是变量？哪些是常量？是什么类型的常量？

(1)our　(2)"my"　(3)True　(4)89　(5)wonder　(6)"12/11/2005"　(7)"34.56"　(8)h　(9)23.45　(10)x!　(11)#9:05:06AM#　(12)50　(13)dimx

2. 把下列数学表达式改写为等价的 VB 算术表达式。

(1) $\dfrac{a+\dfrac{1}{b}}{a-\dfrac{c}{b}}$　(2) $\sqrt{|xy-\sqrt{y}|}$　(3) $x^3-\sqrt{\dfrac{2xy}{5-x}}$　(4) $\sqrt{s(s-a)(s-b)(s-c)}$

(5) $e^3-\dfrac{\sin(xy)}{(x+y)}$

3. 写出下列表达式的值。

(1)6 * 7 \ 5　(2)5 ^ 2 + 5 Mod 3　(3)"xy" & 12 &"t"　(4)#10/3/2006# + 5

4. 设 $a=3, b=5, c=1, d=4$ 计算下列表达式的值。

(1)a - b / c > 3 Or c > d And Not c > 0 Or d < c

(2)b Mod 2 > 3 Or c + d > a And a < b

5. 写出下列函数的值。

(1)Int(4.5)　(2)Fix(5.3)　(3)Int(-3.9)　(4)CInt(-5.4)

(5)Sgn(4 + 2 * 6 / 3)　(6)Int(Abs(45 - 23)\3)　(7)Left("great",3)

(8) Right("great", 2)　　(9) Str(56.78)　　(10) Val("4 + 2.5")
(11) Val("a3")　　(12) Len("wo are 中国人")　　(13) LCase("AGDGxyz")

四、程序阅读题

1. 当程序运行后,在文本框 Text1 中输入 1234,写出窗体上的输出结果。

```
Private Sub Text1_Change()
    Print Text1 &" - "
End Sub
```

2. 下面程序运行后,在文本框 Text1 中输入 6 并按回车键后,写出文本框中显示的内容。

```
Dim N% ,M%
Private Sub Text1_Keypress(Keyascii As Integer)
If Isnumeric(Text1)Then        '判断是否为数字
   Select Case Val(Text1)Mod 2
     Case 0
       N = N + Val(Text1)
     Case 1
       M = M + Val(Text1)
   End Select
End If
Text1 = ""
Text1.Setfocus
IF Keyascii = 13 Then
   Text1 = N & M
End If
End Sub
```

3. 如图 2 - 26 所示的窗体上有一个列表框和一个文本框,下面程序运行后,在文本框中输入"789",然后双击列表框中的"463",写出文本框中的显示结果。

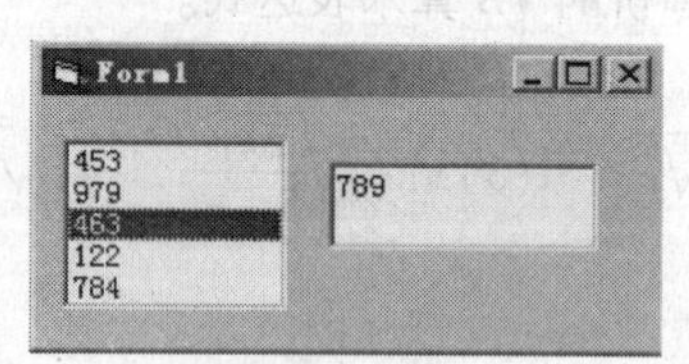

图 2 - 26　窗体

```
Private Sub Form_Load()
List1.AddItem"453"
List1.AddItem"979"
List1.AddItem"463"
List1.AddItem"122"
List1.AddItem"784"
Text1.Text = ""
```

```
End Sub
Private Sub List1_DblClick()
a = List1.Text
Text1 = a + Text1.Text
End Sub
```

4. 执行了下面的程序后，写出列表框中各项的数据。

```
Private Sub Form_Load()
  Combo1.AddItem"西瓜": Combo1.AddItem"苹果": Combo1.AddItem"橘子"
  Combo1.AddItem"葡萄": Combo1.AddItem"哈密瓜"
  Combo1.AddItem"火龙果": Combo1.AddItem"釉子"
  Combo1.List(0) = "李子": Combo1.List(7) = "猕猴桃"
End Sub
Private Sub Combo1_KeyPress(KeyAscii As Integer)
  If KeyAscii = 13 Then Combo1.List(Combo1.ListCount) = Combo1.Text
  List1.Clear
  For i% = 0 To Combo1.ListCount - 1
    If Len(Trim(Combo1.List(i%))) < 3 Then
      List1.AddItem Combo1.List(i%)
    End If
  Next i%
End Sub
```

写出程序运行时，在组合框 Combo1 中输入文本“香蕉”(以回车键结束)后，控件 List1 中的所有表项。

5. 程序代码如下：

```
Private Sub Form_Load()
  Label1.AutoSize = True
End Sub
Private Sub Text1_KeyPress(KeyAscii As Integer)
  Dim a As String * 1, b As String, n As Byte
  If KeyAscii = 13 Then
    b = Text1.Text: n = Len(b)
    For i% = 1 To n \2
a = Left(b, 1)
b = Right(b, n - 1) + a
Label1.Caption = Label1.Caption + b + Chr(13) + Chr(10)
Next i%
End If
End Sub
```

请写出在文本框 Text1 中输入 12345(以换行结束)后，标签控件 Label1 上显示的结果。

6. 控件 Hscroll1 的属性设置如下：

```
HScroll1.Min = 1
HScroll1.Max = 9
HScroll1.Value = 1
HScroll1.SmallChange = 2
HScroll1.LargeChange = 4
```

下列程序运行时,4 次单击滚动条右端箭头按钮,写出各次单击时 Text1 上的显示结果。

```
Dim y As Single
Private Function f1(x2 As Integer)As Single
Static x1 As Integer
f1 = 0
  For i%  = x1 To x2
    f1 = f1 + i%
Next i%
  x1 = i%
End Function
Private Sub HScroll1_Change()
  y = y + f1(HScroll1.Value)
  Text1.Text = y
End Sub
```

7. 执行下列程序,按下回车键后的输出结果。

```
Option Base 1
Private Sub Form_KeyPress(KeyAscii As Integer)
Dim x As Integer, y As Integer
a = Array(3, 6, 8, 4, 1, 7)      'a 数组中的元素分别为 3,6,8,4,1,7
x = a(1)
y = a(1)
If KeyAscii = 13 Then
  For i = 2 To 6
   If a(i) > x Then
    x = a(i)
    y = i
   End If
  Next i
End If
Print x; y
End Sub
```

五、上机实验题

1. 请设计一个名为“求解算术试题”的程序,运行后的画面如图 2－27(a)所示。用户在左边的两个文本框中输入整数，再单击相应的运算按钮，则会在第三个文本框中出现计算结果，如图 2－27(b)所示。

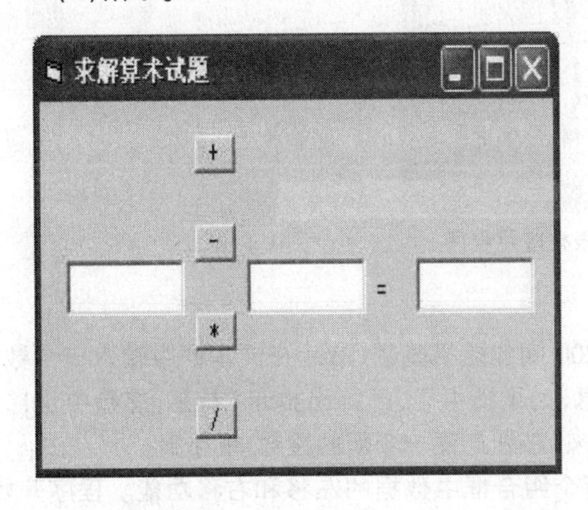

(a)

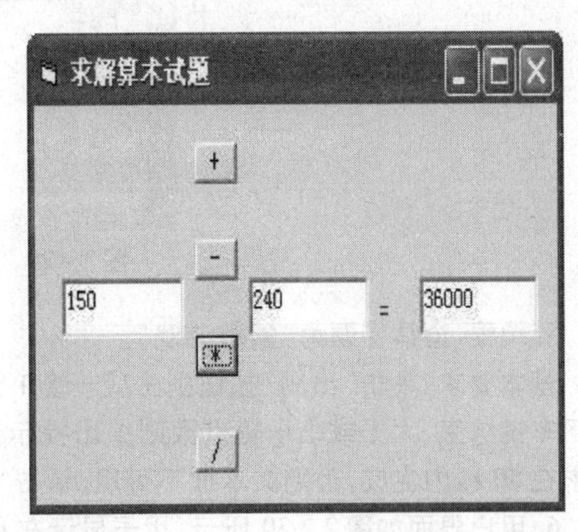

(b)

图 2－27　"求解算术试题"界面

(a)程序运行界面；(b)输出计算结果

2. 随机产生一个三位正整数，然后逆序输出，产出的数与逆序数同时显示。例如，产生 246，输出是 642。

3. 窗体上有两个标签，其 Caption 属性值分别为"原价"和"优惠价"；两个文本框；三个单选按钮，分别是 Option1，其 Caption 属性值为"9.8 折"，Option2 的 Caption 属性值为"8.8 折"，Option3 的 Caption 属性值为"8 折"。程序运行后界面如图 2－28 所示，在文本框 Text1 中输入原价值，要求只能接受数字和小数点两种符号。单击单选钮选择折扣，在文本框 Text2 中显示打折后的价格，请编写程序完成相关功能。

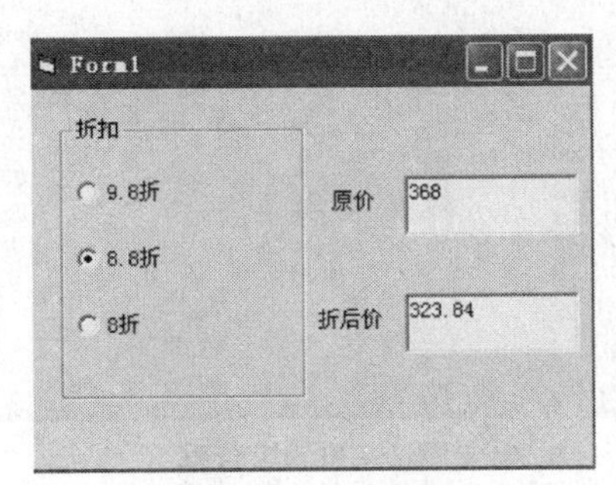

图 2－28　运行界面

提示：本题可以用文本框的 KeyPress 事件来判断输入的字符是否为数字字符或小数点"."。

4. 编写一个能对列表框进行项目添加、修改和删除操作的应用程序，如图 2－29 所示。"添加"按钮的功能是将文本框中的内容添加到列表框中，"删除"按钮可删除列表框中选定的项目，"修改"按钮，可把要修改的项目显示在文本框中，当在文本框修改好后再单击"修改确定"按钮，则更新列表框中的内容。当按下"修改"按钮后，"修改确定"按钮才可选取，否则不可操作。

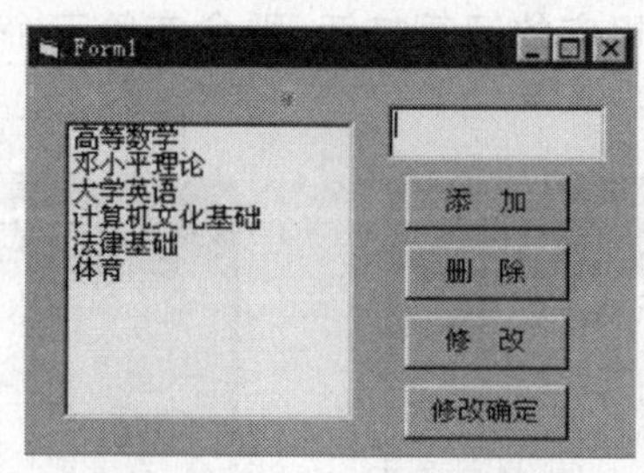

图2－29　列表框应用程序

5. 编程，窗体标题为“猜数游戏”。

基本要求：单击“出题”按钮则生成一个1到200间的随机整数，然后在文本框中输入一个数，以回车键结束，大于或小于随机数则给出提示信息，如果猜中了，则给出提示“恭喜，您猜中了！”，要求在50秒内完成，否则文本框不可用，单击“重来”按钮产生一个新的整数，重新猜。

6. 用户界面如图2－30所示，用于显示左右两个组合框中数据的左移和右移功能。程序开始运行时，在左边组合框中随机生成10个由小到大排列的三位正整数(已知组合框1的Sorted属性已设置为True)，现要求完成：

(1)单击“> >”按钮，左边组合框中的10个数全部移到右边组合框，并由大到小排列，同时使“< <”按钮能响应，“> >”按钮不能响应；

(2)单击“< <”按钮，右边组合框中的10个数全部移到左边组合框，并由小到大排列，同时使“> >”按钮能响应，“< <”按钮不能响应；

(3)单击“结束按钮”，结束程序运行。

已知各控件的Caption属性已经在属性窗口中设置完成。

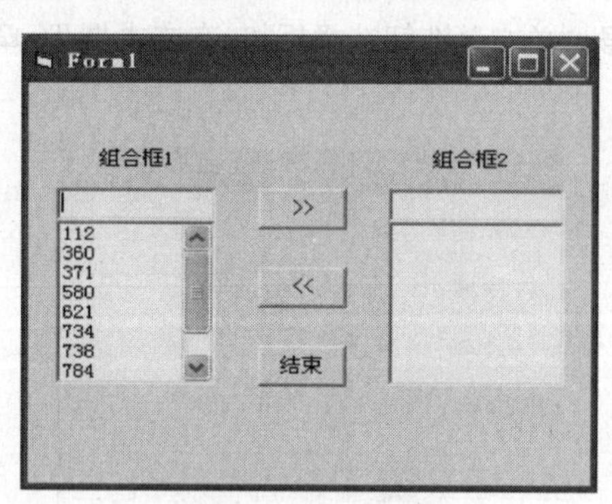

图2－30　组合框

第三章

三种基本结构的程序设计

本章学习导读

Visual Basic 是面向对象的程序设计语言，采用的是面向对象的程序设计方法，在 Visual Basic 的程序设计中，具体到每个对象的事件过程或模块中的每个通用过程，还是要采用结构化的程序设计方法，所以 Visual Basic 也是结构化的程序设计语言。

一、顺序结构

顺序结构是一种最简单、最基本的结构，在顺序结构中，各语句块按照它们出现的先后顺序依次一条一条地执行。如果对于一般的计算处理问题，程序可以"自顶向下"地运行，然后再根据具体问题进一步细化、模块化。

在 Visual Basic 中实现顺序结构的语句有：赋值语句、Print 方法、注释语句及已经介绍的数据类型声明语句、符号常量声明语句等。

（一）赋值语句

赋值语句是 Visual Basic 程序设计中使用最为频繁的语句之一，它也是最简单的顺序结构语句。一般用于对变量赋值或对控件设定属性值。语句形式如下：

<变量名> = <表达式>

<对象>. <属性> = <表达式>

功能：将表达式的值赋值给变量名后者指定对象的属性。一般用于给变量赋值或对控件设定属性值。

例如：

```
n = n + 1                    '计数累加
Text1.Text = ""              '清除文本框的内容
Text1.Text = ""              '文本框显示字符串欢迎使用 VB
```

说明：

(1) 语句中的" = "称为赋值号，如 $n = n + 1$ 在程序设计中表示取变量 n 存储单元中的值，将其加 1 后，仍然放回到变量 n 的存储单元。

(2) 赋值号" = "的左边一定只能是变量名或对象的属性引用，不能是常量、符号常量或表达式。

下面的赋值语句都是错的：

```
10 = X + y          '左边是常量
```

sqr(X)=4　‘左边是表达式

(3)右边的表达式可以是变量、常量、函数调用等特殊的表达式。

(4)赋值符号“=”左右两边的数据类型要一致或相容。若两边的类型不同,则以左边的数据类型为基准,如果右边表达式结果的数据类型能够转换成左边的数据类型,则先将右边的结果进行强制转换后,再赋值给左边的变量或对象的属性;如果不能转换,那么系统将会出现提示错误信息。具体处理规则如下:

①若都是数值型,但精度不同,则强制转换成左边变量的数据精度。

例如:　N% =5.6　‘5.6四舍五入为6

②若表达式为数值字符串,左边变量是数值型,则右边会先自动转换成数值类型再赋值,但若表达式有非数值字符或空串,则出现错误提示信息。

例如:

N% ="123"　‘将字符串“123”转换为数值123,赋值给N,执行后,N的值为123

N% ="a123"　‘出错,提示“类型不匹配”的错误信息

N% ="".　‘出错,提示“类型不匹配”的错误信息

③任何非字符型数据赋值给字符型,都将自动转换为字符类型。

Str $ =567　‘将数值567转换为字符串“567”,赋值给Str,执行后Str的值为“567”

Str $ = True　‘将逻辑值True转换为字符串“True”赋值给Str,执行后Str的值为“True”

④当逻辑值赋值给数值型时,True转换为 -1,False转换为0;反之当数值型赋值给逻辑型时,非0转换为True,0转换为False。

X% = True　‘将逻辑量True转换为数值 -1赋值给X,执行后X的值为 -1

Dim X As Boolean

X=2　‘2为非零数据,因此转换为True赋值给X,执行后X的值为True

在Visual Basic中可以通过文本框(将要输出的数据赋值给文本框的Text属性)、标签(将要输出的数据赋值给标签的Caption属性)及下一小节介绍的MsgBox函数和MsgBox过程来输出数据,但在窗体、图片框及立即窗口中输出数据,则使用Print方法来实现。

(二)输出数据的基本方法——Print方法

Print方法的一般格式如下:

[对象.]Print[{Spc(n)|Tab(n)}][表达式列表][;|,]

功能:先计算各表达式的值,然后再指定对象上按格式依次打印各个表达式的值。

说明:

(1)对象名可以是窗体(Form)、图片框名(PictureBox),也可是立即窗口“Debug”。若对象默认,则默认在当前窗体上输出。用Print方法在图片框和立即窗口对象中输出与在窗体对象中输出完全相同。

例如:FROM1. Print"Hello!"

(2)Spc(n)函数:从当前打印位置起空 *n* 个空格。

　　Tab(n)函数:从最左端开始计算的第 *n* 列。

Spc函数与Tab函数的区别是:Tab函数从对象的左端开始记数,而Spc函数表示两个输出项之间的间隔。

(3)分隔符为逗号(,)时,则按“标准格式”输出,即将每个输出行分为若干固定段,每段有14

个字符。

(4) 分隔符为分号(;)时,则按"紧凑格式"输出,即输出的表达式值之间,若是字符串之间没有空格,数值之间留有一个空格分隔。

例如:Print"abc","def",123　'输出结果为 abc　　　　def　　　　123
　　Print 1;2;3　　'输出结果为 1 2 3

(5) 语句末尾如果有分隔符(,或;)时,之后的输出方法的输出内容将在同一行显示。

例如:Print"a + b = ";
　　Print 1 + 2
　　则输出的结果为:a + b = 3

(6) 如果 Print 后面没有任何输出项,那么输出结果将强制换行。

例如:Print"a + b";
　　Print
Print 1 + 2
输出结果:a + b =
　　3

【例 3.1】 Print 示例,打印如图 3-1 所示的图形。

图 3-1　Print 示例

程序代码如下所示:

```
Private Sub Form_Click()
For i = 1 To 5
  Form1.Print Tab(i); String(6 - i,"▼");
Next i
For i = 1 To 5
Print Tab(6 - i); String(i,"▲");
Next i
End Sub
```

思考:循环体语句中,若将 Tab 改成 Spc,结果会是什么图形?

(三)数据输入输出函数和过程

❶ 数据的输入函数 InputBox( )

格式:变量名 = InputBox(提示[,标题][,默认][,x 坐标位置][,y 坐标位置])

功能:弹出一个简单的对话框,并返回用户输入的内容。

说明:

(1)提示信息是不能默认的。提示信息多为字符型常量、变量或字符表达式,长度需小于 1024 个字符。若要显示多行,可使用 vbCrLf 或在要换行处加回车符[Chr(13)]、换行符[Chr(10)]或回车换行符的组合 Chr(13)&Chr(10)来分隔。

例如:strName = InputBox("请输入你的姓名","输入框","张三")

(2)<标题>:对话框标题栏显示的信息,如上例中的"输入框"。该项是字符串表达式,若省略,则将应用程序名,即以程序名作为对话框的标题。

(3)<默认>:输入文本编辑区默认值,如果用户不输入值而直接按回车键或单击"确定"按钮,则该值便作为函数的返回值,如上例中"张三",指默认姓名为张三,该项为数值常量、字符串常量或常量表达式。若省略,则相当于空字符串。

(4)<x 坐标>、<y 坐标>:确定对话框在屏幕上显示的位置,通常为整型表达式。

注意:

各项参数次序必须一一对应,除了"提示"一项不能省略外,其余各项均可省略,处于中间的默认部分要用逗号占位符跳过。

【例 3.2】 程序运行界面如图 3-2 所示,要求应用 inputbox 函数单击窗体时输入 6 个 1~33 之间的整数,并将输入的数据显示在窗体上。

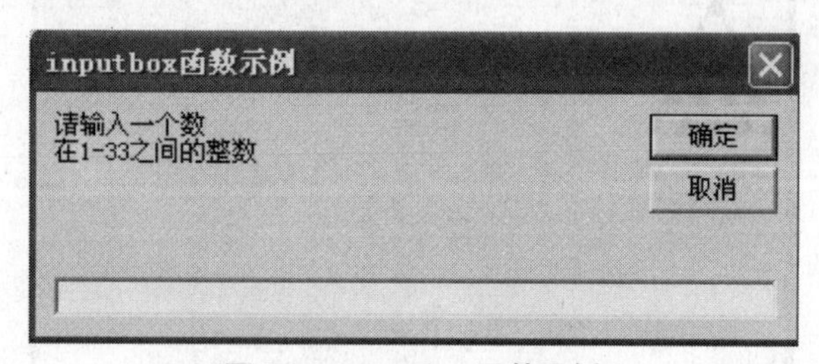

图 3-2 inputbox 函数示例

程序代码如下:

```
Private Sub Form_Click()
Dim a(6)As Integer
For i = 1 To 6
  a(i) = InputBox("请输入一个数" + Chr(13) + Chr(10) + "在 1-33 之间的整数","inputbox 函数示例")
   Print a(i),
Next i
End Sub
```

❷ 数据输出函数 MsgBox( )和 MsgBox 过程

格式:

函数形式:变量[%] = MsgBox(<提示信息>[,<对话框样式>][,<标题>])

过程形式:MsgBox <提示信息>[,<对话框样式>][,<标题>]

功能:弹出一信息对话框,并根据用户选择的按钮,返回一个正数值。

说明:

(1) <提示信息>:该项不能省略,输出的提示信息和标题格式与 InputBox 函数相同。

(2) <对话框样式>:可选项。最多可由 4 项数值相加组成,其形式是:

<按钮>[+ <图标>][+ <默认按钮>][+ <模式>]

其按钮值如表 3 – 1 所示。

表 3 – 1　MsgBox 函数的按钮值

分组	内部常数	按钮值	描述
按钮数目	vbOkOnly	0	只显示 OK 按钮
	vbOkCancel	1	显示 OK,Cancel 按钮
	vbAboutRetrylgnore	2	显示 About,Retry,lgnore 按钮
	vbYesNoCancel	3	显示 Yes,NO,Cancel 按钮
	vbYesNo	4	显示 Yes,NO 按钮
	vbRetryCancel	5	显示 Retry,Cancel 按钮
图标类型	vbCritical	16	关键信息图标 红色 STOP 标志
	vbQuestion	32	询问信息图标 ?
	vbExclamation	48	警告信息图标 !
	vbInformation	64	信息图标　i

(3) <标题>:可选项。在对话框标题栏中显示的字符串表达式,其含义与 InputBox 函数中对应参数相同。

(4) MsgBox 函数的返回值:函数调用后返回 0 ~ 7 的整型值,根据用户操作的不同(单击或按下的按钮)返回不同的值,如表 3 – 2 所示。

表 3 – 2　MsgBox 函数的返回值

用户的操作(单击或按下的按钮)	数值	内部常量
OK(确定)	1	vbOK
Cancel(取消)	2	vbCancel
Abort(中止)	3	vbAbort
Retry(重试)	4	vbRetry
Ignore(忽略)	5	vbIgnore
Yes(是)	6	vbYes
No(否)	7	vbNo

如果用户要根据 MsgBox 函数的不同返回值,实现程序流程的控制,就必须通过编写程序代码才能实现。

【例 3.3】 编一账号和密码检验程序,程序运行界面如图 3-3 所示。

要求:账号不超过 6 位数字,有错,清除原内容再输入,密码输入时在屏幕上以"*"代替;若密码错,出现如图 3-4 所示提示信息,选择"重试"按钮,清除原内容再输入,选择"取消"按钮,停止运行。

分析:

账号 6 位,MaxLength 为 6 ,LostFocus 判断数字 IsNumeric 函数;

密码 PassWordChar 为"*",MsgBox 函数设置密码错对话框。

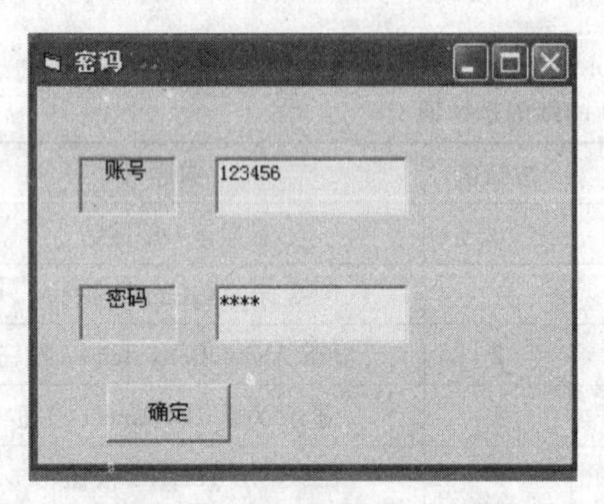

图 3-3 密码检验程序界面

图 3-4 密码错误提示

程序代码如下:

```
Private Sub Command1_Click()
Dim i As Integer
If Text2 < >"gong"Then
  i = MsgBox("密码错误", 5 + 48,"输入密码")
    If i = 2 Then
      End
    Else
      Text2 =""

      Text2.SetFocus
    End If
End If
End Sub

Private Sub Text1_LostFocus()
If Not IsNumeric(Text1) Then
  MsgBox"账号有非数字字符错误"
  Text1 =""
  Text1.SetFocus
```

```
End If
End Sub
```

（四）注释语句

在 VB 中，注释语句是一种非执行代码，即这种语句在程序运行时并不会被计算机执行，它在程序代码中只具有解释、说明的作用。

格式：

(1) Rem　<注释内容>

(2) ' <注释内容>

说明：

(1) 在关键字 Rem 和注释内容之间需加一个空格，可以用一个英文单引号（'）来代替关键字 Rem。

(2) 如果在语句行后面使用 Rem 关键字，必须用冒号（:）与语句隔开。若用英文单引号（'），则在其他语句行后面不必加冒号（:）。

例如：

```
Const PI =3.1415925     '符号常量 PI
S = PI * r * r     :Rem 计算圆的面积
```

二、选择结构

在计算机中需要处理的问题往往是复杂多变的，仅仅采用顺序结构远远不够，因此必须引入选择结构来解决实际应用中的各种问题。选择结构也叫做分支结构。选择结构会根据条件的不同，选择执行不同的分支语句来解决问题。在 Visual Basic 程序设计中，使用 IF 语句和 Select Case 语句来实现选择结构。

（一）If 条件语句

If 语句分为单分支、双分支和多分支等结构，用户可以根据问题的不同，选择适当的结构。

1. 单分支结构：If...Then 语句

格式 1（块形式）：

```
If <表达式> Then
  语句块
End If
```

格式 2（单行形式）：

```
If <表达式> Then <语句>
```

说明：

(1)单分支结构语句运行如图 3-5 所示。

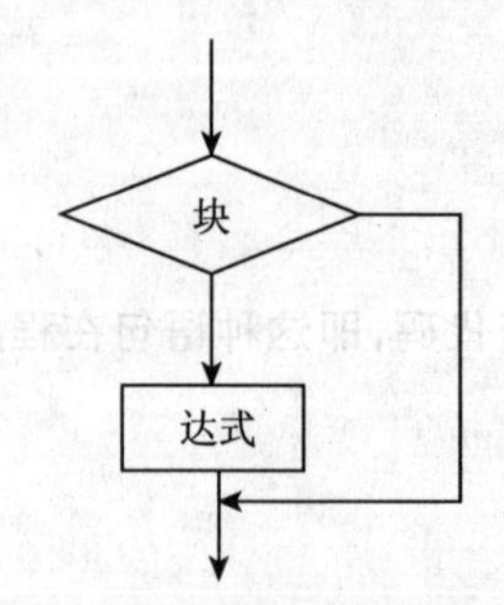

图 3-5　单分支结构语句运行图

(2)表达式：一般为关系表达式、逻辑表达式或算术表达式。若为算术表达式，其值按非零为 True，零为 False 进行判断；

(3)使用格式 1 时，必须从 Then 后换行，也必须用 End If 结束。

使用格式 2 时，即将整个条件语句写在一行，则不能使用 End If。若有多个语句，语句之间使用"："分隔。

例：已知两个数 a 和 b，比较它们的大小，使得 a 大于 b（两数交换必须用到第三个数 t）。

写成程序形式可为：

```
If a<b then
(1)t=a
(2)a=b              '思考：若将语句(1)和与语句(2)的顺序交换一下，能否实现交换
(3)b=t
End if
```

或写成：`if a<b Then t=a :a=b :b=t`

❷ 双分支结构 If ...Then...Else 语句

格式 1（块形式）：

```
If  <表达式> Then
    <语句块1>
   Else
 <语句块2>
End if
```

格式 2（单行形式）：

```
If <表达式> Then <语句块1> Else <语句块2>
```

双分支结构语句运行如图 3-6 所示。

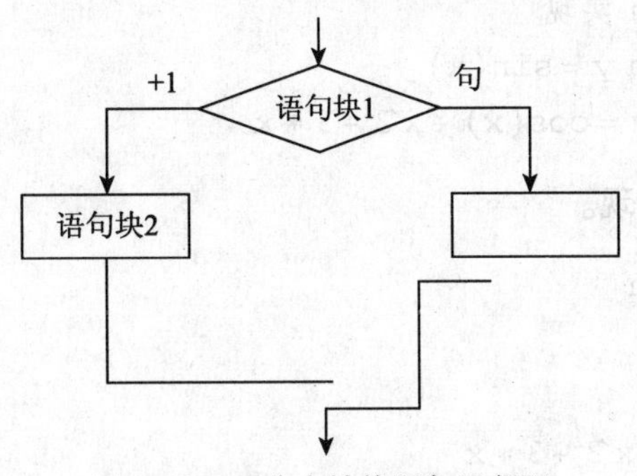

图 3－6　双分支结构语句运行图

说明:当表达式的值为 true 时执行＜语句块 1＞,否则执行＜语句块 2＞。

【例 3.4】　随机生成一个考试成绩,点击开始查询命令按钮,显示考试的分数,并判断通过与否,程序运行界面如图 3－7 所示。

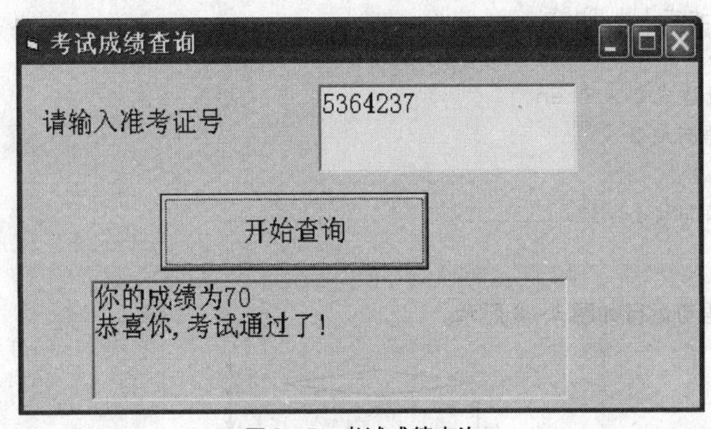

图 3－7　考试成绩查询

程序代码如下:

```
Dim a As Integer
a = Int(Rnd * 100)
If a > 0 Then
Label2.Caption = "你的成绩为"& a & vbCrLf &"恭喜你,考试通过了!"
'vbCrLf 是回车换行
Else
  Label2.Caption = "你的成绩为"& a & vbCrLf &"很遗憾,下次再努力哦!"
End If
```

【例 3.5】　编写程序计算下列分段函数的值:

$$Y=\begin{cases}3+3x & x=0\\ & x\neq 0\end{cases}$$

方法一:用单分支结构实现。

```
    y = cos(x) + x^3 + 3 * x
  If x < >0 Then y = sin(x)
```

```
'也可用两条 If x Then 实现
     If x< >0 Then y=sin(x)
     If x=0 Then y=cos(x) +x^3 +3 *x
```

方法二:用双分支结构实现。

```
     If x< >0 Then
       y=sin(x)
     Else
       y=cos(x) +x^3 +3 *x
     End If
```

❸ 多分支结构(If 的嵌套)

格式:

```
   If <表达式1> Then
 <语句块1>
 ElseIf <表达式2> Then
       <语句块2>
       .....
 [Else  <语句块n+1>]
 End If
```

多分支结构语句运行如图 3-8 所示。

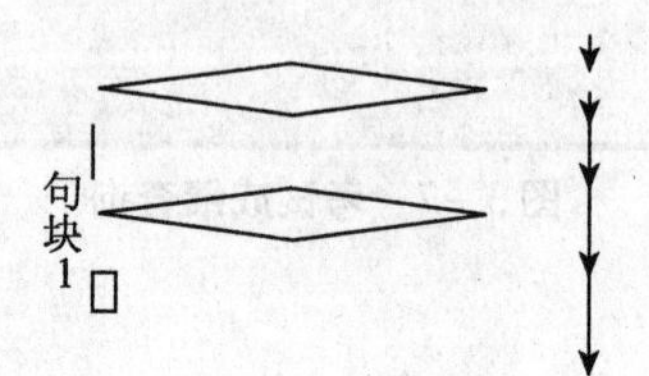

图 3-8　多分支结构语句运行图

说明:

首先判断表达式 1,若其值为 True,则执行 <语句块 1>,然后结束 If 语句,否则判断表达式 2,若其值为 True,则执行 <语句块 2>,然后结束 If 语句。否则再继续往下判断其他表达式的值。如果所有表达式的值都为 False,则执行 <语句块 n+1>,ElseIf 不能写成 Else If。

【例 3.6】　输入一组学生成绩,评定其等级。方法是:90~100 分为"优秀",80~89 分为"良好",70~79 分为"中等",60~69 分为"及格",60 分以下为"不合格"。

使用 If 语句实现的程序段如下:

```
    If  x> =90 then
    Print"优秀"
    ElseIf  x> =80 Then
    Print"良好"
    ElseIf  x> =70  Then
    Print"中等"
```

```
ElseIf  x > =60 Then
Print"及格"
Else
Print"不及格"
End If
```

思考与讨论

上面的程序段中每个ElseIf语句中的表达式都做了简化,例如,第一个ElseIf的表达式本应写为"x > =80 and x <90",而写为"x > =80",为什么能做这样的简化？如果将上面的程序段改写成下面两种形式是否正确？

```
第一种形式:               第二种形式:
If  X > =60 Then            If  x <60 Then
Print"及格"               Print  "不及格"
ElseIf  x > =70 Then        ElseIf  x <7 0  Then
Print"中等"               Print"及格"
ElseIf x > =80 Then         ElseIf  x <80 Then
Print"良好"               Print  "中等"
ElseIf  x > =90 Then        ElseIf  x <90 Then
Print"优秀"               Print"良好"
Else                       Else
Print"不及格"             Print"优秀"
End If                     End If
```

【例3.7】 在文本框text1中任意输入一个字符,单击命令按钮,在label2标签中显示输入的字符,并判断该字符是字母字符、数字字符还是其他字符,程序运行界面如图3-9所示

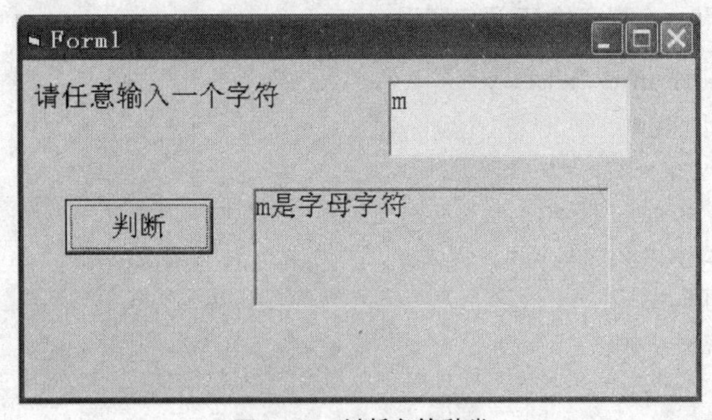

图3-9　判断字符种类

程序运行代码如下:

```
Private Sub Command1_Click()
Dim strc As String * 1
strc = Text1.Text
If UCase(strc) > = "A"And UCase(strc) < = "Z"Then
```

```
  '大小写字母均考虑
Label2.Caption = strc +"是字母字符"
ElseIf strc > ="0"And strc < ="9"Then
  '表示是数字字符
  Label2.Caption = strc +"是数字字符"
Else '除上述字符以外的字符
  Label2.Caption = strc +"其他字符"
End If
End Sub
```

❹ If 语句的嵌套

格式:

```
If <表达式1> Then
   If <表达式11> Then
     …
   End If
   …
End If
```

含义:指 If 或 Else 后面的语句块中又包含 If 语句。

说明:

(1)对于嵌套结构,为了增强程序的可读性,书写时采用锯齿形;

(2)If 语句形式若不在一行上书写,必须与 End If 配对。多个 If 嵌套,End If 与它最接近的 If 配对。

【例 3.8】 已知 x,y,z 三个数,使得 $x>y>z$。

用一个 IF 语句和一个嵌套的 IF 语句实现:

```
If  x<y Then t=x:x=y:y=t
If  y<z Then
     t=y:y=z:z=t
     If  x<y   Then
       t=x:x=y:y=t
    End If
End If
```

(二)Select Case 语句(情况语句)

例 3.6 中除了可以使用 If 语句来实现,还可以使用用于处理多分支情况语句 Select Case 语句,其语句运行图如 3-10 所示,我们可以通过 select case 语句更加方便、直观地处理多种选择情况的问题。

Select Case 语句格式:

```
Select Case  <表达式>
    Case<表达式列表1>
     <语句块1>
    Case<表达式列表2>
    语句块2
……
    Case Else
     <语句块n+1>
End select
```

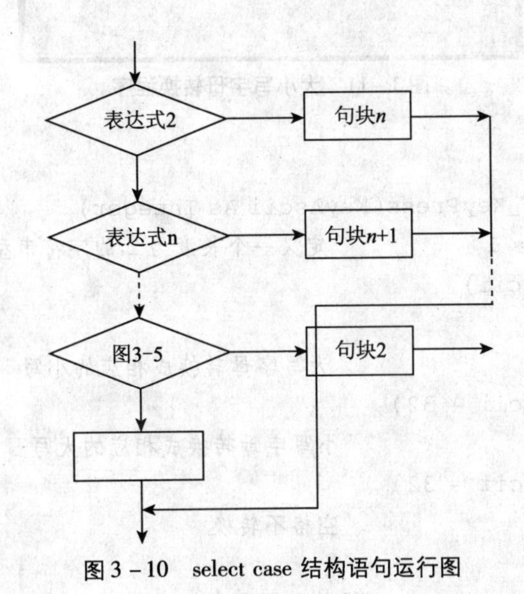

图 3－10　select case 结构语句运行图

说明：

(1)表达式可以是数值型或字符串表达式。

(2)表达式列表 i：与“变量或表达式”的类型必须相同，可以是下面四种形式之一：

形式	示例
表达式	case "A"
一组枚举表达式(用逗号分隔)	case 2,4,6,8
表达式1 To 表达式2	case 60 To 100
Is 关系运算符表达式	case Is < 60

以上四种形式可以在数据类型相同的情况下混合使用。例如：Case 2,4,6,8,Is >10。

【例 3.9】 编写一大小写字母转换程序，要求将大写字母转换成小写字母，小写字母转换成对应的大写字母，空格不转换，其余转换为＊号，每输入一个字符，马上就进行判断和转换，程序运行界面如图 3－11 所示。

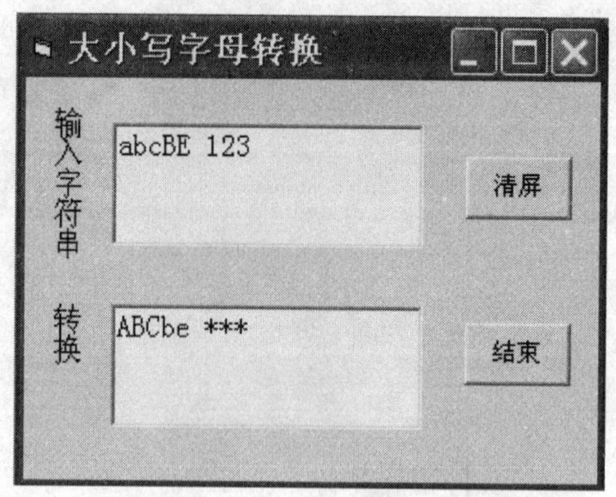

图 3-11　大小写字母转换程序

程序运行代码如下：

```
Private Sub Text1_KeyPress(KeyAscii As Integer)
Dim aa As String * 1              '定义一个长度为 1 的字符串型变量
aa = Chr $(KeyAscii)
Select Case aa
Case"A"To"Z"                      '大写字母转换成相应的小写
aa = Chr $(KeyAscii + 32)
Case"a"To"z"                      '小写字母转换成相应的大写
aa = Chr $(KeyAscii - 32)
Case""                            '空格不转换

Case Else                         '其余转换为 * 号
aa = " * "
End Select
Text2.Text = Text2.Text & aa
End Sub
Private Sub Command1_Click()      '清屏命令按钮 command1 的单击事件过程
Text1.Text = ""
Text2.Text = ""
End Sub
Private Sub Command2_Click()      '结束命令按钮 command2 的单击事件过程
End
End Sub
```

【例 3.10】输入 1 ~ 12 中的一个月份，显示对应的季节，点击命令按钮 command1，弹出如图 3 - 12 所示的输入框，任意输入一个月份，在标签 label1 上显示对应的季节，当输入的月份小于 1 时，在标签上显示月份必须为 1 ~ 12，当输入的月份大于 12 时，标签上显示超出范围，并弹出消息框，程序运行结构如图 3 - 13 所示。

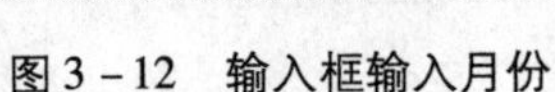
图 3－12　输入框输入月份

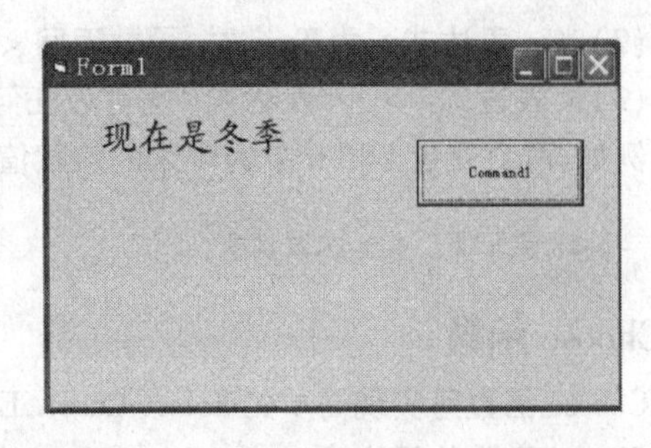

图 3－13　程序运行结果显示相应的季节

```
Private Sub Command1_Click()
Dim n As Integer
n = Val(InputBox("输入一个月份")):Label1.FontSize = 20 : Label1.FontName
="楷体_GB2312"
Select Case  n
  Case 2, 3, 4
            Label1.Caption = "现在是春季"
  Case 5 To 7
             Label1.Caption = "现在是夏季"
  Case 8 To 10
            Label1.Caption = "现在是秋季"
  Case 11, 12, 1
            Label1.Caption = "现在是冬季"
  Case Is < 1
            Label1.Caption = "月份必须为 1 ~12"
  Case Else
          Label1.Caption = "超出范围!"
          MsgBox"你的一年中有" + Str(n) + "个月吗?", vbCritical
End Select
End Sub
```

(三)条件函数

❶ IIF 函数

IIF 函数可用来执行简单的条件判断操作,它相当于 IF…Then…Else 结构。

格式:

IIF(<表达式>, <表达式 1>, <表达式 2>)

说明:

(1) <表达式>通常是关系表达式、逻辑表达式或算术表达式。如果是算术表达式,其值按非 0 为 True,0 为 False 进行判断。

(2)当<表达式>为 Ture 时,函数返回<表达式1>的值,否则返回<表达式2>的值。

(3)<表达式1>、<表达式2>可为任何类型的表达式。

例如,两个变量 a 和 b 中的较大的值赋值给 Z,可写成:

```
Max = IIF( a >b,a,b)
```

❷ Choose 函数

Choose 函数可实现简单的 Select Case...End Select 语句的功能。

Choose 函数使用格式:

```
Choose( <数值表达式>, <表达式1>, <表达式2>,… <表达式n>)
```

说明:

(1)<数值表达式>一般为整数表达式,如果是实数表达式,则将自动取整。

(2)Choose 函数根据<数值表达式>的值来决定返回其后<表达式列表>中的哪个表达式。若数值表达式的值为1,则返回<表达式1>的值,若<数值表达式>的值为2,则返回<表达式2>的值,以此类推。若<数值表达式>的值小于1或大于 n,则函数返回 Null。

例如:根据 nub 为 1-4 的值,换算成加减乘除四种不同的运算符,可写成:

OP = Choose(nub,"+","-","×","÷")

选择结构中的常见错误

(1)在选择结构中缺少配对的结束语句。

对多行式的 If 块语句中,应有配对的 End If 语句结束。

(2)多边选择 ElseIf 关键字的书写和条件表达式的表示。

ElseIf 不要写成 Else If;多个条件表达式次序问题。

(3)Select Case 语句的使用。

Select Case 后不能出现多个变量;Case 子句后不能出现变量。

【例 3.11】 根据当前日期函数 Now、WeekDay,利用 Choose 函数显示今日是星期几的形式。运行界面如图 3-14 所示:

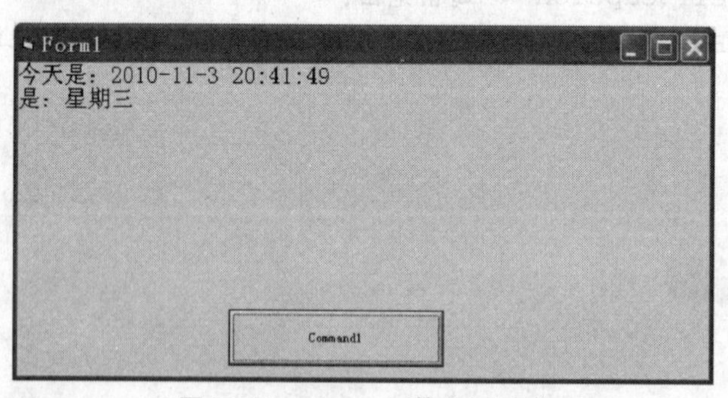

图 3-14 choose 函数应用示例

分析:

Now 或 Date 函数可获得今天的日期;WeekDay 函数可获得指定日期是星期几的整数,规定星期日是1,星期一是2,依次类推。

```
Private Sub Command1_Click()
Print"今天是:"; Now
```

```
t = Choose(Weekday(Now),"星期日","星期一","星期二","星期三","星期四","星期
五","星期六")
      Print"是:"; t
    End Sub
```

三、循环结构

计算机最擅长的功能之一就是按规定的条件,重复执行某些操作。例如,按照人口某增长率,对人口增长统计;根据各课程的学分、绩点和学生的成绩,统计每个学生的平均绩点等。它判断给定的条件,如果条件成立,即为"真"(True),则重复执行某一些语句(称为循环体);否则,即为"假"(False),则结束循环。通常循环结构有"当型循环"(先判断条件,后执行循环)和"直到型循环"(先执行循环,再判断条件)两种。在 Visual Basic 中,实现循环结构的语句主要有4种:

1. For…Next 语句
2. DoWhile/UntiI…Loop
3. Do…LoopWhile/Until 语句
4. While…Wend 语句

(一) For…Next 循环语句

For 语句一般用于循环次数已知的循环,其使用形式如下:

```
    For <循环变量> = <初值>to<终值>[Step<步长>]
     <语句块>
    [Exit For]      循环体
     <语句块>
Next <循环变量>
```

说明:

(1) 语句执行情况如图 3 – 15 所示。

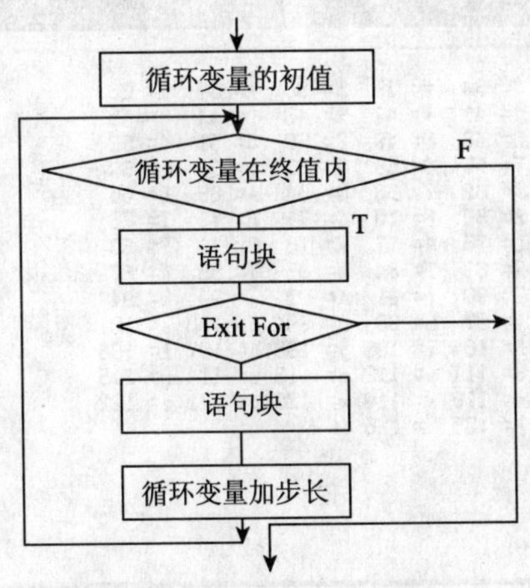

图 3 – 15　for…next 语句运行图

(2)关于“步长”。

①当“初值＜终值”时，“步长”应取＞0；如果省略，则系统默认步长为1。

②当“初值＞终值”时，“步长”应取＜0；如果步长为0，而循环体中又无退出循环的语句（如Exit For），则循环将构成死循环。

③Exit For 用来结束 For 语句，它总是出现在 If 语句或 Select Case 语句内部，内嵌套在循环语句中。

④循环次数 = Int($\frac{终值-初值}{步长}+1$)

例：

```
For I = 2 T0 13 Step 3
    Print I,
    Next I
    Print "I = ",I
```

循环执行次数为：Int((13－2)/3＋1)＝4 结束循环后，输出 I 的值分别为：2 5 8 11 退出循环时，变量 i 的值为14。

【例3.12】 编程计算1～100之间的所有的5的倍数的和。

程序段如下：

```
Dim S As Integer,  i As Integer
s = 0    '累加前变量 s 为 0
For i = 1 to  100
  if i mod 5  = 0 then
        s = s + i
    end if
Next i
Print "S = ",S
```

【例3.13】 将可打印的ASCII码制成表格输出，使每个字符与它的编码值对应起来，每行显示7个。程序运行界面如图3－16所示。

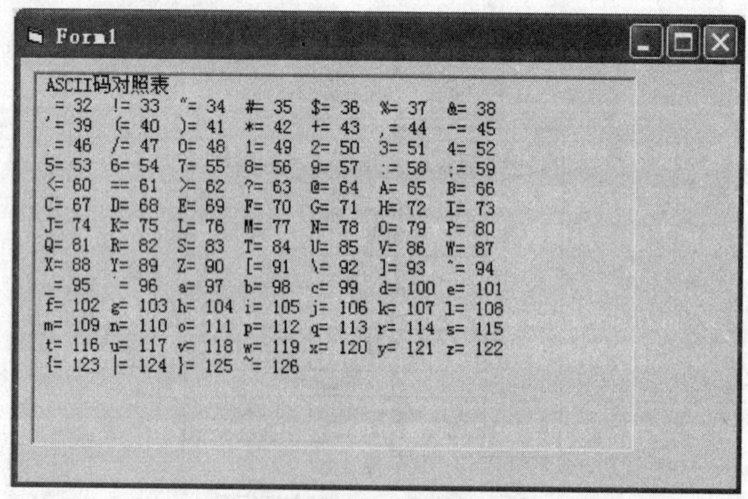

图3－16 可打印字符的ASCII表

程序运行代码如下:

```
Private Sub Form_Click()
Dim asci As Integer, i As Integer
        Picture1.Print"ASCII 码对照表"
        For asci = 32 To 126
          Picture1.Print Tab(7 * i + 2); Chr(asci);" = "; asci;
          i = i + 1
          If i = 7 Then
            i = 0 '控制每行显示7个字符
            Picture1.Print '换行
          End If
        Next asci
End Sub
```

(二)Do...Loop 循环语句

For ...next 语句可用于循环次数确定的情况,对于那些循环次数难确定,但控制循环的条件或循环结束的条件容易给出的问题,常常使用 Do...Loop 语句,Do...Loop 语句的使用格式有以下两种。

说明:

(1)当使用 While <条件>构成循环时,<条件>为"真",则反复执行循环体;条件为"假",则退出循环。执行过程如图 3 – 17 和图 3 – 18 所示。

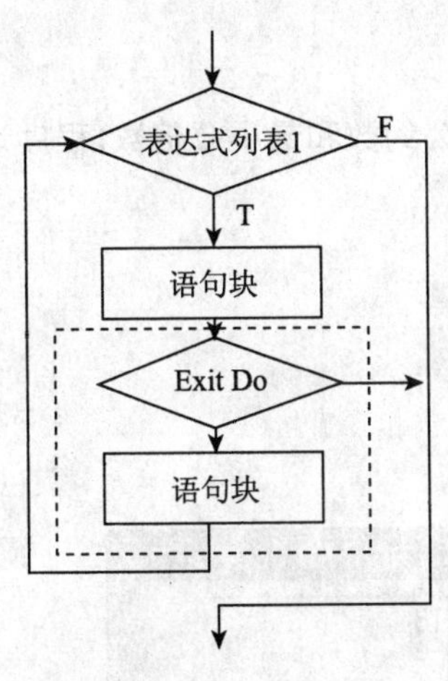

图 3 – 17　当行循环

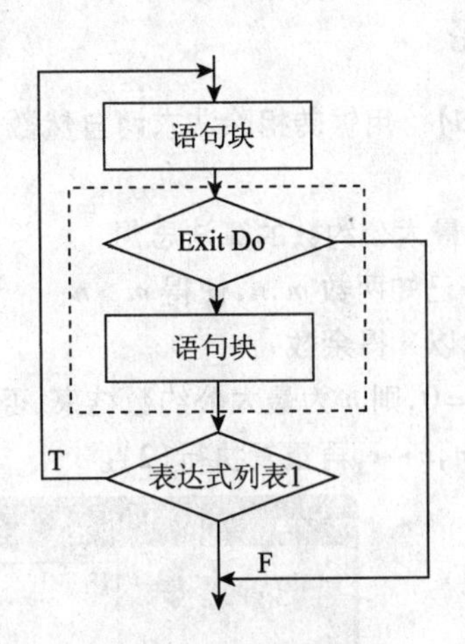

图 3 – 18　直到型循环

形式 1(当型循环)

Do{ While/Until) <条件>

<语句块>

[ExIt Do]

<语句块〉

Loop

形式 2(直到型循环)

Do

<语句块>

[ExIt Do]

<语句块〉

loop{ While/Until) <条件>

(2)当使用 Until <条件>构成循环时，条件为“假”，则反复执行循环体，直到条件成立，即为“真”时，退出循环。

(3)在循环体内一般应有一个专门用来改变条件表达式中变量的语句，以便随着循环的执行，条件趋于不成立(或成立)，最后达到退出循环。

(4)语句 Exit Do 的作用是退出它所在的循环结构，它只能用在 Do/Loop 结构中，并且常常是同选择结构一起出现在循环结构中，用来实现当满足某一条件时提前退出循环。

【例 3.14】 编写程序，计算 Sum = 1 + 2 + 3 + …，的值，直到 Sum > 6000 为止，程序运行结果如图 3-19 所示。

图 3-19 程序运行结果

```
Private Sub Form_Click()
Sum = 0
Do Until Sum > 6000
    Sum = Sum + i
    i = i + 1
Loop
Print"sum = "; Sum
Print"最后一个相加的数是"; i - 1
End Sub
```

【例 3.15】 用辗转相除法求两自然数 m,n 的最大公约数和最小公倍数，程序运行界面如图 3-20所示。

分析：求最大公约数的算法思想：

(1)对于已知两数 m,n，使得 $m>n$；

(2)m 除以 n 得余数 r；

(3)若 $r=0$，则 n 为最大公约数结束；否则执行(4)；

(4)$m \leftarrow n, n \leftarrow r$，再重复执行(2)。

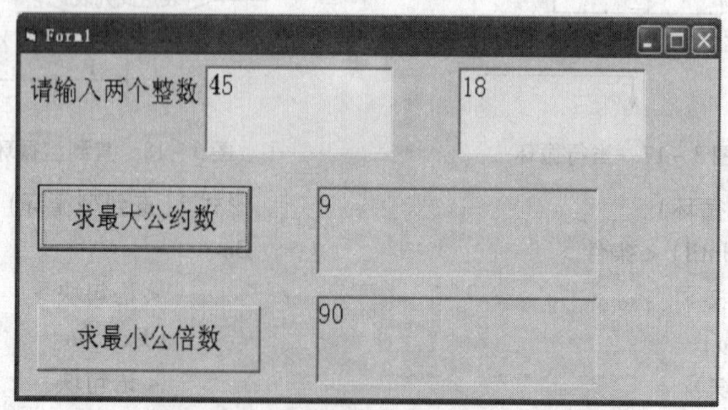

图 3-20 最大公约数和最小公倍数

程序运行代码如下:

```
Private Sub Command1_Click()          '求最大公约数
x = Val(Text1)
y = Val(Text2)
If x < y Then
t = x
x = y
y = t
End If
m = x
n = y
r = x Mod y
Do While (r < > 0)
  x = y
  y = r
  r = x Mod y
Loop
Label2.Caption = y
End Sub
Private Sub Command2_Click()                  '求最小公倍数
n = Val(Text1)
m = Val(Text2)
Label3.Caption = n * m /Val(Label2.Caption)
End Sub
```

(三) While…Wend 语句

格式:

```
While <条件>
    <循环块>
Wend
```

说明:该语句与 Do While <条件>…Loop 实现的循环完全相同。

【例 3.16】 编一程序,显示出所有的水仙花数。所谓水仙花数是指一个三位数,其各位数字立方和等于该数字本身。例如,407 =4^3 +0^3 +7^3。

```
Private Sub Form_Click()
For i = 100 To 999
     a = i \100
  b = (i - 100 * a)\10
  c = i Mod 10
```

```
    If i = a ^3 + b ^3 + c ^3 Then
        Print i
    End If
Next i
End Sub
```

(四)循环的嵌套——多重循环结构

如果在一个循环内完整地包含另一个循环结构,则称为多重循环或循环嵌套,嵌套的层数可以根据需要而定,嵌套一层称为二重循环,嵌套两层称为三重循环。

【例 3.17】 百元买百鸡问题。假定小鸡每只 5 角,公鸡每只 2 元,母鸡每只 3 元。现在有 100 元钱要求买 100 只鸡,编程列出所有可能的购鸡方案,程序运行的结果如图 3-21 所示。

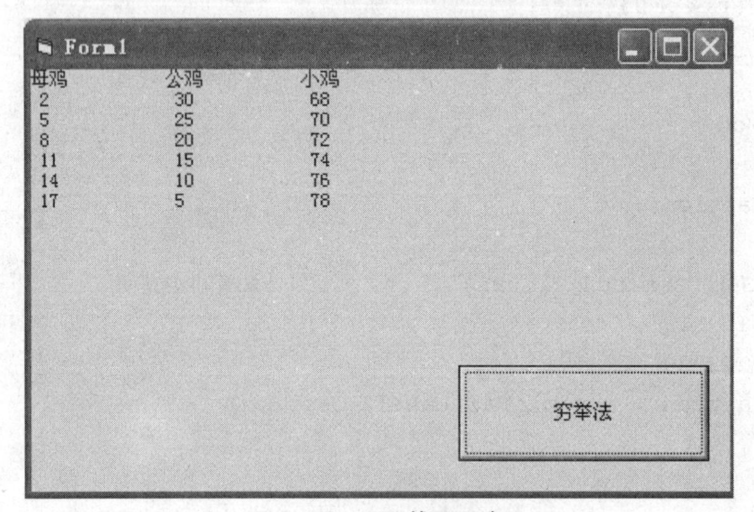

图 3-21 百元钱买百鸡

设母鸡、公鸡、小鸡各为 x、y、z 只,根据题目要求,列出方程为:

$x+y+z=100$

$3x+2y+0.5z=100$

三个未知数,两个方程,此题有若干个解。

解决此类问题采用"试凑法",把每一种情况都考虑到。

方法一:最简单的三个未知数利用三重循环来实现。

方法二:从三个未知数的关系,利用两重循环来实现。

程序运行代码如下:

```
Private Sub Command1_Click()
Print "母鸡","公鸡","小鸡"
For x = 1 To 100
  For y = 1 To 100                    '公鸡最多只能买 50 只
    For z = 1 To 100                  '母鸡最多只能买 33 只
      If x + y + z = 100 And 3 * x + 2 * y + 0.5 * z = 100 Then
```

```
            Print x, y, z

         End If
      Next z
    Next y
  Next x
  End Sub
```

对于循环的嵌套,要注意以下事项:

(1)内循环变量与外循环变量不能同名;

(2)外循环必须完全包含内循环,不能交叉;

(3)不能从循环体外转向循环体内,也不能从外循环转向内循环,反之则可以。

以下循环的方式是正确的:

```
①For  ii =1  To  10
    For jj =1 To  20
              …
    Next  jj
Next  ii
②For  ii =1  To  10
              …
        Next  ii
        For  ii =1  To  10
              …
        Next  ii
```

而以下两种循环的方式为错误的:

```
①For  ii =1  To  10                     '内外循环不能交叉
    For  jj =1 To  20
              …
    Next  ii
    Next  jj
②For  ii =1  To  10                     '内外循环变量不能重名
    For  ii =1 To  20
              …
    Next  ii
    Next  ii
```

循环语句的常见错误

(1)不循环或死循环的问题。

主要是循环条件、循环初值、循环终值、循环步长的设置有问题。

(2)循环结构中缺少配对的结束语句。

For 少 配对的 Next。

(3)循环嵌套时,内外循环交叉。

(4)累加、连乘时,存放累加、连乘结果的变量赋初值问题。

①一重循环。在一重循环中,存放累加、连乘结果的变量初值设置应在循环语句前。

②多重循环。这要视具体问题分别对待。

四、其他控制语句

(一)Goto 语句

形式:　　Go To {标号|行号}

作用:无条件地转移到标号或行号指定的那行语句,标号是一个字符序列,行号是一个数字序列。

说明:

(1)GoTo 只能跳到它所在过程中的行。

(2)在一个过程中,标号或行号都必须是唯一的。

(3)GoTo 语句是非结构化语句,过多地使用 GoTo 语句,会使程序代码不容易阅读及调试。建议尽可能地少用或不用 GoTo 语句,而使用结构化控制语句。

(二)Exit 语句

多种形式:Exit For、Exit Do、Exit Sub、Exit Function 等。

作用:退出某种控制结构的执行。

例如,下面的例子使用 Exit 语句退出 For...Next 循环、Do...Loop 循环及子过程。

```
Private  Sub  Form_Click()
Dim I% , Num%
Do While True                          建立无穷循环
For I  = 1 TO 100                      循环 100 次
Num = Int(Rnd * 100)                  生成一个 0 ~99 的随机数
Select Case Num
Case 10: Exit For                    如果是 10,退出 For..Next 循环
Case 50: Exit Do                    如果是 50,退出 Do…Loop 循环
Case 64: Exit Sub                   如果是 64,退出子过程
End Select
  Next I
Loop
End Sub
```

(三)End 语句

包括多种形式:End、End If、End Select、End With、End Type、End Sub、End Function。

作用:End 结束一个程序的运行;其余表示某个结构的结束,与对应的结构语句配对出现。

(四)With 语句

形式如下:　　With　对象
　　　　　　　语句块
　　　End With

作用:对某个对象执行一系列的操作,而不用重复指出对象的名称。

```
With  Label1
    .Height = 2000
    .Width = 2000
    .FontSize =22
   .Caption ="This is MyLabel"
End With
```

(五)暂停语句

Stop 语句用来暂停程序的执行,相当于在事件代码中设置断点。

语法格式为:　Stop

说明:

(1)Stop 语句的主要作用是把解释程序置为中断(Break)模式,以便对程序进行检查和调试。可以在程序的任何地方放置 Stop 语句,当执行 Stop 语句时,系统将自动打开立即窗口。

(2)与 End 语句不同,Stop 语句不会关闭任何文件或清除变量。

【例 3.18】　由计算机来当小学低年级的算术老师,要求给出一系列的 1 ~ 100 的操作数和运算符,学生输入该题的答案,计算机根据学生的答案判断正确与否,当结束时给出成绩,程序运行界面如图 3 - 22 所示。

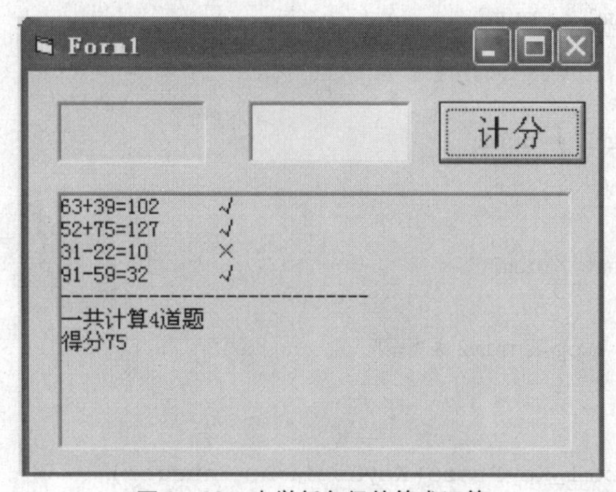

图 3 - 22　小学低年级的算术运算

程序运行代码如下:

```
Option Explicit
Dim result!, Nok% , Nerror%          'result! 表示计算机运算的结果
                                     Nok%     表示算对的题目数
                                     Nerror% 表示算错的题目数

Private Sub Command1_Click()
Label1 = ""
Picture1.Print"--------------------------------"
Picture1.Print"一共计算"& (Nok + Nerror)&"道题"
Picture1.Print"得分"& Int(Nok /(Nok + Nerror) * 100)

End Sub

Private Sub Form_Load()
Dim num1% , num2% , nop% , op $          'num1 和 num2 表示随机产生的操作数,
nop% 表示随机产生的操作数,op $ 表示操作码
Randomize
num1 = Int(100 * Rnd + 1)
num2 = Int(100 * Rnd + 1)
nop = Int(4 * Rnd + 1)
Select Case nop
Case 1
   op = "+"
   result = num1 + num2
Case 2
   op = "-"
   result = num1 - num2
Case 3
   op = "×"
   result = num1 * num2
Case 4
   op = "÷"
   result = num1 /num2
End Select
Label1 = num1 & op & num2 &"="
End Sub

Private Sub Text1_KeyPress(KeyAscii As Integer)
If KeyAscii = 13 Then
   If Val(Text1) = result Then
```

```
    Picture1.Print Label1; Text1; Tab(15);"√"
    Nok = Nok + 1
  Else
    Picture1.Print Label1; Text1; Tab(15);" × "
    Nerror = Nerror + 1
  End If
  Text1 = ""
  Text1.SetFocus
  Form_Load  '调用过程,产生下一个表达式
  End If
End Sub
```

思考：

在运行的过程中,我们发现有时会出现第一个数小于第二个数的减法,当做除法时,除数不能将被除数整除的情况,如49 - 75,77 ÷ 46,请思考在程序中再加上什么语句,确保不会出现类似的情况。

【例3.19】 求100以内的素数。

判别某数 m 是否为素数最简单的方法是：

对于 m 从 $i=2,3,\cdots,m-1$ 判别 m 能否被 i 整除,只要有一个能整除,m 不是素数,否则 m 是素数。

程序运行代码如下：

```
For m = 2 To 100
For i = 2 To m - 1
          If (m Mod i) = 0  Then  GoTo  NotNextM
      Next i
     Print m
  NotNextM:
     Next m
```

思考：

此例用 Go To 语句对非素数不再判断,若不用 GoTo 语句,如何修改程序?

【例3.20】 求自然对数 e 的近似值,要求其误差小于0.00001,近似公式为：

$$e = 1 + \frac{1}{1!} + \frac{1}{2!} + \frac{1}{3!} + \ldots + \frac{1}{i!} + \ldots = \sum_{i=0}^{\infty} \frac{1}{i!} \approx 1 + \sum_{i=1}^{m} \frac{1}{i!}$$

该例题涉及两个问题：

(1)用循环结构求级数和的问题。本例根据某项值的精度来控制循环的结束与否。

(2)累加：e = e + t　　循环体外对累加和的变量清零　e = 0

连乘：n = n * i　　循环体外对连乘积变量置1　　n = 1

```
Private Sub Form_Click()
Dim i% ,n&, t!, e!
  e = 0  :  n = 1        ' e 存放累加和、n 存放阶乘
  i = 0  : t = 1         ' i 计数器、t 第 i 项的值
```

```
  Do While t > 0.00001
    e = e + t:  i = i + 1‘ 累加、连乘
    n = n * i:  t = 1 /n
  Loop
  Print"计算了"; i;"项的和是"; e
End Sub
```

【例 3.21】设计一个猜数字游戏软件，点击出题按钮，产生一个 10 到 99 的随机数，然后在文本框中由用户输入数字，如果结果不对，应提示是大了，还是小了，否则提示正确。运行界面如图 3－23 所示。

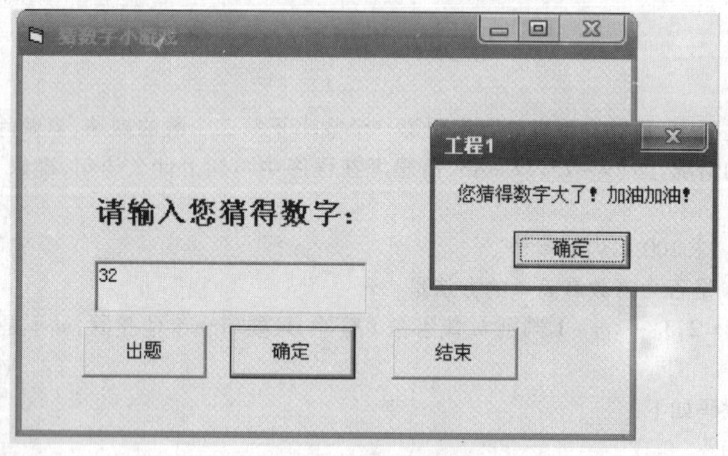

图 3－23　猜数字小游戏

程序运行代码如下：

```
Dim a%
Private Sub Command1_Click()
a = Int(Rnd * 90) + 10
Command1.Enabled = False
End Sub

Private Sub Command2_Click()

If Val(Text1.Text) < a Then
  MsgBox"您猜的数字太小！ 加油加油！"
ElseIf Val(Text1.Text) > a Then
  MsgBox"您猜的数字太大！ 加油加油！"
Else
  MsgBox"您猜的数字正确！ 太棒了！"
End If
End Sub
```

```
Private Sub Command3_Click()
End
End Sub
```

思考：

如何添加代码来限制用户猜数字的次数？

习题三

一、选择题

1. VB 中结构化程序设计的三种基本结构是(　　)。

A. 选择结构、过程结构、顺序结构

B. 递归结构、选择结构、顺序结构

C. 过程结构、转向结构、递归结构

D. 选择结构、顺序结构、循环结构

2. 下列语句有错误的是(　　)。

A. let　X = 17　　B. T1 $ = "xyz"　　C. L * 2 = k + E　　D. A1 = 34 : A2 = 66

3. 设 a = 1, b = 2, c = 3, d = 4, 执行下列语句后, X = iif((a > b) and (c > d), 1, 2), 则 X = (　　)。

A. 1　　B. 2　　C. Ture　　D. False

4. 语句 If x = 1 Then y = 1, 下列说法正确的是(　　)。

A. $x = 1$ 和 $y = 1$ 均为赋值语句

B. $x = 1$ 和 $y = 1$ 均为关系表达式

C. $x = 1$ 为关系表达式, $y = 1$ 为赋值语句

D. $x = 1$ 为赋值语句, $y = 1$ 为关系表达

5. 用 IF 语句表示分段函数 $f(x) = \begin{cases} X^3 - 1 & x \geqslant 1 \\ X^3 + 1 & x < 1 \end{cases}$, 以下(　　)表示方法不正确。

A. f = x^3 + 1　　If x > = 1 Then f = x^3 - 1

B. If x > = 1 Then f = x^3 - 1

C. If x < 1 Then f = x^3 + 1

D. If x > = 1 Then f = x^3 - 1　　f = x^3 + 1

6. 下列 Visual Basic 程序段运行后, 变量 x 的值为(　　)。

```
x = 2 : Print x + 2 : Print x + 3
```

A. 2　　B. 3　　C. 5　　D. 8

7. 在 Visual Basic 中, 下列(　　)程序行是对的。

A. X - 5 = Y = 5　　B. A + B = C ^ 3

C. Y = 1 : Y = Y + 1　　D. I = 5 ; I = "X10"

8. 下列 Visual Basic 程序段运行后, 变量 Value 的值为(　　)。

```
x = 20
If  x > = 10  Then  Value = 5 * x  Else  Value = 4 * x
```

A. 100　　B. 80　　C. 90　　D. 70

9. 执行下列语句 strInpunt = InputBox("请输入字符串","字符串对话框","字符串。")将显示输入对话框。此时如果直接单击"确定"按钮,则变量 strInput 的内容是(　　)。

A. "请输入字符串"　　B. "字符串对话框"

C. "字符串"　　D. 空字符串

10.
```
a =2
c =1
AAA:
c =c + a
If c < 10 Then
Print c
GoTo AAA
Else
Print"10 以内的奇数显示完毕。"
End If
```

A. 3　　B. 7　　C. 9　　D. 6

二、程序填空

1. 以下程序是判断闰年的程序,请填空。

```
Function IsLeapYearA(ByVal yr As Integer)As Boolean
If ((yr Mod 4) = 0)Then
IsLeapYearA = ( ______ > 0)Or ( ______ = 0)
End If
End Function
```

2. 在窗体上画 1 个文本框,名称为 Text1,然后编写如下程序:

```
Private Sub Form_Load()
        Open"d:\temp\dat.txt"For Output As #1
        Text1.Text = ""
End Sub
Private Sub Text1_KeyPress(KeyAscii As Integer)
      If ______________ Then
         If UCase(Text1.Text) = ______ Then
            Close 1
             End
         Else
            Write #1, __________
            Text1.Text = ""
          End If
      End If
End Sub
```

以上程序的功能是,在 D 盘 temp 目录下建立一个名为 dat. txt 的文件,在文本框中输入字符,每次按回车键(回车键的 ASCII 码是 13)都把当前文本框中的内容写入文件 dat. txt,并清除文本框中的内容:如果输入"END",则结束程序,请填空。

三、编程题

(1)输入任意一个 0 - 6 之间的整数,然后根据该数转换成相应的星期,其中 0 为星期日,1 - 6 分别为星期一到星期六。

(2)某市公用电话收费标准如下:通话时间在 3 分钟以下,收费 0.50 元;3 分钟以上,则每超过 1 分钟加收 0.15 元;在 7:00 ~ 19:00 之间通话者,按上述收费标准全价收费;在其他时间通话者,一律按收费标准的半价收费。试计算某人在 *T* 时间通话 *S* 分钟,应缴多少电话费。

第四章

数　组

本章学习导读

在程序设计中，为了处理方便，把具有相同类型的若干变量按有序的形式组织起来，这些按序排列的同类数据元素的集合称为数组。在 Visual Basic 中，通常用数组处理涉及大量数据的问题，由此引入数组。

数组是一个在内存中顺序排列的，由若干相同数据类型的元素组成的数据集合。其所有元素共用一个名字，即数组名。改变数组中某一个元素的值对其他元素没有影响。数组的每个元素都有唯一的下标，通过数组名和下标，可以访问数组的元素，因此数组元素也称为下标变量。下标实际上就是数组元素在数组中的位置值，不能超出数组下标的取值范围。数组必须先声明后使用，数组声明主要声明数组名、类型、维数、数组大小。按声明时下标的个数确定数组的维数，VB 中的数组有一维数组、二维数组……最多为 60 维数组；按声明时数组的大小确定与否，分为静态（定长）数组和动态（可调）数组两类数组。数组与循环语句结合使用，可以使程序书写简洁，操作方便。

一、概述

【例 4.1】求 50 个学生的平均成绩，其中高于平均分 1.1 倍的假定为优秀，统计成绩评定为优秀的同学的人数。用简单变量和循环，求平均成绩程序段如下：

```
aver = 0
For i = 1 To 100
    mark = InputBox ("输入学生成绩")
    aver = aver + mark
Next i
aver = aver /50
```

如果用前面章节中所学的知识，mark 只能放一个学生的成绩，要求高于平均分 1.1 倍的同学人数，就需要定义 50 个变量来存放输入的数据，先求出其平均值，再将每一个变量与平均值的 1.1 倍进行比较。很明显，若学生人数为 500 个，则需定义 500 个变量，那么程序书写将花费极多时间，根本不能体现计算机的高效、快速。

通过分析可以发现，学生的成绩是一组相同类型的数据，在 Visual Basic 中我们通常用数组来处理具有较多相同类型数据的问题。

用数组解决问题的程序如下：

```
Dim mark(49)As Integer          '声明数组 mark
Dim  aver!, num% , i%
```

```
aver = 0
For i = 0 To 49                    '输入成绩,求分数和
    mark(i) = InputBox("输入学生的成绩")
    aver = aver + mark(i)
Next i
aver = aver /50                    '求100人的平均分
overn = 0
For i = 0 To 49                    '统计高于平均分的人数
    If mark(i) > aver * 1.1 Then num = num + 1
Next i
MsgBox ("成绩评定为优秀的学生人数为:"& num)
```

很明显,假设学生人数改为500,也只需将数组的下标49改为99即可,程序代码不会增加。

二、一维数组

(一)一维数组的声明

声明一维数组的形式为:

Dim 数组名([下界 to]上界)[As 类型]

说明:

(1)数组必须先声明后使用。

(2)下标必须为常数,不允许为表达式或变量。

(3)下标的形式为"[下界 to]上界",下标下界最小可为 -32768,最大上界为32767,省略下界,其默认值为0。一维数组的大小为"上界 - 下界 +1"。

(4)在默认情况下,声明的静态数组其下标下界一般从0开始,为了便于使用,在VB中的窗体级或标准模块级中用 option base n 语句可重新设定数组的下界。例如:

option　base 1 则设定数组下标下界为1。

(5)Dim mark (100) As Integer

声明了一个数组名为 mark,数组元素从 mark(0) - mark(100)一维数组,总共有101个数组元素,而且类型都为整型。

(6)每个数组元素有一个唯一的顺序号,下标不能超出数组声明时的上、下界范围,否则会产生"索引超出了数组界限"错误。

(7)如果省略 as,则数组的类型为变体类型。

(二)一维数组元素的引用

一维数组元素的引用形式为:

数组名(下标)

说明:

(1)数组元素可以出现在表达式中,也可以被赋值。数组元素引用形式中的下标可以是整型

变量、常量或表达式。在数组声明中的下标关系到每一维的大小，是数组说明符，说明了数组的整体；而在程序其他地方出现的下标是为确定数组中的一个元素，也就是用来表示数组中的一个元素。两者写法相同，但意义不同。

例如有下面的数组：

```
Dim A( 10)As Integer          声明了一个具有 11 个元素的一维数组,下标从 0 开始
Dim B(1 to 10)As Integer      声明了一个具有 10 个元素的一维数组,下标从 1 开始
```

数组必须先声明后使用，下标可以使用变量或表达式。

下面的语句是正确的：

```
A(i) = B(i) + B(i +1)
```

以下数组声明是错误的：

```
n = 10
Dim x(n)As Single
```

静态数组声明中的下标不能是变量，只能是常量。

(2)在 VB 中，如果没有给各数组元素赋值，则默认为 0，也可以通过 For 循环给各个数组元素赋初值，例如：

```
option base 1   在窗体级或标准模块级重新设定数组的下界
Dim A(10)As Integer
For i = 1 T0 10 给 A 数组的每个数组元素赋值为 0
A(i) = 0
Next i
```

(3)数组元素的输入。数组元素的输入可通过文本框控件输入，也可通过 InputBox( ) 函数输入，如【例 4.1】中，为了让班级序号和数组元素对上，我们定义下标从 1 开始：

```
option base 1
Dim mark(50)As Integer
For i = 1 T0 50
     mark( i) = InputBox("输入  mark("  &   i &")   的值")
Next i
```

(三)一维数组的应用

【例 4.2】 随机产生 10 个 0 - 100 之间的整数放在一维数组中，然后求个元素之和、平均值，将比平均值大的各元素的值打印出来，最后找出数组中的最大值及其元素下标并打印，运行结果如图 4 - 1 所示。

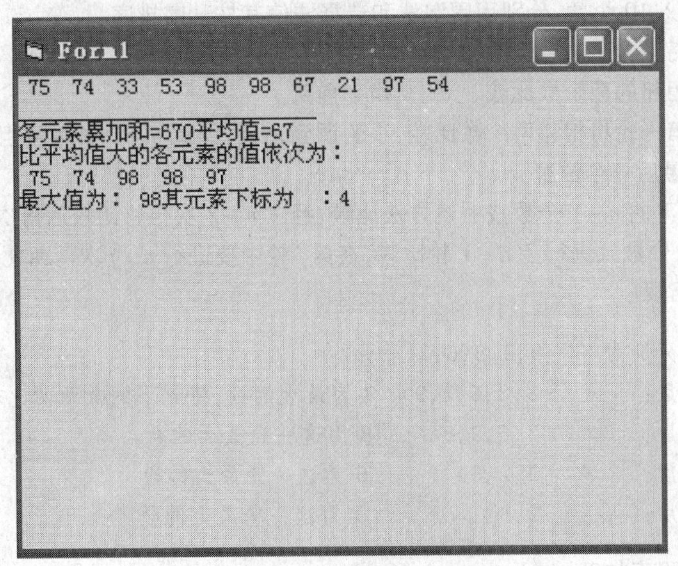

图4－1　程序运行结果

程序如下：

```
Private Sub Form_Click( )
  Dim Sum, Average, Max, Xb, a(9)As Integer
Randomize
For i = 0 To 9
        a(i) = Int(Rnd * 90 + 10)
        Sum = Sum + a(i)
        Print a(i);
Next i
Print
Print"___________________________"
Average = Sum /10
Print"各元素累加和 ="& Sum &"平均值 ="& Average
Print"比平均值大的各元素的值依次为:"
For i = 0 To 9
      If a(i) > Average Then Print a(i);
Next i
Print: Max = a(0):   Xb = 0
For i = 1 To 9
       If a(i) > Max Then
       Max = a(i): Xb = i
       Print"最大值为"& Max &"其元素下标为"& Xb
       End If
 Next i
 End Sub
```

【例 4.3】 输入 10 个数,分别用冒泡法和选择法使其按升序排序。

(1)冒泡法排序。

基本思想:将相邻的两个数比较,小的交换到前头。

①有 n 个数,第一轮将相邻两个数比较,小的调到前头,经过 $n-1$ 次两两相邻比较后,最大的数已“沉底”,放在最后一个位置。

②第二轮对剩下的 $n-1$ 个数按上述方法比较,经过 $n-2$ 次相邻比较后得次大的数。

③依次类推,n 个数共进行了 $n-1$ 轮比较,在第 j 轮中要进行 $n-j$ 次两两比较。

冒泡法排序的过程:

假设有五个数分别为 9,3,8,6,2
第一轮排序过后: 3,8,6,2,9 9 为最大的数,将剩下的数两两比较,选出最大的数
第二轮排序过后: 3,6,2,8 8 为这一轮最大的数
第三轮排序过后: 3,2,6 6 为这一轮最大的数
第四轮排序过后: 2,3 3 为这一轮最大的数

冒泡法排序的程序如下:

```
  For i =1 to n -1
    For j =1 to n - i
      If a(j) >a(j +1)  then
         t =a(j)
         a(j) =a(j +1)
         a(j +1) =t
      end if
next j
 next i
```

(2)选择法排序。

基本思想如下:

①对有 n 个数的序列[存放在数组 $a(n)$ 中],从中选出最小的数,与第 1 个数交换位置。

②除第 1 个数外,其余 $n-1$ 个数中选最小的数,与第 2 个数交换位置。

③以此类推,选择了 $n-i$ 次后,这个数列已按升序排列。

选择法排序的过程:

假设有五个数分别为 9,2,3,6,8
第一轮比较过后: 2,9,3,6,8 得到第一数 a(1)为 2,再将剩余的数中最小的数与第一个数交换
第二轮比较过后: 3,9,6,8 a(2) =3
第三轮比较过后: 6, 9, 8 a(3) =4
第四轮比较过后: 8,9 a(4) =8

显然,就冒泡法而言,选择法排序算法简单、易懂,容易实现,但该算法不适宜于 n 较大的情况。

“选择法排序”的程序如下:

```
      For i = 1 TO 10 - 1
```

```
          P = i
        For j = i + 1 T0 10
              If a(j) < a(p)Then p = j
        Next j
        t = a(i)
  a(i) = a(p)
  a(p) = t
Next i
```

【例 4.4】 任意输入 10 个运动员的跑步成绩,请显示最好成绩及运动员的编号。程序运行界面如图 4-2 所示。

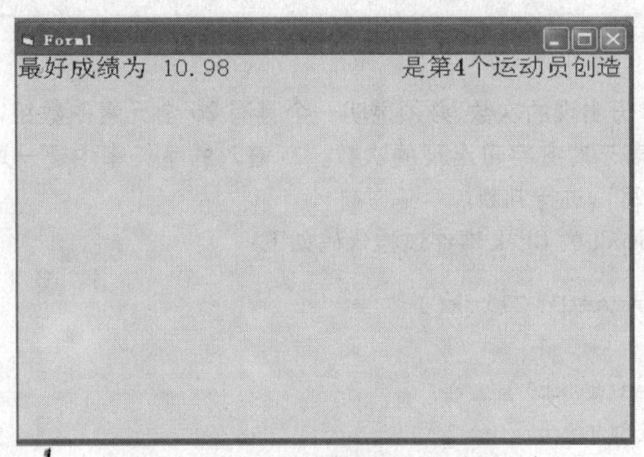

图 4-2 显示最好成绩及编号界面

程序代码如下:

```
Private Sub Form1_Click()
Dim mark(1 To 10)As Single, ifast As Integer
For i = 1 To 10
     mark(i) = InputBox("请输入第"& i &"运动员的成绩")
Next i
   fast = mark(1)
ifast = 1
   For i = 2 To 10
      If mark(i) < fast Then
        fast = mark(i)
        ifast = i
      End If
   Next i
Print"最好成绩为"; fast,"是第"& ifast &"个运动员创造"
End Sub
```

【例 4.5】 输入一串字符,统计各字母出现的次数(不区分大小写),运行结果如图 4-3 所示。

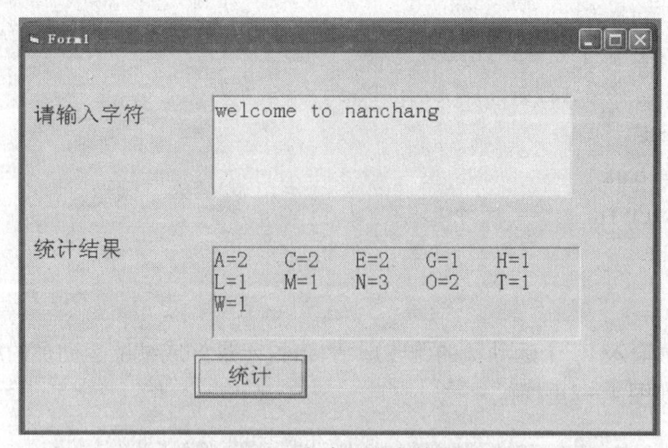

图4-3　统计字母次数界面

分析:统计26个字母出现的次数,必须声明一个具有26个元素的数组,每个元素的下标表示对应的字母,元素的值表示对应字母出现的次数。从输入的字符串中逐一取出字符,转换成大写字符(使得不区分大小写),进行判断。

"统计"按钮Commandl的Click事件过程代码如下:

```
Private Sub Command1_Click()
Dim a(1 to 26)
For i = 1 To Len(Text1)
  c = UCase(Mid(Text1, i, 1))
  If c > = "A"And c < = "Z"Then
      j = Asc(c) - 65 + 1
      a(j) = a(j) + 1
  End If
Next i
For i = 1 To 26
  If a(i) < > 0 Then
     Label1.Caption = Label1.Caption & Chr(65 + i - 1)&" = "& a(i)&"  "
  End If
Next i
End Sub
```

三、二维数组及多维数组

在声明数组时,若有两个下标,则该数组为二维数组,有两个以上的下标,则该数组称为多维数组。

(一)二维数组的声明

二维数组的声明形式为:

Dim 数组名(下标1,下标2)[as 类型]

说明:

(1)下标个数决定了数组的维数,在 VB 中最多允许有60 维数组。

(2)每一维的大小 = 上界 - 下界 +1,数组的大小为每一维大小的乘积。

例如:dim a(3,4) as integer

声明了3 行4 列的二维数组 *a*,数组 *a* 共有12 个数组元素,数组中的每个元素及在内存中的存放顺序如图4 -4 所示。

a(0,0)	a(0,1)	a(0,2)	a(0,3)
a(1,0)	a(1,1)	a(1,2)	a(1,3)
a(2,0)	a(2,1)	a(2,2)	a(2,3)

图4 -4　数组元素组成及存放顺序

(3)多维数组的元素个数是所有维的下标取值个数的乘积。多维数组的声明形式为:

Dim 数组名(下标1,[,下标 n…])[as 类型]

有了二维数组的基础,再掌握多维数组是不困难的。由于多维数组较少使用,所以本书不多讲。

(二)二维数组元素的引用

与一维数组一样,二维数组也必须要先声明后使用。其引用形式为:

数组名(下标1. 下标2)

例如:

```
a(2,3) =10                  '将二维数组中第3 行第4 列的元素赋值为10
a(i,j) = a(i +1,j +1) +1    '数组元素的引用,下标可以使用常量、变量和表达式
```

(三)二维数组的应用

在利用二维数组编写程序时,通常与双重 For 循环结合使用,每重 For 循环中的循环变量分别作为数组元素的两个下标,通过循环变量的不断改变,达到对二维数组中每个数组元素依次进行处理的目的。

【例4.6】　根据数据显示规律,打印出如图4 -5 所示的下三角。

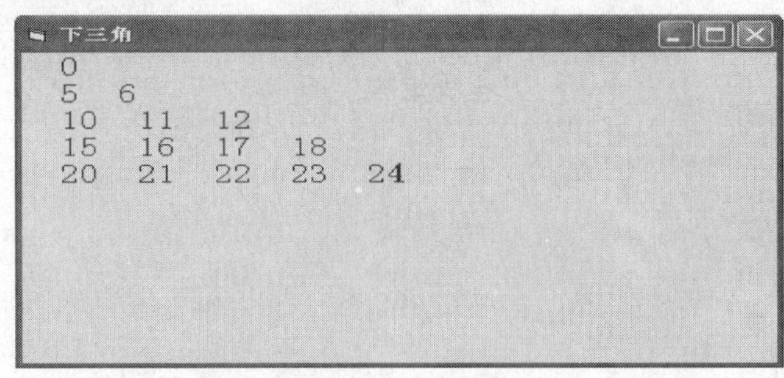

图4 -5　下三角

程序代码如下:

```
Dim a(4, 4)As Integer
For i = 0 To 4
      For j = 0 To i
           a(i, j) = i * 5 + j

           Print"  "& a(i, j);
         Next j
       Print
  Next i
```

【例 4.7】 随机生成一个 4 行 5 列的矩阵,要求矩阵中的数是 10 – 100 之间的整数,求最大元素及其所在的行和列,程序运行结果如图 4 – 6 所示。

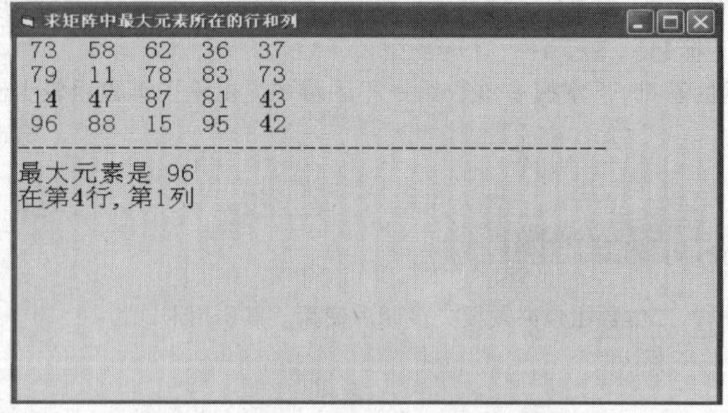

图 4 – 6 求矩阵中最大元素所在的行和列

程序代码如下:

```
Randomize
Dim a(1 To 4, 1 To 5)As Integer
For i = 1 To 4
  For j = 1 To 5
      a(i, j) = Int(Rnd * 90) + 10
      Print a(i, j);
  Next j
  Print                          '换行
Next I                           '生成矩阵
Max = a(1, 1)
row = 1
Col = 1
For i = 1 To 4
   For j = 1 To 5
       If a(i, j) > a(row, Col)Then
```

```
            Max = a(i, j)
            row = i
            Col = j
        End If
    Next j
Next i
Print"--------------------------------------------"
Print"最大元素是"; Max
Print"在第"& row &"行,";"第"& Col &"列"
```

【例 4.8】 随机生成一个 4 行 5 列的矩阵，然后将矩阵转置，运行结果如图 4-7 所示。

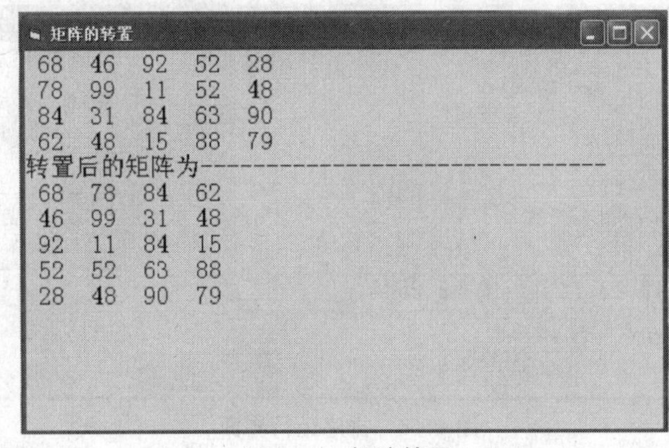

图 4-7　矩阵转置

程序运行代码如下：

```
Randomize
Dim a(1 To 4, 1 To 5)As Integer
Dim b(1 To 5, 1 To 4)As Integer

For i = 1 To 4
   For j = 1 To 5
       a(i, j) = Int(Rnd * 90) + 10
       Print a(i, j);
   Next j
   Print
Next i
Print"转置后的矩阵为-----------------------------"
For i = 1 To 4
   For j = 1 To 5
      b(j, i) = a(i, j)

   Next j
```

```
Next i
For i = 1 To 5
  For j = 1 To 4
     Print b(i, j);

  Next j
  Print
Next i
```

【例 4.9】 点击 commmand1 自动生成一组有序的数列，然后在文本框中输入一数字，使其插入后仍然有序并在 label3 中显示。程序运行界面如图 4-8 所示。

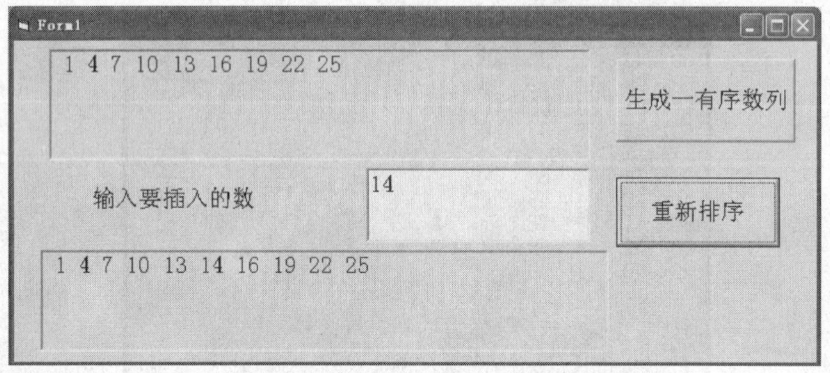

图 4-8　排序运行界面

程序运行界面如下：

```
Private Sub Command1_Click()

Dim a% (1 To 10), i% , k%
   For i = 1 To 9                              '通过程序自动形成有规律的数组
     a(i) = (i - 1) * 3 + 1
     Label1.Caption = Label1.Caption &""& a(i)
   Next i
End Sub
Private Sub Command2_Click()
Dim a% (1 To 10), i% , k%
   For i = 1 To 9                              '通过程序自动形成有规律的数组
     a(i) = (i - 1) * 3 + 1
   Next i
For k = 1 To 9                                 '查找文本框输入的数在数组中的位置
     If Val(Text1) < a(k)Then Exit For         '找到插入的位置下标为 k
   Next k
   For i = 9 To k Step -1                      '从最后元素开始往后移,腾出位置
     a(i + 1) = a(i)
```

```
    Next i
    a(k) = Val(Text1)
    For i = 1 To 10
      Label3.Caption = Label3.Caption &""& a(i)
    Next i
End Sub
```

【例 4.10】　点击 commmand1 自动生成一组有序的数列，然后在文本框中输入一数字，使其删除一个数后仍然有序并在 label3 中显示，程序运行界面如图 4－9 所示。

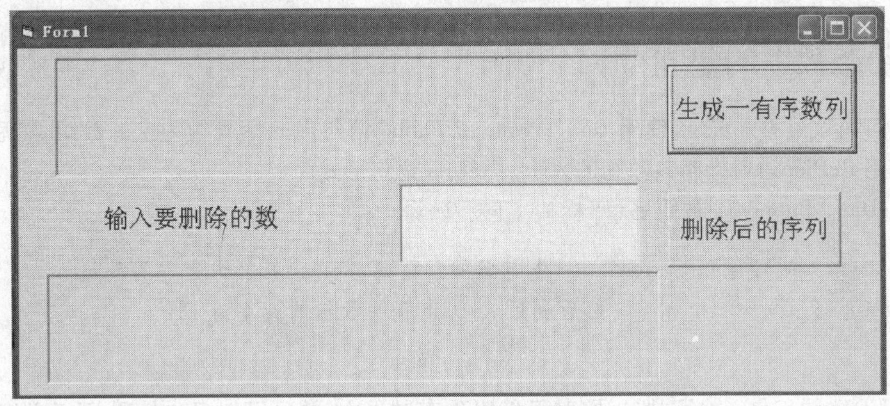

图 4－9　数组元素的删除

程序代码如下：

```
Private Sub Command1_Click()
Dim a% (10), i% , k%
    For i = 1 To 9                          '通过程序自动形成有规律的数组
      a(i) = (i - 1) * 3 + 1
    Next i
End Sub
Private Sub Command2_Click()
Dim a% (10), i% , k%
    For i = 1 To 9
      a(i) = (i - 1) * 3 + 1
      Label1.Caption = Label1.Caption &""& a(i)
      If a(i) = Val(Text1)Then k = i    '找到要删除的元素所在位置
    Next i
    For i = k + 1 To 10                     '从 k+1 个元素开始往前移
          a(i - 1) = a(i)
    Next i
    For i = 1 To 9
    Label3.Caption = Label1.Caption &""& a(i)
    Next i
End Sub
```

四、动态数组

动态数组也称为可调数组或可变长数组,指在声明数组时未给出数组的大小(省略括号中的下标),当要使用时,随时用 ReDim 语句重新声明数组大小。使用动态数组的优点是根据用户需要,有效地利用存储空间,它是在程序执行到 ReDim 语句时分配存储空间,而静态数组是在程序编译时分配存储空间的。

(一)动态数组的建立

建立可调数组的方法是,使用 Dim,Private 或 Public 语句声明括号内为空的数组,然后在后续的代码中用 ReDim 语句指明该数组的大小。ReDim 语句形式为:

ReDim [Preserve] 数组名(下标1[,下标2…])

```
例如:Dim  a()As Integer       先定义一个数组名为a,括号内为空的数组
Redim  A(10)                 然后利用 Redim 指明数组的大小为11
```

说明:

(1)ReDim 语句是一个可执行语句,只能出现在过程中,并且可以多次使用,改变数组的维数和大小。

(2)定长数组声时中的下标只能是常量,而动态数组 ReDim 语句中的下标是常量,也可以是有了确定值的变量。

例:

```
Private Sub Form_Click()
    Dim N As Integer
    N = Val(InputBox("输入 N = ?"))
    Dim a(N)  As Integer
    …….
End sub
```

(3)在过程中可以多次使用 ReDim 来改变数组的大小,也可改变数组的维数。

例:

```
ReDim x(10)
ReDim x(20)
 x(20) = 30
Print x(20)
ReDim x(20, 5)
x(20, 5) = 10
Print x(20, 5)
```

(4)每次使用 ReDim 语句都会使原来数组中值丢失,可以在 ReDim 后加 Preserve 参数来保留

数组中的数据。但此时只能改变最后一维的大小。

(二)数组刷新语句(Erase)

数组刷新语句可以作用于动态数组和静态数组。

格式:

Erase 数组名[,数组名]…

功能:该语句用来清除动态数组的内容,或者释放动态数组占用的内存空间。

例如:

```
Dim Array1(20)As Integer
Dim Array2()As Single
ReDim Array2( 9 ,10)
Erase Array1,Array2
```

对静态数组,Erase 语句将数组重新初始化;对动态数组,Erase 语句将释放动态数组所使用的内存。

(三)与数组操作有关的几个函数

❶ Array 函数

Array 函数可方便地对数组整体赋值,但它只能给声明 Variant 的变量或仅由括号括起的动态数组赋值。赋值后的数组大小由赋值的个数决定。

例如,要将 1,2,3,4,5,6,7 这些值赋值给数组 a,可使用下面的方法赋值。

```
Dim a()
a = array(1,2,3,4,5,6,7)
或 Dim a
a = array(1,2,3,4,5,6,7)    '使用 Array 函数给 Variant 变量赋值,a 有 7 个数组元素
```

❷ 求数组的上界 Ubound()函数、下界 Lbound()函数

Ubound()函数和 Lbound()函数分别用来确定数组某一维的上界和下界值。

使用格式如下:

```
UBound( <数组名>[,<N>])
LBound( <数组名>[,<N>])
```

说明:

<数组名>是必需的。<N>可选;一般是整型常量或变量,指定返回哪一维的上界。

例如:

```
Dim a()As Variant, b()  As Variant, i%
   a = Array(1, 2, 3, 4, 5)
   ReDim b(UBound(a))
```

```
  b = a
```

等价于如下语句:

```
For i = 0 To UBound(a)
      b(i) = a(i)
  Next i
```

❸ Split 函数

使用格式:

```
Split(<字符串表达式>[,<分隔符>])
```

说明:

使用 Split 函数可从一个字符串中,以某个指定符号为分隔符,分离若干个子字符串,建立一个下标从零开始的一维数组。

例如:

```
Dim x, s $
   s = "a,b,c,d,e"
   x = Split(s,",")
   For i = 0 To UBound(x)
      Print x(i)
   Next I
```

结果输出:

(四)动态数组的应用

【例 4.11】 通过输入对话框输入 20 个正整数,每行打印 5 个数,将其中的偶数和奇数分别存入数组 a 和数组 b 中,然后分别输出数组 a 和 b。程序运行界面如图 4-10 所示。

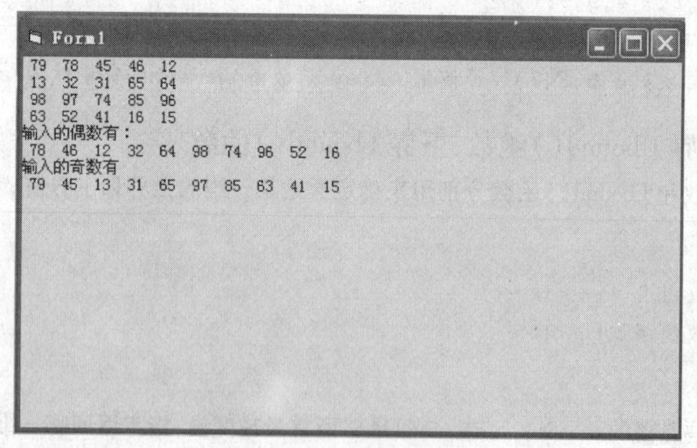

图 4-10　将奇偶数分组

程序代码如下:

```
Dim a()As Integer, b()As Integer, c(20)As Integer
```

```
  For i = 1 To 20
    c(i) = InputBox("请输入正整数")
    Print c(i);
    If i Mod 5 = 0 Then                   '每打印 5 个数就换行
    Print
    End If
Next i
   For i = 1 To 20
       If c(i)Mod 2 = 0 Then
                    n = n + 1
         ReDim Preserve a(n)              '重新定义数组 a 的大小
         a(n) = c(i)
       Else
         m = m + 1
         ReDim Preserve b(m)
         b(m) = c(i)
         End If
 Next i
 Print"输入的偶数有:"
   For i = 1 To n
      Print a(i);
   Next i
   Print
 Print"输入的奇数有"
 For i = 1 To m
   Print b(i);
 Next i
```

五、控件数组

(一)控件数组的概念

控件数组是由一组相同类型的控件组成。它们共用一个控件名,具有相同的属性、方法和事件。每个控件具有唯一的索引号(Index),通过属性窗口的 Index 属性,可以知道该控件的下标是多少,第 1 个下标是 0。例如,控件数组 command1(3)表示控件数组名为 command1 的第 4 个元素。控件数组具有以下特点:

(1)相同的控件名称(即 Name 属性)。

(2)控件数组中的控件具有相同的一般属性。

(3)所有控件共用相同的事件过程。

一个控件数组至少包含一个元素,最多可达 32768 个,Index 属性值不能超过 32767。

(二)控件数组的建立

控件数组的建立有以下两种方法:

方法一:在设计时建立。

建立的步骤如下:

(1)在窗体上画出某控件,可进行控件名的属性设置,这是建立的第一个元素。

(2)选中该控件,进行“复制”和“粘贴”操作,系统会出现如图 4-11 所示提示,单击“是”按钮后,就建立了一个控件数组,进行若干次“粘贴”操作,就建立了所需元素个数的控件数组。

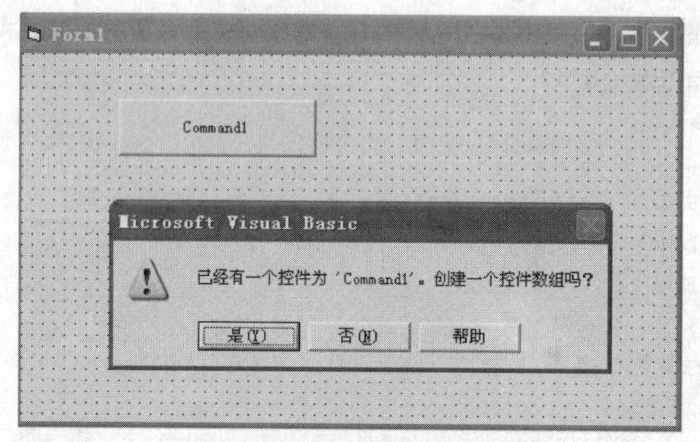

图 4-11　在设计时建立控件数组

(3)进行事件过程的编码。

【例 4.12】　建立含有四个命令按钮的控件数组,当单击某个命令按钮时,可以对标签的字体进行相应的设置,程序界面如图 4-12 所示。

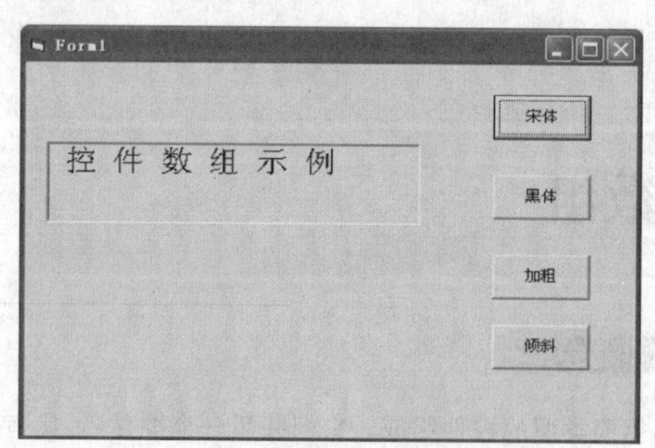

图 4-12　控件数组示例

方法二:在运行时添加控件数组。

建立的步骤如下:

(1)在窗体上画出某控件,设置该控件的 Index 值为 0,表示该控件为数组,也可进行控件名的属性设置,这是建立的第一个元素。

(2)在编程时通过 Load 方法添加其余的若干个元素,也可以通过 Unload 方法删除某个添加的元素。

(3) 每个新添加的控件数组通过设置 left 和 top 属性，确定其在窗体的位置，并将 Visible 属性设置为 True。

【例 4.13】　利用运行时产生的控件数组，构成一个国际象棋棋盘。要求：

(1) 在窗体上创建一个 label1 控件，然后在 label1 控件中建立控件数组的第一个标签控件 Label1，将 Index 属性值设置为 0。

(2) 在运行时采用为标签控件数组添加成员的方法，在窗体中形成国际象棋的棋盘。国际象棋共有 64 格，一个 Label1 控件数组的成员相当于一格。Label1 控件数组的其他 63 个成员在程序运行时由 Load 事件产生。设计时控件的位置比较随意，运行时再由程序进行调整。

(3) 棋盘为黑白相间，若单击某个棋格，改变各棋格的颜色，即黑变白，白变黑，并在单击的棋格处显示其序号。

程序执行步骤如下：

①在窗口画一标签，取名为 label1，更改相关属性，如图 4－13 所示。

②程序运行后，程序界面如图 4－14 所示。

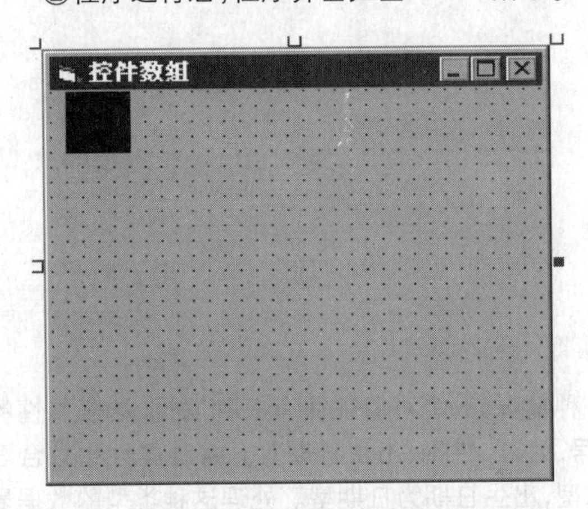

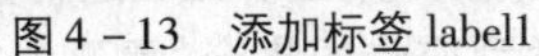
图 4－13　添加标签 label1

图 4－14　程序运行结果

程序代码如下所示：

```
Private Sub Form_Load()            '在运行时通过 left、top 属性来添加控件数组
Dim mtop As Integer, mleft As Integer, i As Integer, j As Integer, k As In-
teger
mtop = 0
For i = 1 To 8
  mleft = 50
  For j = 1 To 8
    k = (i - 1) * 8 + j
    Load Label1(k)
    Label1(k).BackColor = IIf((i + j) Mod 2 = 0, QBColor(0), QBColor
(15))
    Label1(k).Visible = True
    Label1(k).Top = mtop
```

```
      Label1(k).Left = mleft
      mleft = mleft + Label1(0).Width
    Next j
    mtop = mtop + Label1(0).Height
  Next i
  End Sub
  Private Sub Label1_Click(Index As Integer)    '单击标签,让标签颜色改变
  Label1(Index) = Index
  For i = 1 To 8
    For j = 1 To 8
      k = (i - 1) * 8 + j
      If Label1(k).BackColor = &H0 Then
        Label1(k).BackColor = &HFFFFFF
      Else
        Label1(k).BackColor = &H0
      End If
    Next j
  Next i
  End Sub
```

六、自定义数据类型

在使用计算机做数据处理时,通常遇到这样一种情况:一个对象往往有多种属性,这些属性的数据类型各不相同。如描述学生对象的属性有学号、姓名、性别、出生日期等。各种属性比较合理的数据类型是:学号、姓名为字符串型,性别为逻辑型,出生日期为日期型。处理这种类型的数据最好选择用户自定义数据类型。用户自定义类型是一组不同类型变量的集合,需要先定义,再做变量声明,然后才能使用。

(一)自定义类型的定义

格式如下:

```
Type 自定义类型名
    元素名 1[(下标)] As 类型名
    元素名 2[(下标)]As 类型名
.
.
.
End Type
```

例如,以下定义了一个有关学生信息的自定义类型:

```
Type StudType
    No As Integer          '学号
    Name As String * 20    '姓名
    Sex As String * 1      '性别
    Mark(1 To 4)As Single  '4 门课程成绩
    Total As Single        '总分
End Type
```

说明:

(1)自定义类型一般在标准模块(.bas)中定义,默认是 Public;在窗体模块中定义,必须是 Private。

(2)自定义类型中的元素类型可以是字符串,但应是定长字符串。

(3)不要将自定义类型名和该类型的变量名混淆,前者表示了如同 Integer,Single 等的类型名,后者则根据变量的类型分配所需的内存空间、存储数据。

(4)自定义类型一般和数组结合使用,简化程序的编写。

(二)自定义类型变量的声明和使用

1)声明形式

Dim 变量名 As 自定义类型名

例如:Dim Student As StudType

2)使用

形式:变量名.元素名

例如,Student.Name 表示 Student 变量中的姓名,Student.Mark(4)表示第 4 门课程的成绩。若要表示 Student 变量中的每个元素,则可以使用 With 语句进行简化。例如,对 Student 变量的各元素赋值,计算总分,并显示结果,然后再把各元素的值赋值给 MyStud 变量进行保存,有关语句如下:

```
With Student
.No = 1
.Name = "李强"
.Sex = "男"
.Total = 0
For i = 1 To 4
.Mark(i) = Int(Rnd * 101)           '随机产生 0 -101 之间的分数
.Total =  .Total +  .Mark( i)     '总分累加
Next i
Print .No,  .Total
End With
MyStud = Student
```

说明:

(1)在"With 自定义类型变量名……End With"之间,可省略自定义类型变量名,仅用点"."和元素名表示即可,这样可省略了同一变量名的重复书写。

(2)在 VB 中,也提供了对同种自定义类型变量的直接赋值,它相当于将一个变量中的各元素的值对应地赋值给另一个变量中的各元素,如 MyStud = Student。

习题四

一、选择题

1. 如下数组声明语句,正确的是(　　)。

A. Dim a[3,4] As Integer　　B. Dim a(3,4) As Integer

C. Dim a(n,n) As Integer　　D. Dim a(3,4) As Integer

2. 要分配存放如下方阵的数据:

1.1　2.2　3.3

4.4　5.5　6.6

7.7　8.8　9.9

数组声明语句能实现(不能浪费空间)的是(　　)。

A. Dim a(9) As Single　　B. Dim a(3,3) As Single

C. Dim a (-1 To 1, -5 To -3) As Single　　D. Dim a (-3 To 1, -5 To 7) As Integer

3. 如下数组声明语句:

Dim a(3, -2 To 2,5)

则数组 a 包含的元素的个数为(　　)。

A. 120　　B. 75　　C. 60　　D. 13

4. 以下程序:

```
Dim a
a=Array(1,2,3,4,5,6,7)
For i=Lbound (a)To Ubound (a)
a(i)=a(i)*a(i)
Next i
Print a(i)
```

输出结果是(　　)。

A. 49　　B. 0　　C. 不确定　　D. 程序出错

5. 有如下程序代码,输出结果是(　　)。

```
Dim a()
a=Array(1,2,3,4,5)
for i=Lbound(A)to Ubound(A)
        print a(i);
next i
```

A. 1 2 3 4 5　　B. 0 1 2 3 4　　C. 5 4 3 2 1　　D. 4 3 2 1 0

6. 下列有关控件数组与一般控件区别的叙述中,最合理的是(　　)。

A. 控件数组一定由多个同类型的控件组成,一般控件只有一个控件

B. 控件数组的 Index 为 0,而一般控件的 Index 为空

C. 控件数组的 Index 为 1,而一般控件的 Index 为 0

D. 控件数组的建立通过 Dim 语句声明,而一般控件不必声明

7. 在窗体上画一个命令按钮(其 Name 属性为 Command1),然后编写如下代码:

```
Option Base 1
Private Sub Command1_Click()
  Dim a
  s = 0
  a = Array(1,2,3,4)
  j = 1
  For i = 4 To 1 Step -1
    s = s + a(i) * j
    j = j * 10
  Next i
  Print s
End Sub
```

运行上面的程序,单击命令按钮,其输出结果是(　　)。

A. 4321　　B. 1234　　C. 34　　D. 12

8. 执行以下 Command1 的 Click 事件过程在窗体上显示(　　)。

```
Option Base 0
Private Sub Command1_Click( )
Dim a
a = Array("a","b","c","d","e","f","g")
Print a(1);a(3);a(5)
End Sub
```

A. abc　　B. bdf　　C. ace　　D. 无法输出结果

9. 在窗体上画一个名称为 Command1 的命令按钮,然后编写如下事件过程:

```
Option Base 1
Private Sub Command1_Click()
Dim a
a = Array(1, 2, 3, 4, 5)
For i = 1 To UBound(A)
a(i) = a(i) + i - 1
Next
Print a(3)
End Sub
```

程序运行后,单击命令按钮,则在窗体上显示的内容是(　　)。

A. 4　　B. 5　　C. 6　　D. 7

10. 下面叙述中不正确的是(　　)。

A. 自定义类型只能在窗体模块的通用声明段进行声明

B. 自定义类型中的元素类型可以是系统提供的基本数据类型或已声明的自定义类型

C. 在窗体模块中定义自定义类型时必须使用 Private 关键字

D. 自定义类型必须在窗体模块或标准模块的通用声明段进行声明

二、程序填空

1. 下列程序执行后的输出结果是________。

```
Option base 0
Dim a
Dim i%
A = array(1,2,3,4,5,6,7,8,9)
For i = 0 to 3
  Print a(5 - i);
Next
```

2. 下列程序执行后的输出结果是________。

```
Option base 1
Dim a(10),p% (3)
K = 5
For i = 1 to 10
  A(i) = i
Next i
For i = 1 to 3
  P(i) = a(i * i)
Next i
For i = 1 to 3
  K = k + p(i) * 2
Next i
Print k
```

3. 下列程序执行后的输出结果是________。

```
Option base 1
Dim a
A = array(1,2,3,4)
J = 1
For i = 4 to 1 step -1
  S = s + a(i) * j
  J = j * 10
Next i
Print s
```

4. 下列程序执行后的输出结果是________。

```
Option base 1
Dim a(4,4)
```

```
For i =1 to 4
  For j =1 to 4
   A(I,j) =(i -1) *3 +j
  Next j
Next i
For i =3 to 4
  For j =3 to 4
Print a(j,i);
  Next j
  Print
Next i
```

5. 有如下程序:

```
Option Base 1
Private Sub form_click()
    Dim a(3, 3)
    For j = 1 To 3
        For k = 1 To 3
            If j = k Then a(j, k) = 1
            If j < k Then a(j, k) = 2
            If j > k Then a(j, k) = 3
        Next k
    Next j
    For I = 1 To 3
        For j = 1 To 3
            Print a(I, j);
            Next j
        Print
    Next I
End Sub
```

程序运行时输出的结果是________。

6. 有如下程序:

```
Option Explicit
Option Base 1
Dim a()As Integer
Private Sub form_click()
    Dim I As Integer, j As Integer
    ReDim a(3, 2)
    For I = 1 To 3
        For j = 1 To 2
            a(I, j) = I * 2 + j
```

```
        Print"a("; I;","; j;") = "; a(I, j);
    Next j
    Print
Next I
```

End Sub 该程序的输出结果是________。

三、编程题

1. 求 Fibonacci 数列的前 40 个数。这个数列有如下特点：第 1、2 两个数为 1、1，从第 3 个数开始，该数是其前面两个数之和。即

$F1 = 1 \quad (n = l)$

$F2 = 1 \quad (n = 2)$

$Fn = -Fn - 1 - 1 + Fn - 2 \ (n \geqslant 3)$

这是一个有趣的古典数学问题：有一对兔子，从出生后第 3 个月起每个月都生一对兔子，小兔子长到第 3 个月后每个月又生一对兔子。假设所有兔子都不死，问每个月的兔子总数为多少？可以看到每个月的兔子总数依次为 1，1，2，3，5，8，13，…。这就是 Fibonacci 数列。

2. 用数组保存随机产生的 10 个介于 20 – 50 之间的整数，求其中的最大数、最小数和平均值，然后将 10 个随机数和其最大数、最小数以及平均值显示在窗体上。

3. 有 3×4 矩阵 A，求其中最大和最小的两个元素的值以及它们所在的行号和列号。其中，A

$$= \begin{bmatrix} 1 & 4 & 7 & 2 \\ 9 & 7 & 6 & 8 \\ 0 & 5 & 3 & 7 \end{bmatrix}$$

4. 自定义一个职工数据类型，包含职工号、姓名和工资，声明一个职工类型的动态数组。输入 n 个职工的数据，要求按工资递增的顺序排序，并显示排序的结果，每个职工一行显示三项信息。

5. 有一个已排好序的数组，从键盘上输入一个数，要求按原来排序的规律将它插入数组中。

---------------------上机实验---------------------

(1) 制作一个将十进制整数转换为二进制、八进制和十六进制数的程序。

(2) 用含有 16 个元素的单选按钮控件数组设置文本框的字体颜色和背景色。

(3) 综合运用一维数组、二维数组、动态数组和控件数组的有关知识编写程序，要求能输入学生的学号、姓名、性别、年龄等个人简况，输入的学生人数不限，并可按学号或姓名查询。

第五章

过　程

本章学习导读

在 Visual Basic 中的过程有两种：一种是系统提供的内部函数过程和事件过程，其中事件过程是构成 VB 应用的主题，应用设计基本上是对时间过程进行设计；另一种是用户根据应用的需要而设计的过程。使用过程编程有以下两项好处：

(1)过程可使程序划分成离散的逻辑单元，每个单元都比无过程的整个程序容易调试。

(2)一个程序中的过程往往不必修改或只需稍做改动，便可以在另一个程序中使用，有利于代码共享。

在 VB 中根据应用的要求可分为以下几种类型的自定义过程：

(1)Sub 过程(子过程)：不返回值。

(2)Function 过程(函数过程)：返回值。

(3)Property 过程：即属性过程，用于为对象添加属性。

(4)Event 过程：用于为对象添加可以识别的事件。

属性过程和事件过程只有在用户设计有关的 Active 组件和类模块时需要设计这样的过程，本书暂不讨论，仅讨论“Sub”子过程和“Function”函数。

一、Sub 过程的定义与调用

(一)Sub 子过程的定义

Sub 子过程的定义格式如下：

```
[static][PrivataIPublicl ]Sub 过程名[(参数表列)]
语句块
[Exit Sub]
语句块
End Sub
```

说明：

(1)一个 Sub 过程以 Sub 开头，以 End Sub 结束，在 Sub 和 End Sub 之间是描述操作过程的语句块，称为“过程体”或“子程序体”。End Sub 标志着 Sub 过程的结尾。当程序执行到 End Sub 时，将退出该过程，并返回到主调过程中。

(2)Static：在过程中定义的局部变量均为静态变量，当程序退出该过程时，局部变量的值仍保留作为下次调用的初值。对数组变量亦有效，但对动态变量则无论怎么定义均不可能为静态。

(3)Private：表示 Sub 过程是私有过程，即它只能被本模块中的其他过程调用(使用)，而不能被其他模块中的过程调用。

(4) Public：表示该过程是公有过程，即它可被项目中的所有过程和模块调用。

(5)“参数名”的命名规则同变量名的命名规则，但如果参数是数组，则要在其名称后加一对空的括号。

(6) 参数列表：含有在调用时传送给该过程的简单变量名或教组名，它指明了从调用过程传递给该过程的参数个数和类型，各参数之间用逗号分隔。

(7) 过程中参数的传递默认方式为引用传递(ByRef)，若只传参数(实参)的值则必须将形式参数说明为 Byval。

(8) 过程定义内部不能再定义其他过程，但可以调用其他合法的过程。

例如，以下定义的就是一个 Sub 过程。

```
Private Sub area(x as Single,  y as Single)
dim s as Double
s = x * y
label1.caption = "面积为" + Str(s)
End Sub
```

该过程是私有的 Sub 过程，过程名称为 area，该过程有两个参数，分别是 x、y，它们都是单精度数据类型，默认的传递方式为按址传递。

另一种常用的方式也可以用来建立子过程，具体步骤如下：

(1) 让当前工作状态处于模块代码窗口。

(2) 选系统菜单中“工具”→“添加过程”，即可打开“添加过程”对话框，如图 5－1 所示。

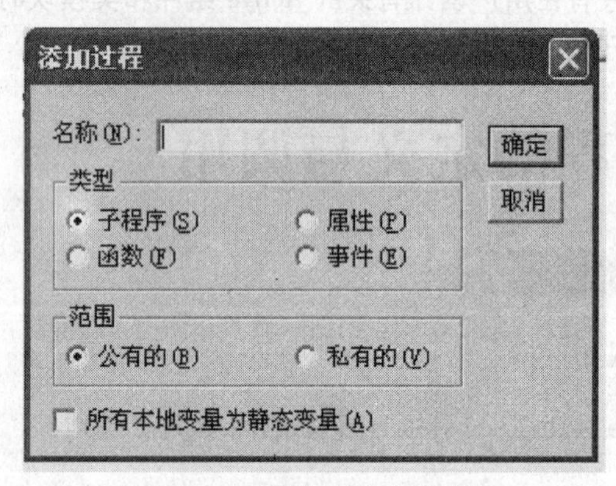

图 5－1　“添加过程”对话框

(3) 在名称后面输入过程名。

(4) 选择类型为子程序。

5. 根据需求选择范围是公有还是私有。

6. 单击“所有本地变量为静态变量”，则会在过程说明之前加上 Static 说明符。

(二) Sub 子过程的调用

调用动作引起过程中代码的执行，也就是说，要使用这些子过程就必须调用该过程。而执行子过程的调用有以下两种格式：

Call 过程名［(实参列表)］

过程名［实参列表］

说明:(1)格式中的“过程名”必须是程序中已定义的 Sub 过程名,它是被调过程,如果被调过程在定义时本身没有参数,则此处的“实际参数”可省略,否则应在括号内写出相应于该过程的实际参数。实际参数必须有确定的值,各参数值之间用逗号隔开,实际参数的个数、位置、类型要分别与定义 Sub 过程时的形式参数的个数、位置、类型一一对应。

(2)第 2 种调用方式与第 1 种相比,结果一样,只是去掉 Call 和一对括号。

下面,我们举例来说明子过程的定义与使用。

【例 5.1】　编一个交换两个整型变量值的子过程。

定义一个子过程

```
Private Sub Swap( X As Integer, Y As Integer)
    Dim temp As Integer
    Temp = X:X = Y:Y = Temp
End Sub
调用子过程
Private Sub Command1_click()
  .....
  Call Swap(a,b)(或者  Swap a,b )
End Sub
```

【例 5.2】　在窗体模块中编写一个能计算任何一个正整数阶乘的通用过程,程序中每输入一个整数值,就会去调用该通用过程计算其阶乘,控件界面如图 5-2 所示。

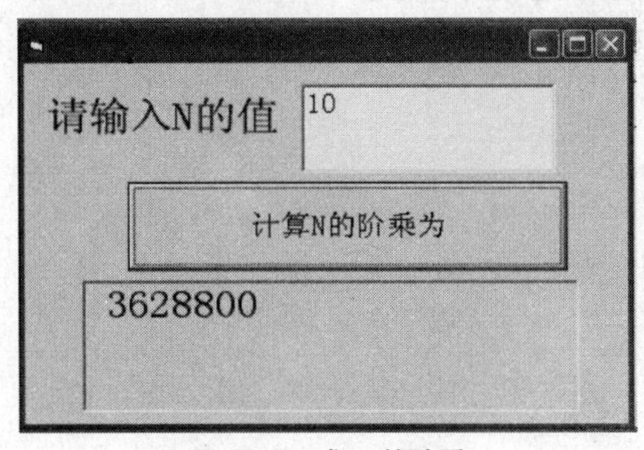

图 5-2　求 N 的阶乘

程序如下:

```
Option Explicit
定义求 N! 的子过程
Public Sub n(a As Integer)
Dim i As Integer
Dim f As Long
f = 1
For i = 1 To a
   f = f * i
```

```
Next i
Label2.Caption = Str(f)
End Sub
调用子过程
Private Sub Command1_Click()
Call n(Val(Text1))
End Sub
```

【例5.3】 用子过程求最大公约数和最小公倍数,控件界面如图5-3所示。

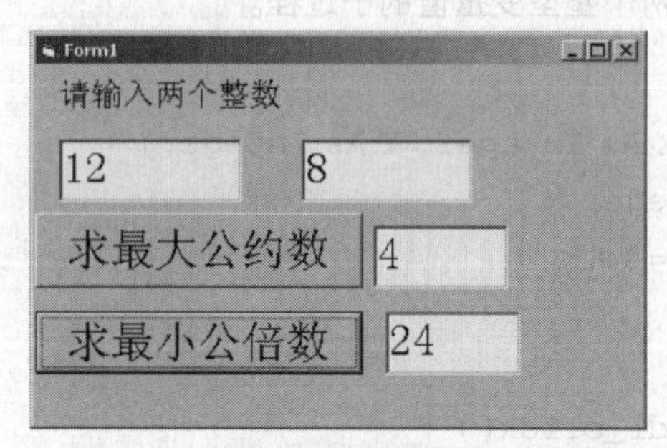

图5-3　求最大公约数和最小公倍数

程序如下:

```
Option Explicit
Dim x As Integer, y As Integer, t As Integer, r As Integer
定义求最大公约数和最小公倍数的子过程
Public Sub gcd(x As Integer, y As Integer)
If x < y Then
  t = x
  x = y
  y = t
End If
r = x Mod y
Do While r < > 0
   x = y
   y = r
   r = x Mod y
Loop
   Text3 = y
End Sub
调用子过程求最大公约数
Private Sub Command1_Click()
Call gcd(Val(Text1), Val(Text2))
End Sub
求最小公倍数
```

```
Private Sub Command2_Click()
Text4 = Val(Text1) * Val(Text2)/Val(Text3)
End Sub
```

【例 5.4】　编程子过程,实现在窗体中输出如图 5-4 所示的"圣诞树"。

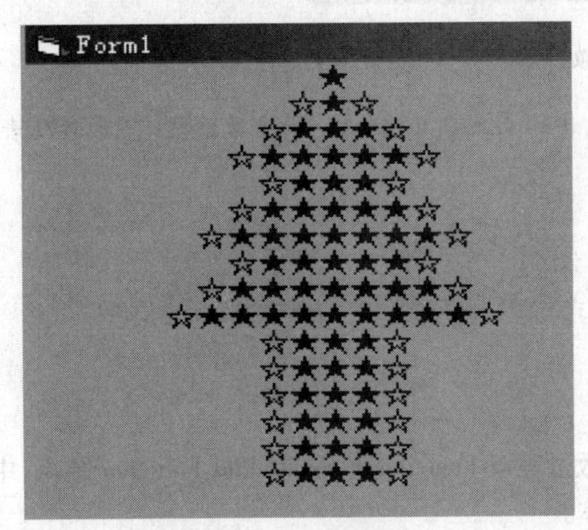

图 5-4　圣诞树界面

代码如下:

```
Private Sub prstr(m As Integer, n As Integer)
  For i = m To n
    Print Tab(20 - 2 * i);"☆";
    For j = 1 To 2 * i - 1
      Print"★";
    Next j
    Print"☆"
  Next i
End Sub
Private Sub Command1_Click()
Print Tab(20 - 2 * i);"★"
prstr 1, 3
prstr 2, 4
prstr 3, 5
For i = 1 To 6
   prstr 2, 2
Next i
End Sub
```

二、Function 过程的定义与调用

函数过程和子过程一样,可将一组完成特定功能的程序代码组织起来,作为一个相对独立的

过程使用,函数过程的定义与子过程的定义有很多相同的特性又存在不同,最为突出的是子过程没有返回值。

(一) Function 函数过程的定义

定义函数过程的形式如下:

```
[Statci][Public |Private] Function 函数过程名(形参列表)[As 类型]
        变量声明
        语句块
        [Exit Function]
        函数名 = 表达式
End Function
```

说明:

(1) 一个 Function 函数过程以 Function 开头,以 End Function 结束,中间部分就是完成该过程功能的语句块,称为函数体。

(2) 格式中的关键字 Private、Public、函数名、参数表等与 Sub 过程的定义体中的含义相同。

(3) 函数体中可含有 Exit Function 语句,该语句用于强制程序退出函数过程,使程序执行的流程从此转回主调过程。

(4) 调用 Function 过程可返回一个值。为了能将一个值从 Function 过程返回到主调过程中,必须在 Function 过程中利用语句"函数名 = 表达式"来完成。

(5) 形参(或称哑元)只能是变量或数组名( ),仅表示参数的个数、类型,无值。

(6) Function 过程的建立方法与 Sub 过程的建立方法基本相同,可参照 Sub 过程的建立方法。

(二) Function 函数过程的调用

通常,调用自行编写的函数过程的方法和调用 Visual Basic. NET 内部函数过程的方法相同,只不过内部函数由 Visual Basic. NET 系统提供,而此处的 Funciton 过程是由用户自己定义而已。调用 Function 过程格式如下:

函数过程名([参数列表])

参数列表(称为实参或实元):必须与形参个数相同,位置与类型一一对应,可以是同类型的常量、变量、表达式。

```
Sub Form_Click
      Dim x% , y% , z%
      x = 124: y = 24
      z = gcd(x, y)
   MsgBox("最大公约数是"& z)
   End Sub      Function gcd( m% , n% )As Integer
                      If m < n Then t = m: m = n: n = t
   程序运行流程          Do  while n < >0
```

```
r = m Mod n :m = n:n = r
                Loop
                gcd = m
End Function
```

【例5.5】 判断某个分数(百分制)是否为及格,控件界面如图5-5所示。

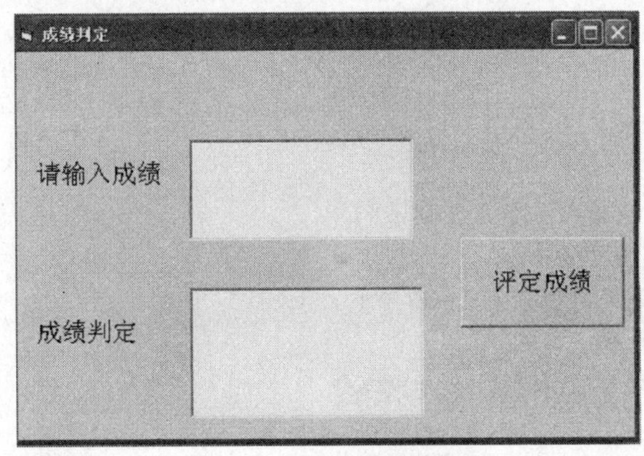

图5-5 "成绩判定"界面

程序如下:

定义一个函数过程 afirm,用于判断分数是否及格,判断后的结果返回为字符串。

```
Private Function afirm(cj As Integer)As String
Select Case cj
Case Is < 60
   afirm ="不及格"
Case 60 To 69
   afirm ="及格"
Case 70 To 79
   afirm ="中"
Case 80 To 89
   afirm ="良"
Case Is > = 90
   afirm ="优"
End Select
End Function
函数的调用在命令按钮的单击事件中
Private Sub Command1_Click()
Text2.Text = afirm(Val(Text1.Text))
End Sub
```

【例5.6】 编写判断是否同时被5和16整除的Function过程,任意输入一个数调用此函数判断是否能同时被5和16整除的数。

定义判断一个数是否能同时被5和16整除的Function过程如下:

```
Public Function funzc(n As Integer)As Integer
If n Mod 5  = 0 And n Mod 16  = 0 Then
  funzc  = 0
Else
  funzc  = 1
End If
End Function
调用此过程
Private Sub Form_Click()
Dim n As Integer
n  = InputBox("请输入一个正整数 n")
  If funzc(n) = 0 Then
     Print n &"能同时被 5 和 16 整除"
  Else
     Print n &"不能同时被 5 和 16 整除"
  End If
End Sub
```

三、函数和过程的参数传递

(一)形参与实参

在程序中调用一个过程的目的就是在一定的要求下完成某一功能或计算出某一结果。通常情况下,过程在运算过程中所需要的数据需要由外界提供,外界必须正确地提供给该过程相应数目的数据和正确的数据,过程才能正常运算。可见,过程与外界间存在数据的传递和通信,而这种数据传递的实现方法是通过过程的参数来完成的。在 Visual Basic 中,在提及与过程有关的参数时,有两种参数:一是形式参数,二是实际参数。

1)形式参数

形式参数也可简称为形参,是指在定义一个过程或函数(即定义 Sub 过程或 Function 过程)时,跟在过程名或函数名右侧括号内的变量名,它们用于接收从外界传递给该过程或函数的数据。

注意:

(1)形式参数指明了从调用过程(即外界)传递给该过程的参数的个数和类型,参数表列中可以定义任意多个参数,这由问题的需要来定。当没有参数时,参数表列两端的括号不能省略,而当有两个以上的参数时,各参数之间用逗号分隔。

(2)过程的形式参数表类似于变量声明,当还未发生过程调用时,形参无值,只有当发生过程调用时,形参才有值,其值是由调用处的实参传递过来的。

(3)形参的命名规则同变量名的命名规则,形参可以是变量名,也可以是数组,但如果形参是数组,则要在数组名称后加一对空的括号。

2)实际参数

实际参数是指在调用 Sub 或 Function 过程时,传送给 Sub 或 Function 过程的常量、变量或表达式。实参表可由常量、有效的变量名、表达式、数组名组成，它们必须有确定的值，实参表中各参数间用逗号分隔。实际参数一定处在调用过程中的调用语句处，位于被调过程名的右侧括号内。

(二)传址(ByRef)与传值(ByVal)

在程序运行过程中，当发生过程调用时，实参向形参传递数据，通常有两种方式完成：按值传递(ByVal)与按址传递(ByRef)。

(1)传址：将实参的数值传递给过程中对应的形参变量，形参得到的是实参的地址，当形参值改变时实参的值也改变。

(2)传值：将实参的数值传递给过程中对应的形参变量，形参得到的是实参的值，形参值的改变不会影响实参的值。

下面我们通过一个例子来说明。

【例5.7】　设置两个文本框分别输入两个实参的值，然后选择传值和传址的方式，分别查看传值过程和传址过程中实参和形参的变化。按址传递的运行结果如图5-6所示，按值传递的运行结果如图5-7所示。

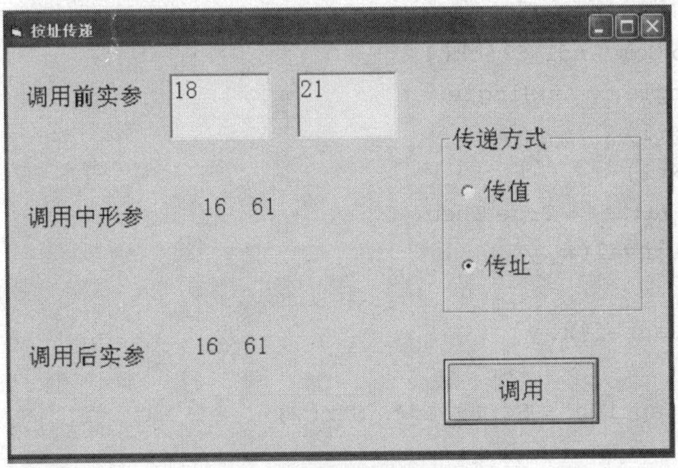

按址传递
调用前实参　18　21
传递方式
传值
传址
调用中形参　16　61
调用后实参　16　61
调用

图5-6　按址传递运行结果

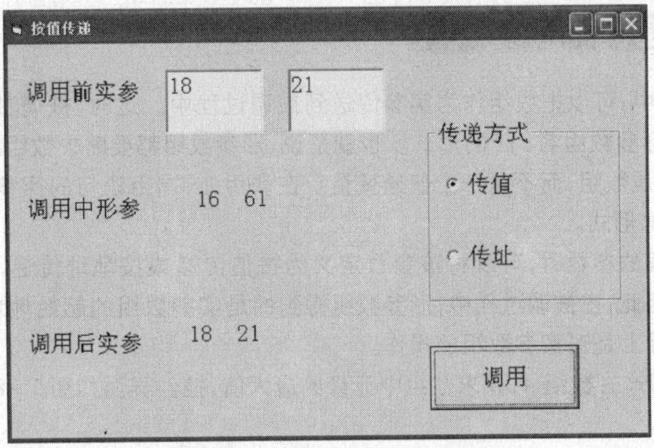

按值传递
调用前实参　18　21
传递方式
传值
传址
调用中形参　16　61
调用后实参　18　21
调用

图5-7　按值传递运行结果

程序如下：

```
Option Explicit
按值传递过程的定义
Private Sub chuanval(ByVal x As Single, ByVal y As Single)
x = 16
y = 61
Label3.Caption = Str(x)&""& Str(y)
Form1.Caption ="按值传递"
End Sub
按址传递过程的定义
Private Sub chuanref(xx As Single, yy As Single)
xx = 16
yy = 61
Label3.Caption = Str(xx)&""& Str(yy)
Form1.Caption ="按址传递"
End Sub
Private Sub Command1_Click()
Dim x As Single, y As Single
x = Val(Text1)
y = Val(Text2)
If Option1.Value = True Then
    Call chuanval(x, y)
Else
    Call chuanref(x, y)
End If
    Label5.Caption = Str(x)&""& Str(y)
End Sub
```

(三)数组作为过程的参数

在 Visual Basic 中,可以把数组作为实参传送到被调过程中。这时,被调过程的形参必须定义成数组的形式,即“形参数组名()”的形式。也就是说,形参数组都要略去数组的大小,但括号不能省略,以表示该参数是数组,而不是一个普通变量。在调用处,调用语句的实参表中对应的实参要写成“实参数组名”的形式。

当数组作为过程的参数时,可以将该参数定义为按值传递或按地址传递,但系统总是以按地址传递进行处理。因此,在被调过程中,形参数组得到的是实参数组的起始地址,在被调过程中对形参数组的操作实际上是对实参数组的操作。

【例 5.8】 随即产生数组 A,并求数组中元素的最大值,控件界面如图 5 - 8 所示。

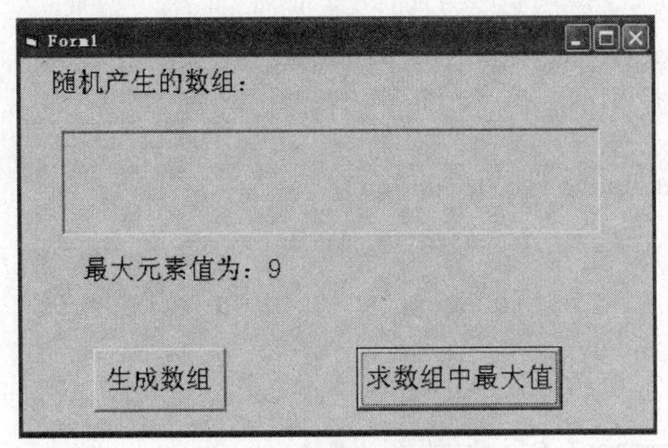

图5-8　求数组中最大值

程序如下：

```
Option Explicit
Dim a()As Integer
定义一个求数组中元素最大值的过程
Public Sub submax(a()As Integer)
Dim i As Integer, max As Integer
max = a(1)
For i = 2 To UBound(a)
  If max < a(i)Then max = a(i)
Next i
Label3.Caption = "最大元素值为:"& max
End Sub
随机生成一个数组
Private Sub Command1_Click()
Dim i As Integer
ReDim a(10)
For i = 1 To 10
  a(i) = 10 * Rnd + 1
  Picture1.Print a(i);
Next
End Sub
调用子过程
Private Sub Command2_Click()

Call submax(a())
End Sub
```

【例5.9】　编一函数tem,求任意一维数组中各元素之积,调用tem,求 $t1 = \prod_{i=1}^{5} a_i$ 和 $t2 = \prod_{i=3}^{8} b_i$。

定义tem函数过程

```
Function tem(a()As Integer)As Single
    Dim t#, i%
    t = 1
    For i = LBound(a)To UBound(a)
   t = t * a(i)
    Next i
    tem = t
End Function
```

调用函数过程

```
Private Sub Command1_Click()
    Dim a% (1 To 5), b% (2 To 10), i%
    For i = 1 To 5
     a(i) = i
    Next i
    For i = 2 To 10
     b(i) = i
    Next i
    t1# = tem(a())
    t2# = tem(b())
    Print t1, t2
End Sub
```

四、递归

(一)过程的嵌套

Visual Basic 虽然不能嵌套定义过程,但可以嵌套调用过程,也就是主程序可以调用子过程,在子过程中还可以调用其他的子过程,这种程序结构称为过程的嵌套。过程的嵌套调用执行过程如图 5 - 8 所示:

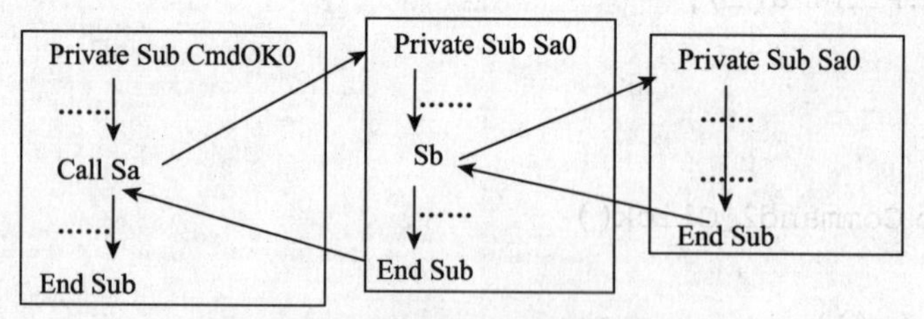

图 5 - 9　过程的嵌套调用执行过程

(二)递归调用

在实际应用过程中,经常出现这样的要求,为达到某个目的,需要不断地重复执行某个完全相同的过程。例如,求阶乘。

$$n! = n*(n-1)!$$
$$(n-1)! = (n-1)*(n-2)!$$

这种用自身的结构来描述自身,就称为递归。

【例5.10】 求3! +5! +9!

定义求阶乘的过程

```
Public  Function f(n As Integer)As Integer
   If n = 1 Then
     f = 1
   Else
    f = n * f(n - 1)
   End If
End Function
```

调用过程

```
Private Sub Form_Click()
   Print f(3) + f(5) + f(9)
End Sub
```

说明:

使用递归算法必须满足如下两个条件:

(1)存在递归结束条件及结束时的值;

(2)能用递归形式表示,且递归向终止条件发展。

【例5.11】 用递归来实现求两个数的最大公约数。

$$gcd(m,n) = \begin{cases} n & m \bmod n = 0 \\ gcd(n, m \bmod n) & m \bmod n \neq 0 \end{cases}$$

程序如下:

```
Public Function gcd% (m% ,n % )
  If (m Mod n) = 0 Then
  gcd = n
  Else
  gcd = gcd(n,m Mod n)
  End If
   End Function
```

五、变量、过程的作用域

在程序中我们定义的变量、过程、函数均有其作用范围，在 Visual Basic 中已有规定，该范围称为作用域，作用域是指变量、过程随所处的位置不同，可被访问的范围也不同，可分为三个层次：过程、模块、全局。其中过程的作用域最小，仅局限于过程内部（针对局部变量）、模块（文件）次之，仅在某个模块或文件内。全局（工程）范围最大，在整个应用工程范围内。

（一）Visual Basic 工程的组成

一个工程应用程序一般由三类模块构成，分别介绍如下：

1）窗体模块

扩展名为.Frm 的为窗体模块，在进行界面设计时形成的文件，也可以通过执行"工程"菜单中"添加窗体"命令，为工程添加多个窗体，通常包含事件过程、自定义过程、函数过程和一些变量、常量、用户自定义类型等内容的声明。

2）标准模块

标准模块文件的拓展名为.Bas，其中可以包含用户编写的子过程 、函数过程和一些变量、常量、用户自定义类型等内容的声明，可以执行"工程"菜单中的"添加模块"命令（如图 5－10 所示），为工程新建或添加已有模块文件（如图 5－11 所示）。一般将常用的子过程、函数过程等写在模块文件中（如图 5－12 所示）。例如，可以把实现与数组操作相关的排序、查找、插入、删除过程放在同一个模块文件中，如果以后编程中涉及此类操作，就可以把此模块添加到工程中，从而提高代码编写效率。

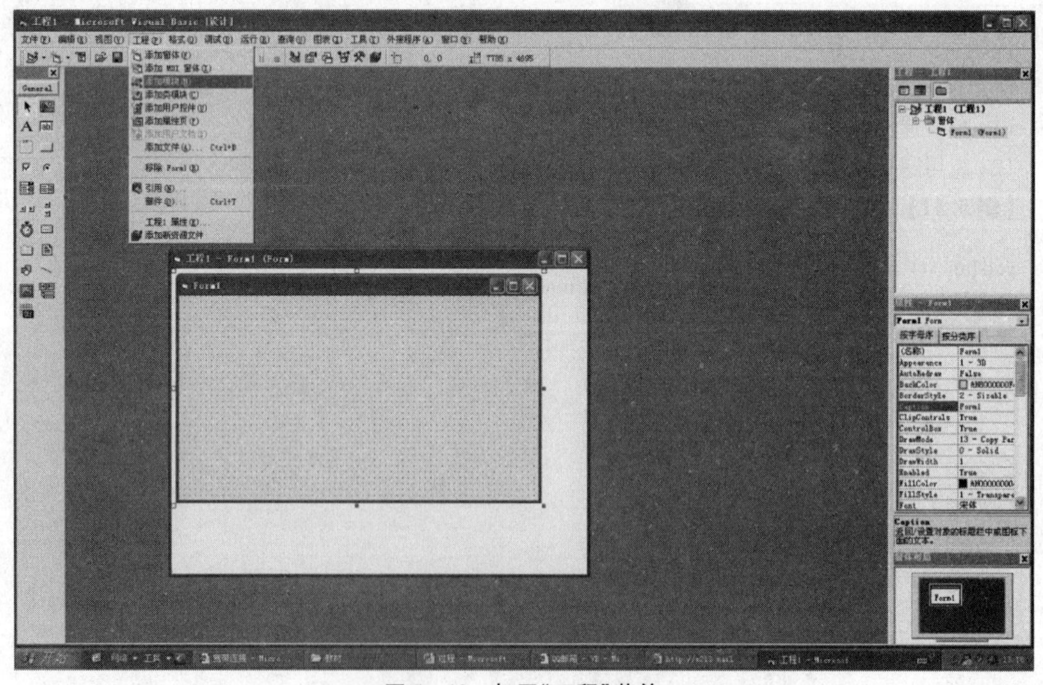

图 5－10　打开"工程"菜单

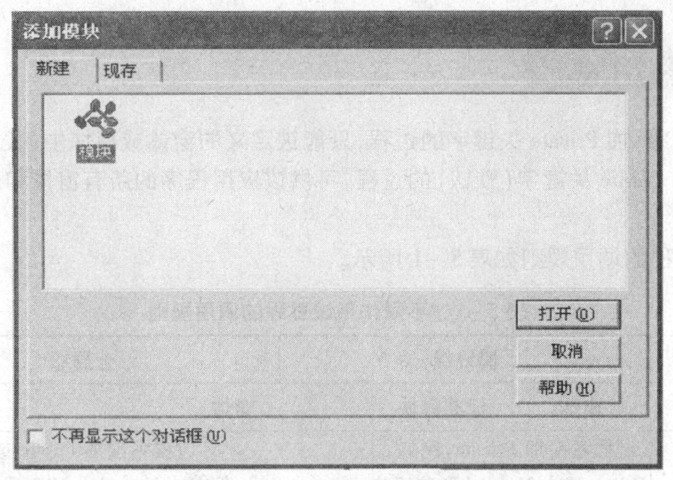

图 5-11　“添加模块”对话框

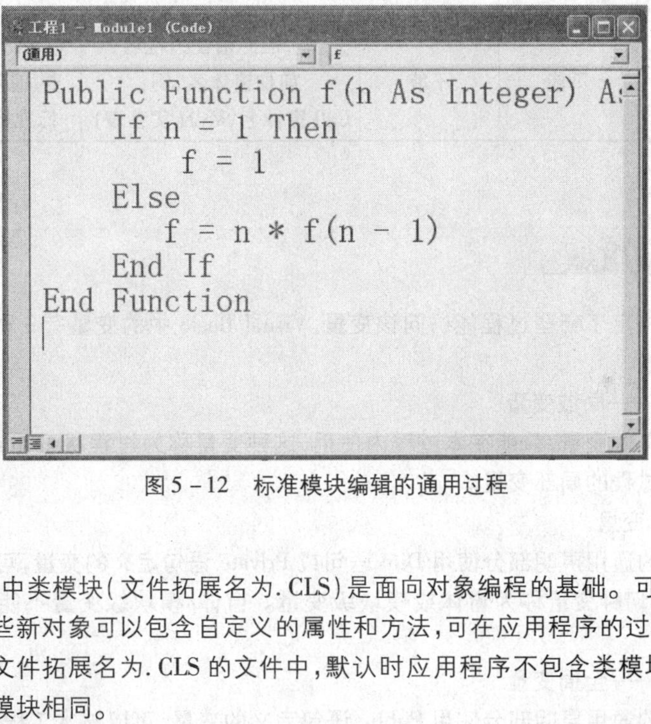

```
工程1 - Module1 (Code)
(通用)    f
Public Function f(n As Integer) As
    If n = 1 Then
        f = 1
    Else
        f = n * f(n - 1)
    End If
End Function
```

图 5-12　标准模块编辑的通用过程

3）类模块

在 Visual Basic 中类模块（文件拓展名为.CLS）是面向对象编程的基础。可在类模块中编写代码建立新对象。这些新对象可以包含自定义的属性和方法，可在应用程序的过程中使用。

类模块保存在文件拓展名为.CLS 的文件中，默认时应用程序不包含类模块，给工程添加类模块的方法与添加准模块相同。

类模块和标准模块的不同点在于存储数据方法的不同。标准模块的数据只有一个备份，这意味着标准模块中一个公共变量的值改变以后，在后面的程序中再读取该变量时，将得到同一个值。而类模块的数据，是相对于类实例（也就是由类创建的每一对象）而独立存在的。同样地，标准模块中的数据在程序作用域内存在，也就是说，它存在于程序的存活期中；而类实例中的数据块中声明为 Public 时，则它在工程中的任何地方都是可见的；而类模块中的 Public 变量，只有当对象变量含有对某一类实例的引力时才能访问。

(二)过程的作用域

(1)窗体/模块级:加 Private 关键字的过程,只能被定义的窗体或模块中的过程调用。

(2)全局级:加 Public 关键字(默认)的过程,可供该应用程序的所有窗体和所有标准模块中的过程调用。

不同作用域过程的调用规则如表 5-1 所示。

表 5-1　不同作用域过程的调用规则

<table>
<tr><th rowspan="2">作用范围</th><th colspan="2">模块级</th><th colspan="2">全局级</th></tr>
<tr><th>窗体</th><th>标准模块</th><th>窗体</th><th>标准模块</th></tr>
<tr><td>定义方式</td><td colspan="2">过程名前加 Private,例如,
Private Sub Mysub(形参表)</td><td colspan="2">过程名前加 Public 或默认
例[Pubbic] Sub My2(形参表)</td></tr>
<tr><td>能否被本模块
其他过程调用</td><td>能</td><td>'能</td><td>能</td><td>能</td></tr>
<tr><td>能否被本应用程序
其他模块调用</td><td>不能</td><td>不能</td><td>能,但必须在过程名
前加窗体名,例:
Call 窗体名,My2(实参表)</td><td>能,但过程名必须唯一,否则
要加标准模块名,例如,Call
标准模块名 My2(实参表)</td></tr>
</table>

(三)变量的作用域

变量的作用域决定了哪些过程能访问该变量,Visual Basic 中的变量有 3 种作用域:过程级、窗体/模块级和全局级。

1)过程级变量——局域变量

在过程体内定义的变量,只能在本过程内使用,这种变量称为过程级变量或局部变量,过程的形象也可以看做该过程的局部变量。

2)窗体/模块级变量

在窗体或模块的通用声明部分使用 Dim 语句或 Private 语句定义的变量,可以被本窗体或模块中的任何过程使用,何种变量称为窗体或模块级变量。窗体/模块级变量不能被其他窗体或模块使用。

3)工程级变量——全局变量

在窗体或模块的通用声明部分使用 Public 语句定义的变量,可以被本工程中任何过程使用,这种变量称为工程级变量或全局变量。如果是在模块中定义的全局变量,则可以在任何过程中通过变量名直接访问。如果是在模块中定义的全局变量,则可在任何过程中通过变量名直接访问。如果是在窗体中定义的全局变量,在其他窗体和模块中访问该变量的形式为:定义该变量的窗体名、变量名。

通过窗体/模块级变量和全局变量可以在不同过程之间共享数据,这在一定程度上方便了编程。但是,如果在一个过程中改变了变量的值,则当其他过程再访问该变量时,都将使用改变后的值,这就给程序运行带来了极大风险,因为这种改变可能是无意义的。

因此,除特殊情况外,建议读者尽量少用窗体/模块级变量和全局变量,多使用局部变量,尽量把变量的作用域缩小,从而便于程序的调试,增加程序的可读性。如果需要在过程之间共享数据,也要尽量通过参数传递来实现。

【例5.12】　在下面一个标准模块文件中进行不同级的变量声明。

```
Public Pa As integer          '全局变量
Private Mb as string *10      '窗体/模块级变量
'.....................................
Sub F1( )
  Dim Fa As integer '局部变量
  …
End Sub
'.....................................
Sub F2( )
Dim Fb As Single '局部变量
  …
End Sub
'若在不同级声明相同的变量名,如:
'.....................................
Public Temp As integer '全局变量
Sub Form_Click( )
  Dim Temp As Integer '局部变量
  Temp =10 '访问局部变量
  Form1.Temp =20 '访问全局变量必须加窗体名
  Print Form1.Temp, Temp '显示20和10
End Sub
'.....................................
```

注意:

一般来说,在同一模块中定义了不同级而有相同名的变量时,系统优先访问作用域小的变量名。

4)关于变量同名问题的几点说明

(1)不同过程内的局部变量可以同名,因其作用域不同而互不影响。

(2)不同窗体或模块间的窗体/模块级变量也可以同名,因为它们分别作用于不同的窗体或模块。

(3)不同窗体或模块中定义的全局变量也可以同名,但在使用时应在变量名前加上定义该变量的窗体或模块名。

(4)如果局部变量与同一窗体或模板中定义的窗体/模板级变量同名,则在定义该局部变量的过程中优先访问该局部变量。如果局部变量与不同窗体或模板中定义的窗体/模板级变量同名,因其作用域不同而互不影响。

(5)如果局部变量与全局变量同名,则在定义该局部变量的过程中优先访问该局部变量,如果要访问同名的全局变量,应该在全局变量名前加上全局变量所在窗体或模板的名字。

（四）静态变量

局部变量除了用 Dim 语句声明外，还可用 Static 语句将变量声明为静态变量，它在程序运行过程中可保留变量的值。这就是说，每次调用过程时，用 Static 说明的变量保持原来的值；而用 Dim 说明的变量，每次调用过程时，重新初始化。

形式如下：

```
Static 变量名［AS 类型］
Static Function 函数名(［参数列表］)［As 类型］
Static Sub 过程名［(参数列表)］
```

说明：

（1）若函数名、过程名前加 Static，表示该函数、过程内的局部变量都是静态变量。

（2）静态变量在程序运行过程中可保留变量原来的值。而用 Dim 说明的变量，每次调用过程时，则重新初始化。

因此，静态变量对于解决一些统计次数的问题很有帮助。

【例 5.13】 编写一个验证密码的程序，要求每单击一次命令按钮 cmdOK 就验证一次用户在文本框 textInput 中输入的密码，只允许用户输入 3 次密码，3 次密码都错则自动退出。

程序如下：

```
Const PWD = "pass"                          '预先设定密码
Private Sub codOK_Click()
  Static time As Integer                    '定义静态变量统计验证次数
  If txtInput < > PWD  Then
  Time  = time  + 1                         'time 的初始值为 0
  MsgBox"Invalid  Password!"
  If time  = 3 then End
  Else
  MagBox“Welcome”
  Time  = 0
  End  if
End Sub
```

六、综合应用程序举例

【例 5.14】 将一个十进制整数 m 转换成 r(2、8、16)进制整数。

程序分析：

要把一个十进制整数 m 转换成 r 进制整数，可先求得 m 除以 r 的商及余数，再用所得的商继续除以 r 求得商及余数，直到所得的商为 0 为止，把每次得到的余数按逆序排列即为 r 进制整数。设计界面如图 5－13 所示。

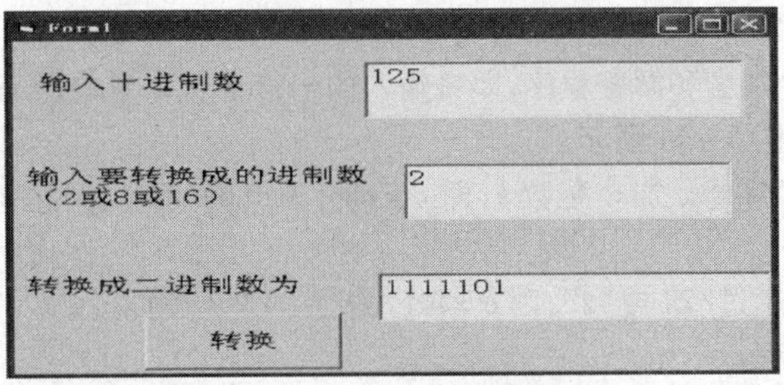

图 5-13　进位计数制转换

程序代码如下:

```
定义一个转换函数过程
Private Function TranDec $(ByVal m% , ByVal r% )
    Dim StrDtoR $, iB% , mr%
    StrDtoR = ""                   'StrDtoR 用于逆序存放求得的余数
    Do While m < > 0
        mr = m Mod r               '求余数
        m = m \r                   '求商
        If mr > = 10 Then          '余数 > =10 转换为 A~F,最先求出的余数位数最低
            StrDtoR = Chr(mr - 10 + 65)& StrDtoR
        Else                       '余数 <10 直接连接,最先求出的余数位数最低
            StrDtoR = mr & StrDtoR
        End If
    Loop
    TranDec = StrDtoR
End Function
调用函数过程
Private Sub Command1_Click()
    Dim m% , r% , i%
    m = Val(Text1)
    r = Val(Text2)
    If r < 2 Or r > 16 Then
      i = MsgBox("输入的进制 R 超出范围", vbRetryCancel)
      If i = vbRetry Then
        Text2.Text = ""
        Text2.SetFocus
      Else
        End
      End If
     End If
    Label3.Caption = "转换成"& r &"进制数"
    Text3.Text = TranDec(m, r)
```

```
End Sub
```

【例5.15】 编一个加密和解密程序,即将输入的一行字符串中的所有字母加密,加密后还可以再还原。程序界面如图5-14所示。

加密方法是:将每个字母 c 加一整数 k,即 c = chr(Asc(c) + k),例如 k 为5,这时"A"→"F","a"→"f","B"→"G"…

若加序数后的字母超过"Z"或"z",则 c = hr(Asc(c) + k - 26)。

解密为加密的逆过程。

图5-14 加密解密程序

加密过程程序代码:

```
Private Sub command1_Click()
  strinput = Text1.Text
  i = 1
  code = ""
  length = Len(RTrim(strinput))      '去掉字符串右边的空格,求真正的长度
  Do While (i < = length)
    strtemp = Mid $(strinput, i, 1)   '取第 i 个字符
    If (strtemp > = "A"And strtemp < = "Z")Then
      IASC = Asc(strtemp) + 5              '大写字母加序数5加密
    If IASC > Asc("Z")Then IASC = IASC - 26   '若加密后字母超过Z,则减去26
      code = Left $(code, i - 1) + Chr $(IASC)
    ElseIf (strtemp > = "a"And strtemp < = "z")Then
      IASC = Asc(strtemp) + 5          '小写字母加序数5加密
   If IASC > Asc("z")Then IASC = IASC - 26   '若解密后字母超过Z,则减去26
      code = Left $(code, i - 1) + Chr $(IASC)
    Else          '当第 i 个字符为其他字符时不加密,与加密字符串的前 i-1 个字符
连接
      code = Left $(code, i - 1) + strtemp
    End If
    i = i + 1
    Loop
 Text2.Text = code         '显示加密后的字符串
```

```
End Sub
```

解密过程程序代码:

```
Private Sub command2_Click()
  code = Text2.Text
  i = 1
  recode = ""
  length = Len(RTrim(code))            '若还未加密,不能解密,出错
  If length = 0 Then J = MsgBox("先加密再解密", 48,"解密出错")
  Do While (i < = length)
    strtemp = Mid $(code, i, 1)
    If (strtemp > = "A"And strtemp < = "Z")Then
      IASC = Asc(strtemp) - 5
      If IASC < Asc("A")Then IASC = IASC + 26
        recode = Left $(recode, i - 1) + Chr $(IASC)
    ElseIf (strtemp > = "a"And strtemp < = "z")Then
      IASC = Asc(strtemp) - 5
      If IASC < Asc("a")Then IASC = IASC + 26
      recode = Left $(recode, i - 1) + Chr $(IASC)
    Else
      recode = Left $(recode, i - 1) + strtemp
    End If
    i = i + 1
    Loop
  Text3.Text = recode
End Sub
```

【例 5.16】 顺序查找:在一组数中查找给定的数。

顺序查找的方法是将全部数据存放在数组中,将待查找的数据与数组中的数据逐一比较,若相同,查找成功,返回该数据在数组中的序号;否则,查找失败,返回 -1。

程序如下:

```
Public Sub Search(a(), ByVal key, index% )
    Dim i%
    For i = LBound(a)To UBound(a)
      If key = a(i)Then
        index = i  '找到,元素的下标保存在 index 中,结束查找
        Exit Sub
      End If
    Next i
      index = -1  '查找失败,index 中保存 -1
 End Sub
 Private Sub Form_Click()
```

```
    b = array(1,3,5,7,9,2,4)
    k = val(InputBox("输入要查找的关键值"))
    Call Search(b,k,n% )
    Print n
End Sub
```

【例 5.17】 二分法查找:在一批有序的数列中查找给定的数。

二分查找适合于查找有序数组,方法是将查找区间不断对分,直到找到或数组中没有指定的数据为止。

算法分析:

设定数组的上界为 high,下界为 low,中间位置为 mid = (low + high)/2。

查找过程:

(1) 先取数组中间位置 mid 的元素与所要查找的关键值比较,若相同,则查找成功结束。

(2) 否则判断关键值落在数组的哪半部分,若在数组的上半部,则令 high = mid,low 不变;若在数组的下半部,则令 low = mid,high 不变。这样就只保留了数组的一半。

(3) 重复上述步骤(1)和(2),若发现某个 mid 处的元素与关键值相同,则查找成功结束;若已出现 low > high 的情况,则说明查找失败。

二分查找过程的示意图如图 5-15 所示。

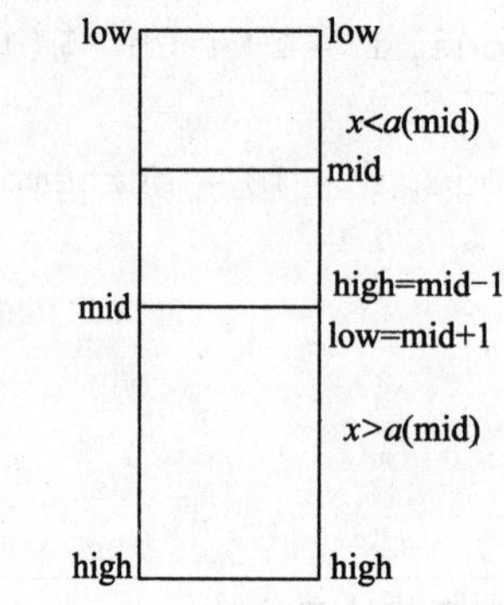

图 5-15 二分查找过程的示意图

程序代码:

```
Sub bisearch(a(), ByVal low% , ByVal high% , ByVal key, index% )
    Dim mid%
    mid = (low + high) \2                              '取查找区间的中点
    If a(mid) = key Then
      index = mid                                      '查找到,返回查找到的下标
      Exit Sub
    ElseIf low > high Then                              '二分法查找区间无元素,查找
不到
      index = -1
      Exit Sub
    End If
    If key < a(mid)Then                                '查找区间在上半部
```

```
      high = mid - 1
    Else
      low = mid + 1                          '查找区间在下半部
    End If
    Call bisearch(a, low, high, key, index)   '递归调用查找函数
End Sub
Private Sub Command1_Click()                  '主调程序调用
   Dim b()As Variant
   b = Array(1, 3, 5, 7, 9, 11, 15)
   Call bisearch(b, LBound(b), UBound(b), 11, n% )
   Print n
End Sub
```

【例 5.18】 编写一个汉诺塔程序。汉诺塔(又称河内塔)问题是源于印度一个古老传说的益智玩具。上帝创造世界的时候做了三根金刚石柱子,在一根柱子上从下往上按大小顺序摞着 64 片黄金圆盘。上帝命令婆罗门把圆盘从下面开始按大小顺序重新摆放在另一根柱子上。并且规定,在小圆盘上不能放大圆盘,在三根柱子之间一次只能移动一个圆盘。

程序运行开始的界面如图 5－16 所示,程序运行结果如图 5－17 所示。

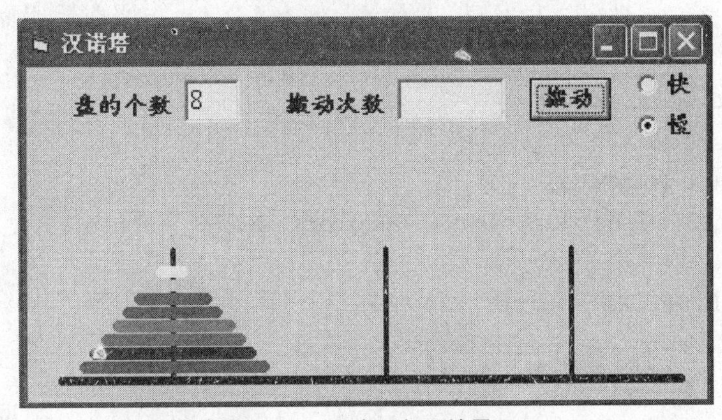

图 5－16　程序运行开始界面

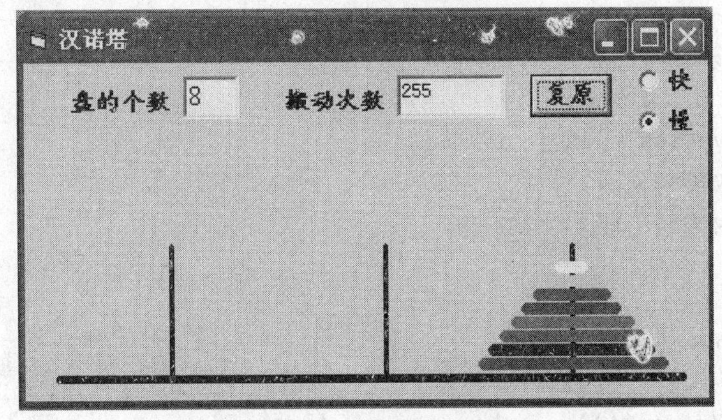

图 5－17　程序运行结果

程序运行代码如下：

```
Dim nTotal%                                         '盘的总数
Dim m                                               '搬动次数
Dim nn(3), m0, y(36), k(3, 36), x0
Dim nDelay                                           '延时次数

Private Sub Command1_Click()
    If Command1.Caption = "复原"Then
        Command1.Caption = "搬动"
        复原
    Else
        m = 0
        m0 = Val(Text3)                             '停止次数
        MoveDisk 0, 1, 2, nTotal
        Text2 = m
        Command1.Caption = "复原"
    End If
End Sub

Private Sub Form_Load()
    nTotal = 16
    For i = 1 To nTotal - 1
        Line3(i).BorderColor = QBColor(i Mod 8 + 8)
    Next
    x0 = (Line1.X1 + Line1.X2)/2
    复原
End Sub

Public Sub MoveDisk(i, j, k, n)
    If n = 1 Then
        MoveOne i, k
    ElseIf n > 1 Then
        MoveDisk i, k, j, n - 1
        MoveOne i, k
        MoveDisk j, i, k, n - 1
    End If
End Sub
Public Sub MoveOne(i, j)
    m = m + 1
    kk = k(i, nn(i))
    nn(i) = nn(i) - 1
```

```
    nn(j) = nn(j) + 1
    k(j, nn(j)) = kk
    Line3(kk).X1 = Line3(kk).X1 + Line2(j).X1 - Line2(i).X1
    Line3(kk).X2 = Line3(kk).X2 + Line2(j).X1 - Line2(i).X1
    Line3(kk).Y1 = y(nn(j) - 1)
    Line3(kk).Y2 = y(nn(j) - 1)
    Refresh
    For i11 = 1 To nDelay
        For j11 = 1 To 10
            aa = Sin(11)
        Next
    Next
End Sub

Private Sub Option1_Click(Index As Integer)
    nDelay = 2 ^(14 - nTotal)
    If Option1(1).Value = True Then
        nDelay = nDelay * 16
    End If
End Sub

Private Sub Text1_Change()
    nTotal = Text1
    nDelay = 2 ^(14 - nTotal)
    复原
    Cls
End Sub

Private Sub 复原()
    For i = 1 To 16
        Line3(i).Visible = False
    Next
    nTotal = Val(Text1)
    Line2(0).X1 = x0 - nTotal * 200 - 200
    Line2(0).X2 = x0 - nTotal * 200 - 200
    Line2(2).X1 = x0 + nTotal * 200 + 200
    Line2(2).X2 = x0 + nTotal * 200 + 200
    Line1.X1 = Line2(0).X1 - nTotal * 100 - 200
    Line1.X2 = Line2(2).X1 + nTotal * 100 + 200

    For i = 1 To 2
        nn(i) = 0
```

```
        Next
        nn(0) = nTotal
        Line3(0).X1 = Line2(0).X1 - nTotal * 100
        Line3(0).X2 = Line2(0).X1 + nTotal * 100
        y(0) = Line3(0).Y1
        k(0, 1) = 0
        Line3(0).Visible = True
        For i = 1 To nTotal - 1
            y( i) = Line3(i - 1).Y1 - 120
            Line3( i ).X1 = Line3(i - 1).X1 + 100
            Line3( i ).X2 = Line3(i - 1).X2 - 100
            Line3( i ).Y1 = y( i )
            Line3( i ).Y2 = y( i )
            Line3( i ).Visible = True
            k(0, i + 1) = i
        Next
        Line2(0).Y1 = y(nTotal - 1) - 200
        Line2(1).Y1 = y(nTotal - 1) - 200
        Line2(2).Y1 = y(nTotal - 1) - 200
        Text2 = ""
    End Sub
```

习题五

1. 在标准模块中用 Public 关键字声明的变量和常量有效范围是(　　)。

A. 整个标准模块　　B. 整个工程

C. 所有窗体　　D. 所有标准模块

2. 通用过程中,要定义某一虚拟参数和它对应的实际参数是值的传送,在虚拟参数前要加的关键字是(　　)。

A. Optonal　　B. Byval　　C. Missing　　D. ParamArray

3. 有如下程序:

```
Dim b
Private Sub form_click()
    a = 1: b = 1
    Print "A = "; a;",B = "; b
    Call mult(a)
    Print "A = "; a;",B = "; b
End Sub
Private Sub mult(x)
    x = 2 * x
    b = 3 * b
```

```
End Sub
```

运行后的输出结果是(　　)。

A. A = 1, B = 1　　B. A = 1, B = 1　　C. A = 1, B = 1　　D. A = 1, B = 1
　A = 1, B = 1　　　A = 2, B = 3　　　A = 1, B = 3　　　A = 2, B = 1

4. 有如下程序:

```
Option Base 1
Private Sub swap(abc()As Integer)
    For i = 1 To 10 \2
        t = abc(i)
        abc(i) = abc(10 - i + 1)
        abc(10 - i + 1) = t
    Next i
End Sub
Private Sub form_click()
    Dim xyz(10)As Integer
    For i = 1 To 10
        xyz(i) = i * 2
    Next i
    swap xyz()
    For i = 1 To 10
        Print xyz(i);
    Next i
End Sub
```

运行程序后,输出结果为(　　)。

A. 1 2 3 4 5 6 7 8 9 10　　B. 2 4 6 8 10 12 14 16 18 20
C. 20 18 16 14 12 10 8 6 4 2　　D. 显示出错信息

5. 有如下程序

```
Option Base 1
Private Sub form_click()
    Dim a(3, 3)
    For j = 1 To 3
        For k = 1 To 3
            If j = k Then a(j, k) = 1
            If j < > k Then a(j, k) = 3
        Next k
    Next j
    Call p1(a())
End Sub

Private Sub p1(a())
    For j = 1 To 3
```

```
        For k = 1 To 3
            Print a(j, k);
        Next k
    Next j
End Sub
```

运行程序后,输出结果为(　　)。

A.1 3 3 3 1 3 3 3 1　　　　B.3 1 1 1 3 1 1 1 3

C.1 3 3 3 1 3 3 3 1　　　　D. 显示出错信息

6. 下列程序的功能是计算由输入的分数确定结论,分数是百分制的,0－59 分的结论是"不及格",60－79 分的结论是"及格",80－89 分的结论是"良好",90－100 分的结论是"优秀",分数小于 0 或大于 100 是"数据错!"。请在画线处填上适当的内容使程序完整。

```
Option Explicit
Private Function jielum(ByVal score% )As String
    Select Case score
    Case__________
        jielun ="不及格"
    Case__________
        jielun ="及格"
    Case__________
        Jilun ="良好"
    Case__________
        Jilun ="优秀"
    Case________
        Jilun ="数据错!"
    End Select
End Function

Private Sub form_click()
    Dim s1 As Integer
    s1 = InputBox("请输入成绩:")
    Print jielun(s1)
End Sub
```

7. 下列程序的功能是计算输入数的阶乘,请在画线处填上适当的内容使程序完整。

```
Private Sub form_click()
    N = Val(InputBox("请输入一个大于 0 的整数:"))
    Print fact(N)
End Sub

Private Function fact(M)
    Fact =________
```

```
    For I =2 to__________
        Fact =___________
    Next I
End Function
```

8. 下列程序的功能是计算给定正整数序列中奇数之和 *Y* 与偶数之和 *X*，最后输出 *X* 平方根与 *Y* 平方根的乘积。请在画线处填上适当的内容使程序完整。

```
Private Sub form_click()
    a = Array(9, 16, 8, 25, 34, 13, 22, 43, 22, 35, 26)
    Y =_______
    Print Y
End Sub
Private Function f1(B)
    x = 0
    Y = 0
    For k = 0 To 10
        If _____mod 2 =0 then
            X =__________
        Else
            Y =__________
        End If
    Next k
    f1 = Sqr(x) * Sqr(Y)
End Function
```

9. 有如下事件过程：

```
Private Sub form_mousedown(button As Integer, shift As Integer, x As Sin-
gle, y As Single)
    If shift = 6 And button = 2 Then
      Print"BBBB"
    End If
End Sub
```

程序运行后，为了在窗体上输出"BBBB"，应执行的操作是(　　)。

A. 同时按下 Shift 键和鼠标左键

B. 同时按下 Ctrl、Alt 键和鼠标右键

C. 同时按下 Shift 键和鼠标右键

D. 同时按下 Ctrl、Alt 键和鼠标左键

10. 对窗体编写如下事件过程：

```
Private Sub form_mousedown(button As Integer, shift As Integer, x As Sin-
gle, y As Single)
    If button = 2 Then
```

```
        Print "AAAAA"
    End If
End Sub
Private Sub form_mouseup(button As Integer, shift As Integer, x As Sin-
gle, y As Single)
    Print "BBBBB"
End Sub
```

程序运行后,如果单击鼠标右键,则输出结果为(　　)。

A. AAAAA
BBBBB　　B. BBBBB　　C. AAAAA
AAAAA　　D. BBBBB

11. 对窗体编写如下代码:

```
Private Sub Form_KeyPress(KeyAscii As Integer)
a = Array(237, 126, 87, 48, 498)
    m1 = a(1)
    m2 = 1
    If KeyAscii = 13 Then
    For I = 2 To 5
        If a(I) > m1 Then
            m1 = a(I)
            m2 = I
        End If
    Next I
    End If
    Print m1
    Print m2
End Sub
```

程序运行后,按回车键,输出结果为(　　)。

A. 48
4　　B. 237
1　　C. 498
5　　D. 498
4

12. 在窗体中添加三个按钮和一个文本框,并分别编写如下代码:

```
Private Sub command1_click()
    Text1.Text = UCase(Text1.Text)
End Sub
Private Sub command2_click()
    Text1.Text = LCase(Text1.Text)
End Sub
Private Sub command3_click()
    Text1.Text = Text1.Tag
End Sub
Private Sub text1_keyup(keycode As Integer, shift As Integer)
```

```
    Text1.Tag = Text1.Text
End Sub
```

程序运行后,在文本框中输入"abc",分别点击 command1,command2. command3, 文本框中显示( )。

A. ABC abc abc　　　　B. abc ABC ABC

C. abc ABC ABC　　　　D. ABC ABC abc

第六章

对话框和菜单

本章要点

通用对话框常用属性和方法

菜单编辑器

菜单常用属性和方法

本章学习目标

掌握通用对话框的使用

掌握菜单设计和应用

一、通用对话框

Visual Basic 中的对话框分为三类:系统预定义对话框、自定义对话框和通用对话框。系统预定义对话框有 InputBox 和 MsgBox,具体用法详见第 3 章,这里就不再赘述。

自定义对话框是用户根据应用程序的需要自己创建的对话框。在普通窗体上,使用标签、文本框、命令按钮等控件创建用户界面,然后编写相应的程序代码,实现人机交互。用户界面窗体的 BorderStyle 属性一般设置为 3(vbFixedDoubleialog),MaxButton、MinButton 属性一般设置为 False。前面各章中的许多程序,都用到了自定义对话框,如密码验证程序等。

通用对话框 CommonDialog 控件提供了一组基于 Windows 的标准对话框界面。这组对话框包括:打开(Open)对话框、另存为(Save)对话框、颜色(Color)对话框、字体(Font)对话框、打印(Printer)对话框和帮助(Help)对话框。但这些对话框仅仅用于返回用户所选信息,不能真正实现文件打开、保存、颜色设置、字体设置、打印等操作,要实现这些功能必须通过编程解决。

CommonDialog 控件是 ActiveX 控件,初始时在工具箱中一般是找不到的,使用前需先将它添加到工具箱中。通过"工程"菜单的"部件"子菜单打开"部件"对话框,在"控件"选项卡的列表框中选择"Microsoft Common Dialog Control 6.0"选项,可将 CommonDialog 控件添加到工具箱,控件图标为:▣。

在设计状态,将 CommonDialog 控件添加到窗体上,它以图标显示在窗体上,其大小不能改变;在程序运行时,控件本身被隐藏。该控件可以分别显示 6 种不同的对话框,每一种对话框对应一个不同的 Action 属性值和一个 Show 方法,其对应关系如表 6-1 所示。

表 6-1 Action 属性与 Show 方法的对应关系

Action 属性	Show 方法	说　明
1	ShowOpen	显示文件打开对话框
2	ShowSave	显示另存为对话框
3	ShowColor	显示颜色对话框

续表

Action 属性	Show 方法	说　明
4	ShowFont	显示字体对话框
5	ShowPrinter	显示打印对话框
6	ShowHelp	显示帮助对话框

⊙**小提示**：Action 属性只能在程序中赋值，而不能在界面设计时对其进行设置。

(一)“打开”/“另存为”对话框

“打开”对话框(Action 值为 1 或用 ShowOpen 方法)为用户提供了一个标准的文件打开界面(如图 6－1 所示)。

“另存为”对话框(Action 值为 2 或用 ShowSave 方法)为用户提供了一个标准的文件另存为界面(如图 6－2 所示)。

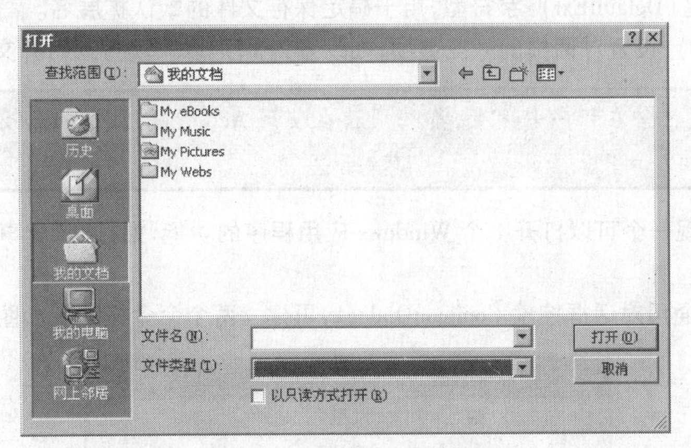

图 6－1　“打开”对话框

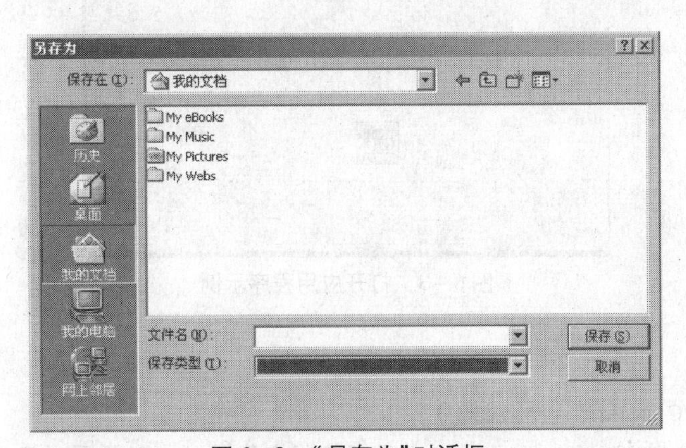

图 6－2　“另存为”对话框

“打开”和“另存为”对话框具有许多共同的属性：

(1)文件名称(FileName):字符串,用于设置对话框中"文件名称"的默认值,程序运行后该属性返回用户所选择的文件名(包括绝对路径)。

(2)过滤器(Filter):该属性为一字符串数组,确定打开的文件类型,显示在对话框中"文件类型"下拉列表框中,Filter 属性设置的格式为:

文件说明字符 |类型描述| 文件说明字符 |类型描述|……

例如,在文件类型列表框中显示"RTF 文档(*.Rtf)""文本文件(*.txt)"和"所有文件(*.*)"三种类型,使用语句格式如下:

```
CommonDialog1.Filter ="RTF 文档(*.Rtf)|*.Rtf|文本文件(*.txt)|*.txt| _
所有文件(*.*)|*.*"
```

其中,"|"为管道符号,它将描述文件类型的字符串表达式[如"Word 文档(*.doc)"]与指定文件扩展名的字符串表达式(如"*.doc")分隔开。

(3)对话框标题(DialogTitle):字符串,用于设置对话框标题,默认值为"打开"。

(4)过滤器索引(FilterIndex):整数,确定所选文件类型的索引号,默认设置为0。

(5)初始化路径(InitDir):字符串,用于初始化打开或保存的路径。

如果不设置初始化路径或指定的路径不存在,则系统默认为:

```
CommonDialog1.InitDir = "C:\My Documents\"
```

(6)默认扩展名(DefaultExt):字符型,用于确定保存文件的默认扩展名。

(7)标志(Flags):设置对话框的一些选项,如设置为1,则以只读方式打开文件。

> ⊙**小提示:**上述属性若在程序中设置,都必须放在使用 Action 属性或 Show 方法之前,否则设置无效。

【例6.1】 实现一个可以打开1个 Windows 应用程序的功能,如打开"记事本""计算器"等。

①界面设计。

在窗体上建立通用对话框控件 CommonDialog1,再建立两个命令按钮。如图6-3所示。

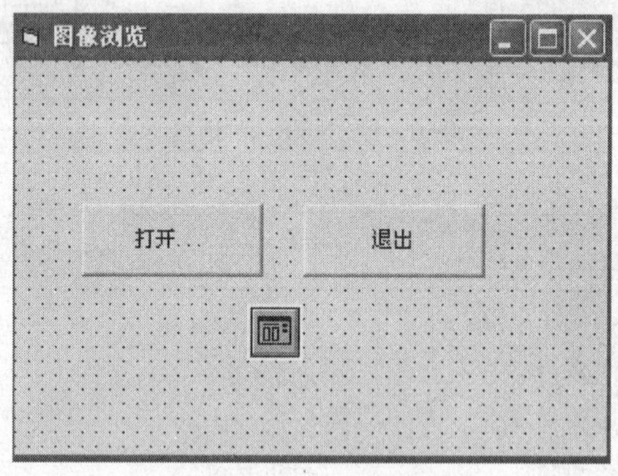

图6-3 打开应用程序示例

②代码设计。

```
Private Sub Command1_Click()
Commondialog1.dialogtitle ="打开可执行文件"          '设置对话框标题
   CommonDialog1.InitDir ="C:\windows\"             '设置打开目录
   CommonDialog1.Filter ="所有文件(*.*)|*.* |可执行文件(*.exe)|*.exe"
```

```
                                              '设置过滤器属性
    Commondialog1.filterindex=2               '设置过滤器索引默认属性为2
  CommonDialog1.Action = 1                    '调用打开文件对话框
    Call Shell(CommonDialog1.FileName)        '执行所选择的文件
  End Sub
  Private Sub Command2_Click()
    End
  End Sub
```

③调试运行。

运行时,单击"打开程序"按钮,因设置了 CommonDialog1 控件的 filter 属性为"所有文件(*.*)|*.*|可执行文件(*.exe)|*.exe",并且设置过滤器索引属性为2,所以在"文件类型"的组合框中显示"可执行文件(*.exe)"选项,"打开"对话框中只显示文件夹和扩展名为.exe的文件,过滤其他类型的文件,界面如图6-4所示。

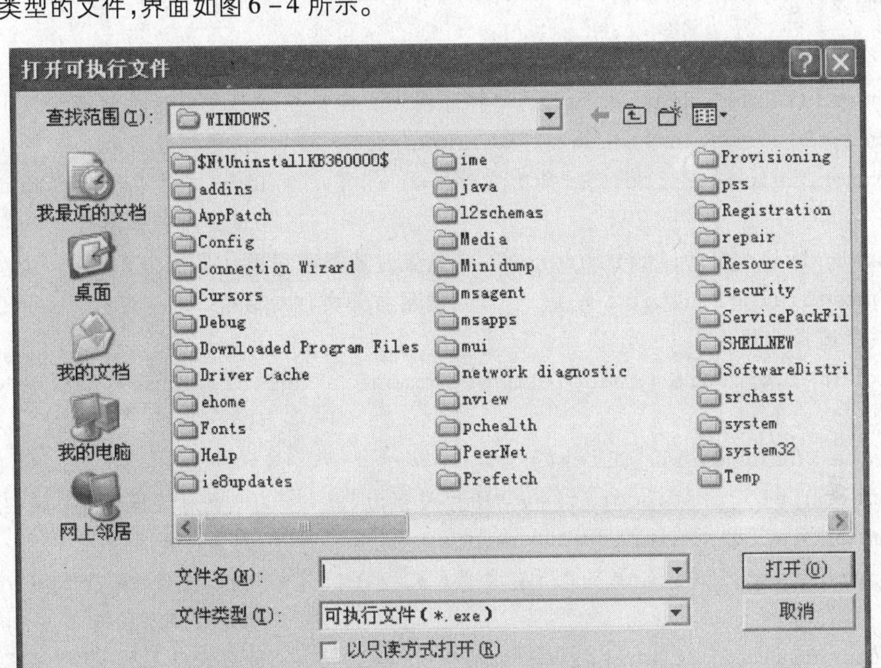

图6-4　程序运行时打开的对话框

若选择c:\windows文件夹中的notepad.exe文件后,CommonDialog1 控件的 FileName 属性值就是所选文件的文件全名(含绝对路径)。因此,Call Shell 语句可以打开记事本应用程序。

【例6.2】　设计一个图片浏览器。可以加载显示图片,也可保存图片。

①界面设计。

在窗体上建立一个 Picture1 控件,用于显示图片;建立通用对话框控件 CommonDialog1;再建立两个命令按钮,如图6-5所示。

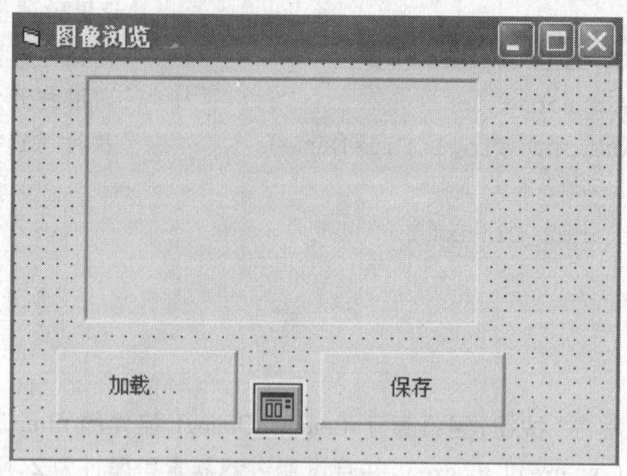

图6-5　图像浏览示例

②代码设计。

```
Private Sub Command1_Click()
   Commondialog1.dialogtitle = "打开图片文件"      '设置对话框标题
   CommonDialog1.InitDir = "C: \windows \"        '设置打开目录
   CommonDialog1.Filter = "所有文件(*.*)|*.* |bmp 文件|*.bmp |gif  文件|
*.gif"                                           '设置过滤器属性
   commondialog1.filterindex = 2  '设置过滤器索引默认属性为2
   CommonDialog1.Action = 1        '调用打开文件对话框
'加载所选择的图片
   Picture1.picture = loadpicture(CommonDialog1.FileName)
End Sub
Private Sub Command2_Click()
   Commondialog1.dialogtitle = "图片另存为"        '设置对话框标题
   CommonDialog1.InitDir = "C: \windows \"        '设置打开目录
   CommonDialog1.Filter = "所有文件(*.*)|*.* |bmp 文件|*.bmp|gif 文件|
*.gif"                                           '设置过滤器属性
   Commondialog1.Defaultext = "bmp"               '设置默认属性为2
CommonDialog1.Action = 2                          '调用另存为文件对话框
   Savepicture Picture1.picture,CommonDialog1.FileName
End Sub
```

③调试运行。

运行时,单击"装载图片"按钮,因设置了 CommonDialog1 控件的 Filter 属性为"所有文件(*.*)|*.*|bmp 文件|*.bmp|gif 文件|*.gif",并且设置过滤器索引属性为2,所以在"文件类型"的组合框中显示"bmp 文件"选项,"打开"对话框中只显示文件夹和扩展名为.bmp 的文件,过滤其他类型的文件。运行效果如图6-6所示。

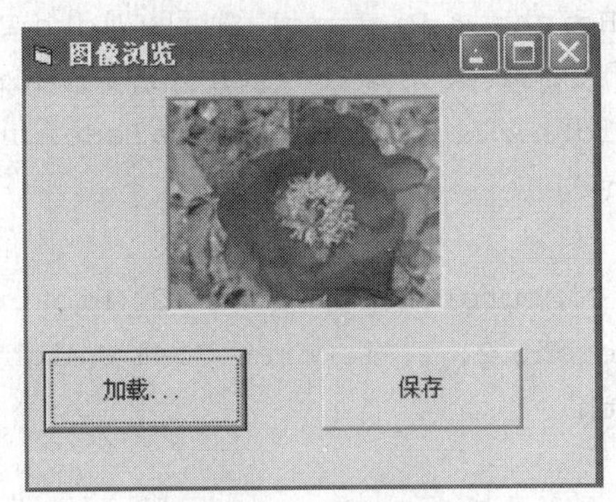

图 6-6　运行效果

(二)"颜色"对话框

"颜色"对话框是 Action 为 3 时的通用对话框,如图 6-7 所示。颜色对话框用来提供调色板中的基本颜色(Basic Color),还提供了用户自定义颜色(Custom Color),用户可自己配制颜色。当用户选中某种颜色后,该颜色值(长整形)赋值给通用对话框的 Color 属性。

【例 6.3】　在图片框控件 Picture1 居中位置用不同的填充色画一个与图片框相切的椭圆,填充色通过颜色对话框选取。

(1)界面设计。

如图 6-8 所示,在窗体上分别放置三个命令按钮和一个图片框、一个通用对话框。

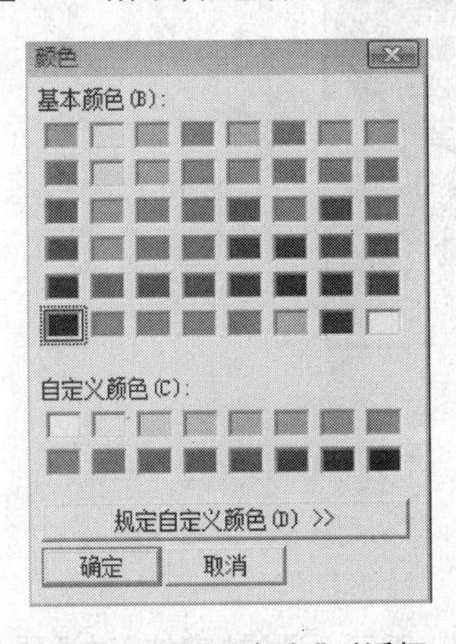

图 6-7　打开"颜色"对话框

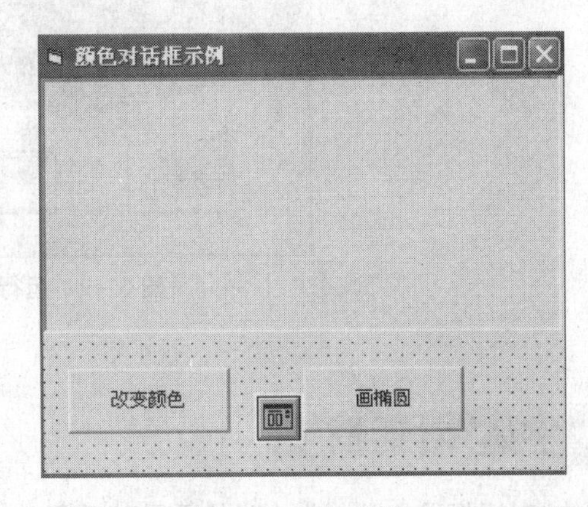

图 6-8　界面设计

(2)代码设计。

```
Private Sub Command1_Click()
  CommonDialog1.Action = 3   '打开"颜色"对话框
  Picture1.FillColor = CommonDialog1.Color
End Sub
Private Sub Command2_Click()
  Picture1.FillStyle = 0
```

```
  If Picture1.ScaleHeight < Picture1.ScaleWidth Then
   Picture1.Circle (Picture1.ScaleWidth /2, Picture1.ScaleHeight /_
2), Picture1.ScaleWidth /2,,,,Picture1.ScaleHeight / _
Picture1.ScaleWidth
  Else
   Picture1.Circle (Picture1.ScaleWidth /2, Picture1.ScaleHeight /_
2), Picture1.ScaleHeight/2,,,,Picture1.ScaleHeight  _
/picture1.ScaleWidth
  End If
End Sub
Private Sub Command3_Click()
  End
End Sub
```

(3)调试运行。

运行时,单击"改变颜色"按钮,显示如图6-8所示的对话框,决定图片框中图形的填充色。此后,单击"画椭圆"按钮在图片框中所绘制的椭圆,就是以所选颜色作为内部填充色。运行效果如图6-9所示。

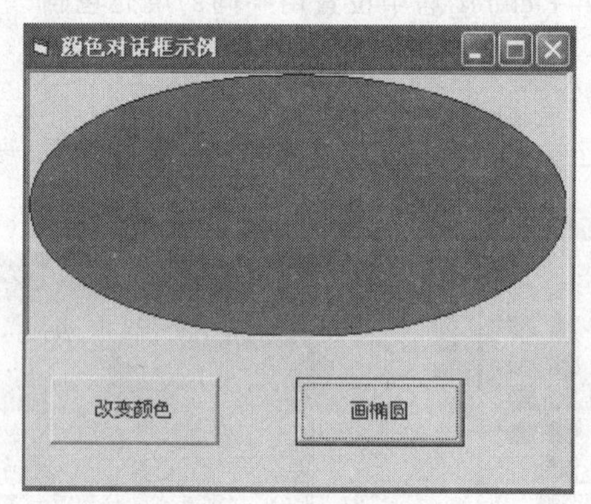

图6-9　运行效果

(三)"字体"对话框

"字体"对话框是Action为4时的通用对话框,如图6-10所示。通过"字体"对话框,用户可以选择字体、字体样式、字体大小、字体效果以及字体颜色。

字体对话框有以下几个重要属性:

1. Flags属性:确定对话框中显示字体的类型,在显示字体对话框前必须设置该属性,否则会发生"不存在字体"的错误。常用设置如表6-2所示。使用or运算符可以为一个对话框设置多个标志,如cdlCFScreenFonts Or cdlCFEffects。

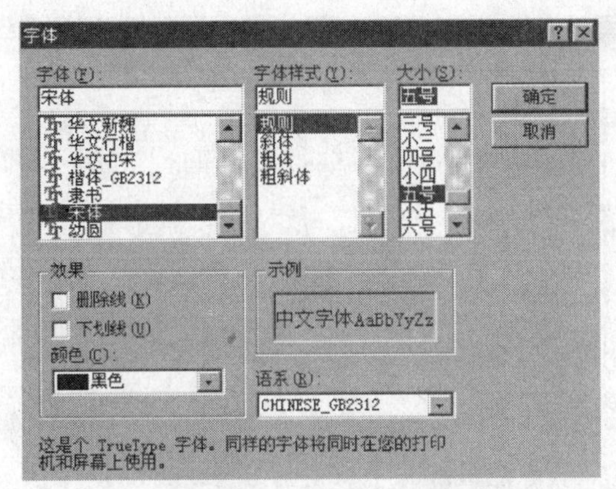

图 6-10 “字体”对话框

表 6-2 “字体”对话框的 Flags 属性

系统常数	值	说 明
cdlCFScreenFonts	1	使对话框只列出系统支持的屏幕字体
cdlCFPrinterFonts	2	使对话框只列出打印机支持的字体
cdlCFBoth	3	使对话框列出可用的打印机和屏幕字体
cdlCFEffects	256	指定对话框允许删除线、下划线以及颜色效果

(2) Font 属性集：包括 FontName（字体名）、FontSize（字体大小）、FontBold（粗体）、FontItalic（斜体）、FontStrikethru（删除线）、FontUnderline（下划线），这些属性的用法与标准控件的字体属性相同。其中，FontStrikethru（删除线）、FontUnderline（下划线）在 flags 属性值 >256 时有效。

(3) Color 属性：确定字体颜色。当 flags 属性值 >256 时，有效。

(4) Min、Max 属性：确定字体大小的选择范围，单位为点（point）。

【例 6.4】 “字体”对话框示例。在文本框上显示文字，利用“字体”对话框设置所显示文字的字体、字型、大小、颜色等。

①界面设计（如图 6-11 所示）。

在窗体上添加一个通用对话框 CommonDialog1、一个文本框 Text1、两个命令按钮 Command1 和 Command2，并设置属性如下：

表 6-3 属性设置

对象	属性	设计时属性值
Text1	MultiLine	True
	ScrollBars	2 - Vertical
Command1	Caption	设置字体
Command2	Caption	退出

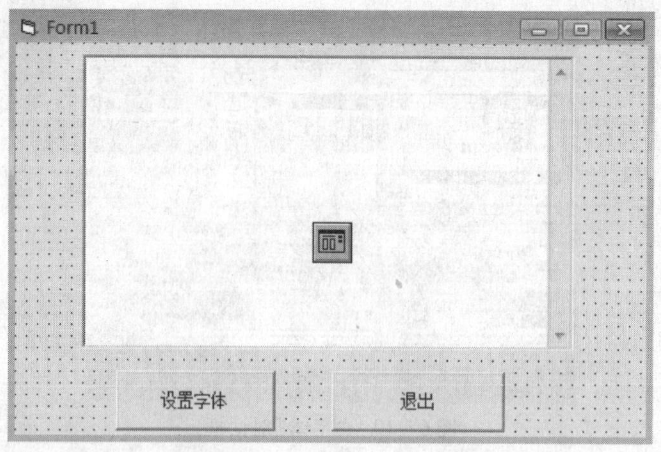

图 6－11　“字体”对话框示例

在 Text1 的属性窗口内设置 Text 属性，输入若干行要在文本框内显示的文字。

②代码设计。

编写 Form_Load、Command1 和 Command2 的 Click 事件过程代码如下：

```
Private Sub Form_Load()
  CommonDialog1.FontName = "宋体"   '设置初始字体为宋体
'Flags 为 256 +1,使用屏幕字体;出现颜色、效果等选项
CommonDialog1.Flags = 257
End Sub
Private Sub Command1_Click()
CommonDialog1.ShowFont   '打开"字体"对话框
Text1.FontName = CommonDialog1.FontName
Text1.FontSize = CommonDialog1.FontSize
Text1.FontBold = CommonDialog1.FontBold
Text1.FontItalic = CommonDialog1.FontItalic
Text1.FontUnderline = CommonDialog1.FontUnderline
Text1.FontStrikethru = CommonDialog1.FontStrikethru
Text1.ForeColor = CommonDialog1.Color
End Sub
Private Sub Command2_Click()
End
End Sub
```

③调试运行。

程序运行时，单击“选择字体”按钮，打开“字体”对话框（与在属性窗口设置 Font 属性打开的对话框完全相同）。

（四）其他对话框

Visual Basic 中除以上介绍的几种通用对话框外，还提供了“打印”和“帮助”对话框。

“打印”对话框可以设置打印输出的方法,如打印范围、打印份数以及当前安装的打印机信息等。“帮助”对话框则通过使用 ShowHelp 方法调用 Windows 系统的帮助引擎。这两种对话框的使用方法与前面介绍的类似,读者可以参考其他相关资料。

二、菜单设计

(一)菜单的类型

大多数大型应用程序的程序界面是菜单界面,通过菜单对各种命令按功能进行分组,使用户能够更加方便、直观地访问这些命令。Windows 环境下的应用程序一般为用户提供三种菜单:窗体控制菜单、下拉菜单与弹出式菜单,如图 6-12 所示。

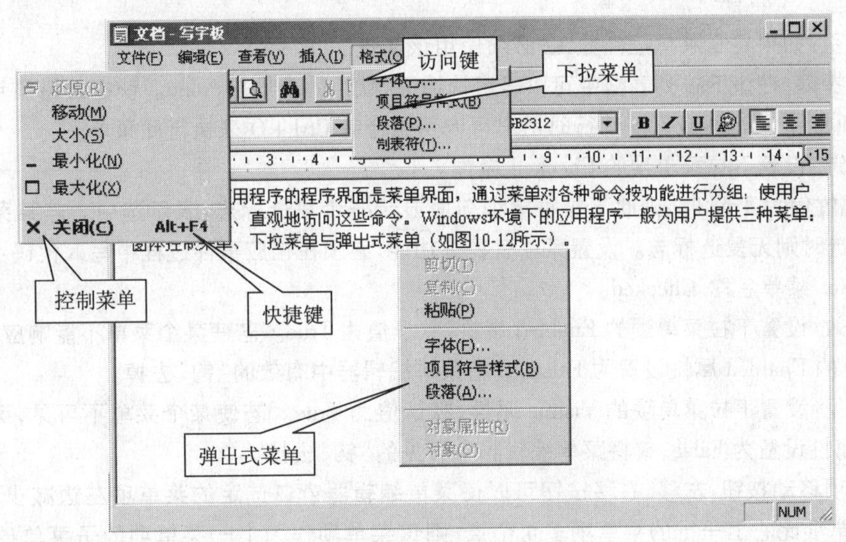

图 6-12　窗体菜单

控制菜单由窗体的 ControlBox 属性决定。当窗体的 ControlBox 属性为 True 时,显示控制菜单为 False 时,不显示控制菜单。

在 VB 中,每一个菜单项就是一个控件,具有自己的属性和事件。在设计和运行时可设置 Caption、Enabled、Visible、Checked 属性等。菜单控件只能识别 Click 事件,当用鼠标单击某个菜单控件时,将发生该事件。

(二)菜单编辑器

Visual Basic 6.0 中提供了建立菜单的菜单编辑器。在 Visual Basic 6.0 集成开发环境中,选择“工具”菜单中的“菜单编辑器”子菜单,可以打开菜单编辑器,给窗体设计菜单,如图 6-13 所示。

其中:

(1)标题:决定各菜单上显示的文本,即菜单的 Caption 属性。

(2)名称:用来唯一识别该菜单,即 Name 属性。

例如,标题为“打开文件”、名称为“fopen”,程序运行时单击菜单项“打开文件”所执行的事件过程为 fopen_click。

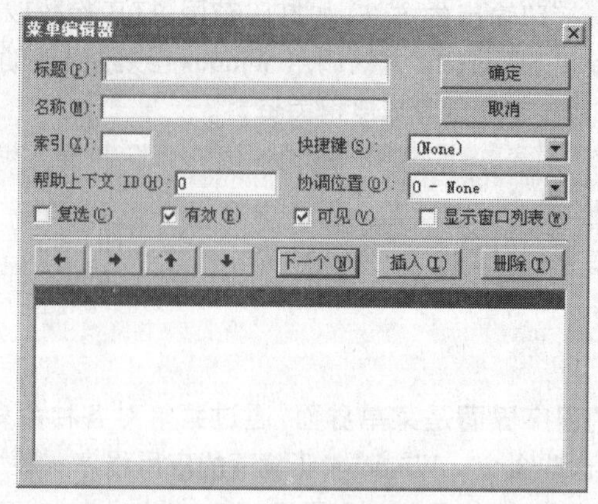

图 6-13 Visual Basic 的菜单编辑器

(3)索引:如果建立菜单控件数组,必须使用该属性。

(4)快捷键:在该下拉列表框中可以确定快捷键,默认的表项是 None。快捷键将显示在菜单项后,如"打开文件 Ctrl + O",则运行时用户可以用组合键 Ctrl + O 来执行此菜单。

(5)复选:设置下拉菜单项的 Checked 属性。

当该属性值为 True 时,则此下拉菜单项前面显示一个复选标志,表示选中。若某菜单项有复选标志,再选时则无复选标志。设置菜单有复选功能,必须在相应事件过程中写入代码:菜单名称. Checked = Not 菜单名称. Checked。

(6)有效:设置下拉菜单项的 Enabled 属性,默认值为 True。若使某个菜单不能响应单击事件,可将此菜单的 Enabled 属性设置为 False,或将菜单编辑器中有效的"钩"去掉。

(7)可见:设置下拉菜单项的 Visible 属性,默认值为 True。若使某个菜单不可见,可将此菜单的 Visible 属性设置为 False,或将菜单编辑器中可见的"钩"去掉。

(8)单项移动按钮:左移、右移按钮可以使菜单编辑器窗口选定的菜单项左边减少、增加 4 个点,若某菜单项比它上一行的菜单项多 4 个点,则该菜单项作为上一菜单项的子菜单(VB 允许最多 6 级菜单)。

上移按钮可以使菜单编辑器窗口选定的菜单项往上移动一行,下移按钮可以使编辑器窗口选定的菜单项往下移动一行。

(9)"下一个"按钮:单击该按钮,光标从当前菜单项移到下一项。如果当前菜单项是最后一项,则加入一个新的菜单项。

(10)"插入"按钮:在当前选择的菜单项前插入一个新的菜单项。

(11)"删除"按钮:删除当前选择的菜单项。

在菜单设计过程中,已设计的菜单项及其上下级关系都会显示在菜单编辑器下端的列表框中,读者可以非常直观地修改、调整有关的菜单项。

下拉菜单

任何复杂的菜单程序都遵循相同的设计方法,在窗体中添加菜单的一般方法如下:

(1)选取菜单控件出现的窗体。

(2)从"工具"菜单中选取"菜单编辑器";或者在工具栏上单击"菜单编辑器"按钮,则打开"菜单编辑器",如图 6-13 所示。

(3)在"标题"文本框中,为第一个菜单标题键入希望在菜单栏上显示的文本。如果希望某一字符成为该菜单项的访问键,也可以在该字符前面加上一个"&"字符。在菜单中,这一字符会自动加上一条下划线。菜单标题文本显示在菜单控件列表框中。

(4)在"名称"文本框中,键入将用来在代码中引用该菜单控件的名字。

(5)单击向左或向右箭头按钮,可以改变该控件的缩进级。

(6)如果需要的话,还可以设置控件的其他属性。这一工作可以在菜单编辑器中做,也可以以后在"属性"窗口中做。

(7)单击"下一个"按钮就可以再建一个菜单控件。或者单击"插入"可以在现有的控件之间增加一个菜单控件。也可以单击向上与向下的箭头按钮,在现有菜单编辑器的列表框中移动菜单。

(8)如果窗体所有的菜单控件都已创建,单击"确定"按钮可关闭菜单编辑器。

(9)创建的菜单将显示在窗体上。在设计时,单击一个菜单标题可下拉其相应的菜单项。

下面通过一个实例来说明编写菜单程序的过程。

【例 6.5】 利用菜单和对话框设计一个文本编辑器。

①界面设计。

在窗体上建立通用对话框控件 Commondialog1 以及一个文本框控件 Text1,设置 Text1.Text 属性值为"欢迎使用 Visual Basic!",窗体界面如图 6-14 所示。

在 VB 的菜单栏中选择"工具"下拉菜单中的"菜单编辑器",然后按照如表 6-4 所示完成各项的设置。

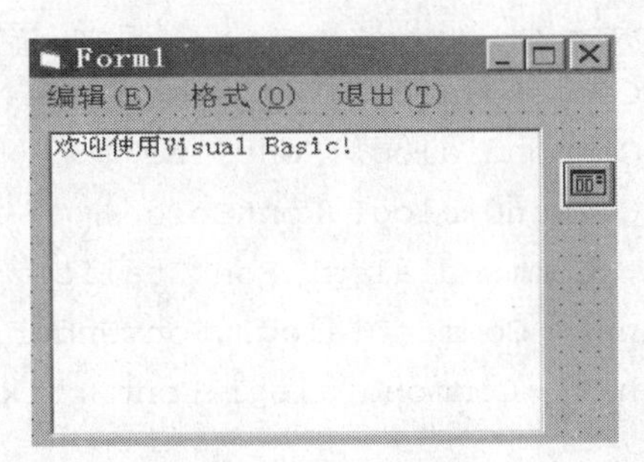

图 6-14 界面设计

表 6-4 各级菜单设置

菜单分类	菜单标题	菜单名称	快捷键
主菜单 1	"编辑(&E)"	Edit	
1 级子菜单	"剪切(&U)"	Cut	Ctrl + X
1 级子菜单	"复制(&C)"	Copy	Ctrl + C
1 级子菜单	"粘贴(&P)"	Paste	Ctrl + V
主菜单 2	"格式(&O)"	Format	
1 级子菜单	"字体(&F)"	Font	
1 级子菜单	"颜色(&C)"	Color	
主菜单 3	"退出(&T)"	Exit	

(2)代码设计:

```
Private Sub Color_Click()              '单击子菜单"Color"时执行该事件过程
  Commondialog1.Action = 3             '打开"颜色"对话框
```

```
  Text1.ForeColor = Commondialog1.Color  '改变 Text1 的文本颜色
End Sub
Private Sub Copy_Click()                 '单击子菜单"Copy"时执行该事件过程
  Clipboard.Clear                        '剪贴板先清空
  Clipboard.SetText Text1.SelText        '将选中的文本加入到剪贴板中
End Sub
Private Sub cut_Click()                  '单击子菜单"Cut"时执行该事件过程
  Clipboard.Clear
  Clipboard.SetText Text1.SelText
  Text1.SelText = ""                     '文本框选中部分清空
End Sub
Private Sub Exit_Click()                 '单击子菜单"Exit"时执行该事件过程
  End
End Sub
Private Sub Font_Click()                 '单击子菜单"Font"时执行该事件过程
  Commondialog1.flags = 257
Commondialog1.Action = 4                 '打开"字体"对话框
  Text1.FontName = Commondialog1.FontName
  Text1.FontSize = Commondialog1.FontSize
  Text1.FontBold = Commondialog1.FontBold
  Text1.FontItalic = Commondialog1.FontItalic
  Text1.FontUnderline = CommonDialog1.FontUnderline
  Text1.FontStrikethru = Commondialog1.FontStrikeThru
End Sub
Private Sub Paste_Click()                '单击子菜单"Paste"时执行该事件过程
  Text1.SelText = Clipboard.GetText      '将剪贴板中文本加入到文本框中
End Sub
```

③调试运行。

运行时,可对文本框中的文本进行多项操作。

(三)弹出式菜单

弹出式菜单是独立于菜单栏显示在窗体和指定控件上的浮动菜单,菜单的显示位置与鼠标当前位置有关。

弹出式菜单的设计仍然使用"菜单编辑器",在设计阶段将顶级菜单项的 Visible 属性设置为 False,在运行阶段通过 PoPupMenu 方法将已经设计好的菜单在指定位置弹出。PoPupMenu 方法的使用格式如下:

[对象名.] PoPupMenu 菜单名,Flags,X 坐标,Y 坐标

其中:

对象名——默认为当前窗体。

菜单名——菜单的标识名称,是必需的参数。

X、Y 坐标——指定了弹出菜单显示的坐标位置。

Flags——内部参数，用于进一步定义弹出菜单的位置和鼠标左右键对某单项的响应性能，标志参数的功能如表 6－5 所示。

表 6－5　flags 参数的功能

内部常数	值	功　能
vbPopupMenuLeftAlign	0	（默认值）弹出式菜单以 x 坐标为左边界
vbPopupMenuCenterAlign	4	弹出式菜单以 x 坐标为中心
vbPopupMenuRightAlign	8	弹出式菜单以 x 坐标为右边界
vbPopupMenuLeftButton	0	（默认值）单击鼠标左键显示弹出式菜单
vbPopupMenuRightButton	2	单击鼠标左键或右键显示弹出式菜单

前面 3 个为位置常数，后 2 个是行为常数。这两组常数可以相加和用 Or 连接。

【例 6.6】　设计一个应用程序，要求在文本框 Text1 中单击鼠标右键，能弹出一个菜单，并以鼠标指针坐标 X 为弹出菜单的左边界，菜单的属性如表 6－6 所示，运行效果如图 6－15 所示。

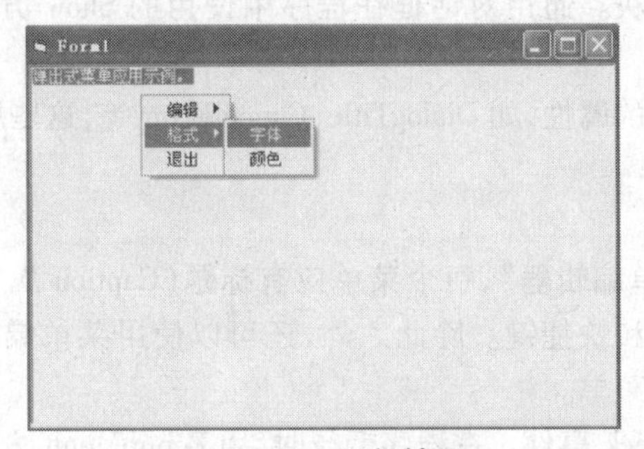

图 6－15　运行结果

表 6－6　弹出式菜单属性

菜单分类	菜单标题	菜单名称	快捷键	Visible 属性
主菜单 1	main	main		False
1 级子菜单 1	“编辑（&E）”	Edit		True
2 级子菜单	“剪切（&U）”	Cut	Ctrl + X	True
2 级子菜单	“复制（&C）”	Copy	Ctrl + C	True
2 级子菜单	“粘贴（&P）”	Paste	Ctrl + V	True
1 级菜单 2	“格式（&O）”	Format		True
2 级子菜单	“字体（&F）”	Font		True
2 级子菜单	“颜色（&C）”	Color		True
1 级菜单 3	“退出（&T）”	Exit		True

程序代码如下：

```
Private Sub Text1_MouseDown(Button As Integer, Shift As Integer, _
```

```
X As Single, Y As Single)
    If Button = vbRightButton Then
        PopupMenu main, vbPopupMenuLeftAlign, X, Y
    End If
End Sub
```

说明:这里仅给出了弹出式菜单的程序代码,其余代码可参见例题6.5的程序。

本章小结

本章主要学习了对话框、菜单设计两方面的内容。

1)对话框

对话框是一种特殊的窗体,它的大小一般不可改变。用户可以利用窗体及一些标准控件自己定义对话框,以满足各种需要。对于打开、保存、字体设置、颜色设置、打印、帮助这样的常规操作,可利用系统提供的CommonDialog控件进行操作,该控件可根据不同的设置显示某种对话框,但这些对话框仅用于返回信息,不能真正实现文件打开、保存、字体设置、颜色设置、打印等操作,要实现这些操作,必须通过编程解决。通用对话框在程序中使用的Show方法与Action属性如表6-1所示。

每个对话框都有相对应的属性,如DialogTitle、CancelError等,这些属性必须在打开对话框之前设置,否则无效。

2)菜单设计

菜单设计必须使用"菜单编辑器",每个菜单应有标题(Caption属性)和名称(Name属性),还可以为每一个菜单建立热键和快捷键。除此之外,还可以使用菜单编辑器建立弹出式菜单,以及使用菜单控件数组建立动态菜单。

菜单栏中的菜单响应Click事件。在程序运行时,用PopupMenu方法显示弹出式菜单。

习题六

一、判断题(正确的打"√",错误的打"×")

1. 在设计时可以改变通用对话框的大小。 ( )
2. 在"打开"对话框内过滤文件类型的属性是Filter属性。 ( )
3. 在使用"字体"对话框之前必须设置Flag属性。 ( )
4. 每个菜单都必须有Name属性。 ( )
5. 显示弹出菜单的方法是PopupMenu。 ( )
6. 在一个窗体的程序代码中不可以访问另一个窗体上控件的属性。 ( )
7. 每一个创建的菜单至多有4级子菜单。 ( )
8. 设计菜单中的每一个菜单项分别是一个控件,每个控件都有自己的名称和事件。 ( )
9. 一个菜单也是一个对象,它不能和当前窗体中的其他控件同名。 ( )
10. CommonDialog对象的showsave方法能保存用户指定的文件。 ( )
11. 如果创建的菜单标题是一个减号"-",则该菜单显示为一个分隔线,此菜单项也可以识别单击事件。 ( )
12. 当一个菜单项不可见时,其后的菜单项就会往上填充留下来的空位。 ( )
13. 如果一个菜单项的visible属性为false,则它的子菜单也不会显示。 ( )

14. 通用对话框的 filename 属性值为字符串类型，只用于存放所选文件的文件名，不含路径。（　　）

15. 弹出式菜单只能设置成右键菜单。（　　）

二、选择题

1. 要使窗体在运行时不可改变窗体的大小和没有最大化和最小化按钮，要对下列（　　）属性进行设置。

A. MaxButton　　B. Width　　C. MinButton　　D. BorderStyle

2. 在用菜单编辑器设计菜单时，必须输入的项有（　　）。

A. 快捷键　　B. 索引　　C. 标题　　D. 名称

3. 在下列关于通用对话框的叙述中，错误的是（　　）。

A. CommonDialogl. Showfont 显示字体对话框

B. 在“打开”或“另存为”对话框中，用户选择的文件名可以通过 FileTitle 属性返回

C. 在“打开”或“另存为”对话框中，用户选择的文件名及其路径可以经 FileTitle 属性返回

D. 通过对话框可以用来制作和显示帮助对话框

4. 使用通用对话框控件打开字体对话框时，如果要在字体对话框中列出可用的屏幕字体和打印机字体，必须设置通用对话框控件的 Flags 属性为（　　）。

A. cdlCFScreenFonts　　B. cdlCFPrinterFonts

C. cdlCFBoth　　D. cdlCFEffects

5. 以下叙述中错误的是（　　）。

A. 在同一窗体的菜单项中，不允许出现标题相同的菜单项

B. 在菜单的标题栏中，“&”所引导的字母指明了访问该菜单的访问键

C. 在程序运行过程中，可以重新设置菜单的 Visible 属性

D. 弹出式菜单不可在菜单编辑器中编辑

6. 菜单编辑器中，同层次的（　　）设置为相同，才可以设置索引值。

A. caption　　B. name　　C. index　　D. shortcut

7. 编写如下两个事件过程：

```
Private Sub Form_KeyDown(KeyCode As Integer, Shift As Integer)
Print Chr(KeyCode);
End Sub
Private Sub Form_KeyPress(KeyAscii As Integer)
Print Chr(KeyAscii);
End Sub
```

一般情况下（即不按住 Shift 键和锁定大写键时），运行程序，如果按“a”键，则程序输出的是（　　）。

A. AA　　B. aa　　C. aA　　D. Aa

8. 某顶级菜单项的热键字母为 F，以下（　　）操作等同于单击该菜单项。

A. 同时按下 Ctrl 和 F 键　　B. 按下 F 键

C. 同时按下 Alt 和 F 键　　D. 同时按下 Shift 和 F 键

9. 用户可以通过设置菜单项的（　　）属性值为 false 来使该菜单项无效。

A. hide　　B. visible　　C. enabled　　D. checked

10. 菜单项（Find），其访问键为 ALT + F，则在设计时应（　　）。

A. 将其 caption 属性设为 F&ind　　　　　　　　B. 将其 caption 属性设为 &Find

C. 将其 name 属性设为 F_&ind　　　　　　　　D. 将其 caption 属性设为 F_ind

三、填空题

1. 如果要将某个菜单项设计成分隔线,则该菜单的标题应设置为________。

2. 在“菜单编辑器”中,菜单项前面 4 个小点的含义是________________。

3. 建立弹出式菜单所使用的方法是________________________。

4. 菜单编辑器中建立了一个菜单,名为 pmenu,用____________语句可以把它作为弹出式菜单弹出。

5. 将通用对话框的类型设置为“字体”对话框可以使用________方法。

6. 如果工具箱中还没有 Commondialog 控件,则应从________菜单中选定______,并将控件添加到工具箱中。

7. 菜单项可以响应的事件为________。

8. 设计时,在 VB 主窗口上只要选取一个没有子菜单的菜单项,就会打开________,并产生一个与这一菜单项有关的________事件过程。

9. 菜单一般有________和________两种基本类型。

10. 通用对话框控件可显示的常用对话框有:______、______、______、______和______。

四、程序阅读题

在 Form1 窗体上画一个命令按钮 Command1 和一个通用对话框 CommonDialog1,然后编写如下代码:

```
Private Sub Command1_Click()
CommonDialog1.FileName = ""
CommonDialog1.Filter = "AllFiles|*.*|*.exe|*.exe|*.txt|*.txt|*.doc
|*.doc"
CommonDialog1.FilterIndex = 3
CommonDialog1.DialogTitle = "Open File(*.EXE)"
CommonDialog1.Action = 1
If CommonDialog1.FileName = "" Then
     MsgBox"No File Selectd",5 + VbExclamation,"Checking"
Else
     MsgBox"您打开的文件是"& CommonDialog1.FileName
End If
End Sub
```

程序运行后单击命令按钮,将显示一个对话框。

(1)该对话框是__________。

(2)该对话框“文件类型”框中显示的内容是__________。

(3)单击“文件类型”框右边的箭头,下拉列表框显示的内容是__________。

(4)如果在对话框中不选择文件,直接单击“确定”按钮,则显示信息框中的标题是________,显示在信息框中的信息是________,该信息框中的按钮是________和________。

五、程序填空题

以下程序是利用通用对话框功能为窗体中的图片框添加图片。要求将“c:\winnt”设置为初始目录，打开文件的默认文件扩展名为.bmp。

```
Private sub command1_click()
commondialog1.initdir = ____________
commondialog1.filter = "所有文件(*.*)|*.*|bmp 文件(*.bmp)|*.bmp|gif 文件(*.gif)|*.gif"
commondialog1.filterindex = 2
____________________        '打开通用对话框
picture1.picture = ______________________________________
End sub
```

六、上机题

1. 编制 command1 的 click 事件过程：调用"打开文件对话框"选择文件，将所选的文件名追加到列表框控件 list1 中。

2. 设计一个如图 6-16 所示的菜单，各菜单项的属性设置如表 6-7 所示。要求所有图形用一个形状控件(Shape1)来实现，填充颜色用"颜色"对话框(CommonDialog1)来实现。

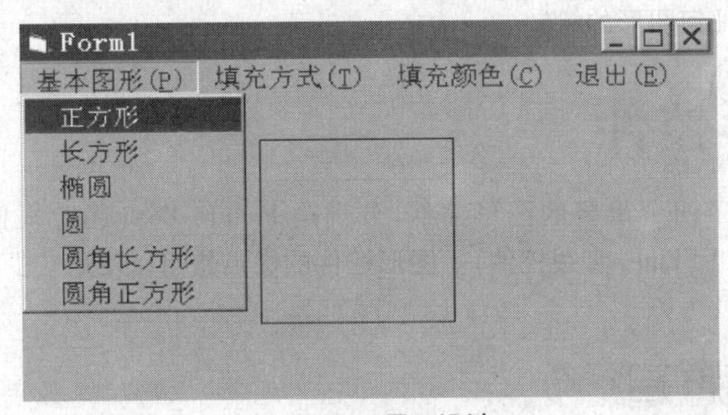

图 6-16　界面设计

表 6-7　各级菜单设置

菜单名称	菜单分类	菜单标题	菜单名称	菜单分类	菜单标题
Picture	主菜单 1	基本图形(&P)	FillStyle	主菜单 2	填充方式(&T)
Sqr	1 级子菜单	正方形	ShP	1 级子菜单	水平线
Rec	1 级子菜单	长方形	ShZh	1 级子菜单	竖直线
Oval	1 级子菜单	椭　圆	XieX	1 级子菜单	斜　线
Circle	1 级子菜单	圆	ShPJ	1 级子菜单	水平交叉
Rrec	1 级子菜单	圆角长方形	XJ	1 级子菜单	斜交叉
RSqr	1 级子菜单	圆角正方形	FillColor	主菜单 3	填充颜色(&C)
			Exit	主菜单 4	退出(&E)

第七章

图形控件与图形方法

本章要点

掌握 Visual Basic 图形控件的运用

掌握建立图形坐标系统的方法

熟练掌握 Visual Basic 基本的图形制作方法

本章学习目标

能熟练运用几种常见的图形控件

理解 Visual Basic 建立坐标系统的几种方法

掌握简单的一维几何图形的绘制

一、图形控件

Visual Basic 提供了四个重要的图形控件，分别是 Picture Box（图片框控件）、Image（图像控件）、Shape（形状控件）和 Line（直线控件）。图形控件的优点是可以使用较少的代码创建图形。

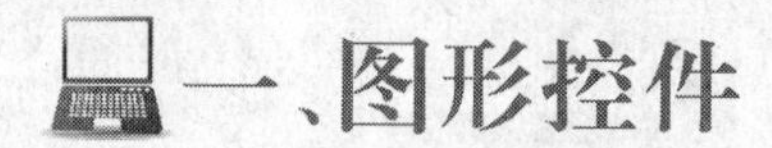

（一）图片框控件

图片框 是 Visual Basic 中用来显示图像的一个得力工具，与文本控件能够提供文字处理的功能相似，图片框具有丰富的图形处理功能。此外，图片框还可以作为其他控件的容器。

❶ 装载图片的两种方法

（1）在设计阶段装载。从控件的"属性"窗口中选择 Picture 属性来装载图片。

（2）在运行阶段加载。使用 Picture 属性和 LoadPicture( )函数都可以将图片加载到图像控件中，用于显示或替换。

LoadPicture( )函数格式为：

```
[Object.] Picture = LoadpPicture( [Filename])
```

其中，Filename 参数是一个字符串表达式，包括驱动器、文件夹和文件名，是一个完整的路径；如果 Filename 参数为空，则表示清除图像。它可显示位图（ *. bmp）、图标（ *. ico）、windows 源文件（ *. wmf）、JPEG（ *. jpg）或 GIF（ *. gif）等格式的图形文件。

❷ PictureBox 的属性(如表 7 - 1 所示)

表 7 - 1 图片框的属性

属 性	功能说明	默认值
Align(显示位置)	设置图片框的显示位置 0——None:用户自行设置 1——Align Top:放于窗体顶部 2——Align Bottom:放于窗体底部 3——Align Left:放于窗体左边 4——Align Right:放于窗体右边	0——None
AutoSize(调整大小)	让用户设置是否让系统自动调整图片大小 True:按图片大小自动调整 False:不会自动调整,图片框保持原来拖动出来的状态	False
BorderStyle(边框线)	设置图片是否加上框线 0——None 1——Fixed Single	1——Fixed Single

❸ PictureBox 的常用方法

1) Print 方法

图片框可以用来显示 Print 方法输出的文本。

格式:图片框控件名称. Print。

如输入代码:"Picture1. Print"欢迎使用 Visual Basic 应用程序"",则在图片框 Picture1 上的当前输出位置显示相应信息。

(2) Cls 方法

图片框除了所装入的图片外,其他的所有文字、图形都可以用 Cls 方法擦除,格式:图片框控件名称. Cls。

图片框控件还可以用 Circle、Line、Pset、Point 等图形方法,具体用法详见"第七章 三、图形绘制方法"。

图片框控件可以响应 Change、Click、MouseDown、MouseUp、MouseMove 等常用事件,读者可以根据程序设计的要求编写相应的事件过程。

❹ PictureBox 控件的应用

【例 7.1】 编写程序,交换两个图片框中的图像。

分析:交换两个图片框中图形同交换两个变量的值原理是一样的,通常需要借助第 3 个变量进行交换。

(1) 界面设计,在主窗体中放置三个图片框控件,如图 7 - 1 所示。各控件属性设置详如表 7 - 2 所示。

图 7－1　交换两张图片

表 7－2　属性设置

对象	属性	设计时属性值	说明
Form1	Caption	图像交换	
Picture1	Picture	（位图）	设计图像中显示的图形
Picture2	Picture	（位图）	设计图像中显示的图形
Picture3	Picture	（无）	没有图像

（2）代码设计：

```
Private Sub Form_Click()
'交换位图
Picture3.Picture = Picture1.Picture
Picture1.Picture = Picture2.Picture
Picture2.Picture = Picture3.Picture            '把第 3 个图片框设置为空
Picture3.Picture = LoadPicture()
End Sub
Private Sub Form_Load()
Picture3.Visible = False                       '将第 3 个图片框设为不可见
End Sub
```

（3）调试运行。程序运行后，点击窗体两幅图就会发生交换，效果如图 7－2 所示。

图 7－2　交换后效果

(二)图像控件(▣)

图像控件 ▣ (Image)被认为是轻量图形控件,在使用时只需要较少的系统资源而且加载速度比图片框控件更快,在运行中重画起来更为迅速,因此当应用程序需要连续快速显示许多图片,以产生动画效果时,Image 明显优于 PictureBox。

❶ Image 的属性

1) Picture 属性(字符串类型)

与图片框控件的 Picture 属性一样,可以在设计时设置,也可以在程序运行时用 LoadPicture 函数装入。详细说明可参见"第七章 一、图形控件"。

2) Stretch 属性(逻辑类型)

对于图片框控件,当它的 AutoSize 属性设置为 True 时,图片框的大小会随所装入的图片而发生变化,这样可以得到图片的原始大小,但有时当所加载的图片比较大时,可能会影响窗体上其他控件的显示。

图像控件的 Stretch 属性设置为 False(默认值)时,可根据图片的大小手工调整控件的大小,以达到满意的显示效果;当设置为 True 时,可根据控件的大小来自动调整图片的大小,这时若调整图像的大小,可能会使图片变形,影响图像的真实显示。

注意图像控件的 Stretch 属性与图片框控件 AutoSize 属性的区别。

❷ Image 的应用

【例 7.2】　设计一个"飞舞的蝴蝶"小程序,要求窗体中央出现一只飞舞的蝴蝶,如图 7-3 所示。

分析:让两幅蝴蝶图片(一幅为翅膀打开,另一幅翅膀合拢)交替出现以产生飞舞效果。

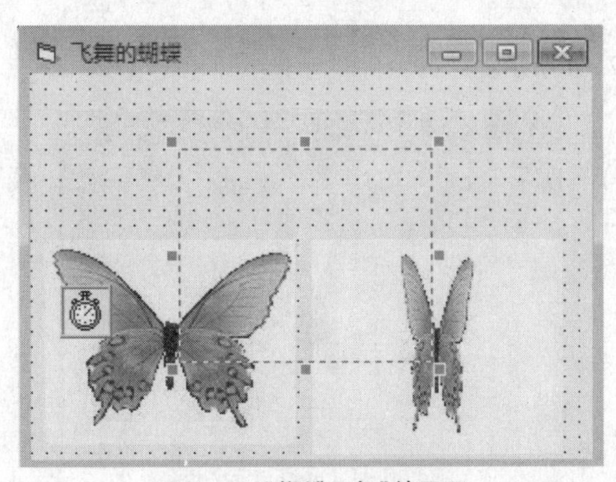

图 7-3　"蝴蝶飞舞"效果图

(1)界面设计。

在窗体上依次创建三个图像(运行时只有中间一个是可见的)和一个定时器控件。调整好各控件的位置,设置各控件属性如表 7-3 所示。

表 7－3　属性设置

对象	属性	设计时属性值	说明
image1	Picture	（位图）	设计图像中显示的图形
Image2	Picture	（位图）	设计图像中显示的图形
Image3	Picture	（无）	初始为空
Timer1	Interval	100	事件间隔毫秒数

（2）代码设计：

```
Dim flag As Boolean
Private Sub Form_Load()
Image1.Visible = False              '运行时不可见
Image2.Visible = False              '运行时不可见
End Sub
Private Sub Timer1_Timer()         '让两幅图交替出现产生动画效果
If flag Then
  Image3.Picture = Image1.Picture
  flag = False
Else
  Image3.Picture = Image2.Picture
  flag = True
End If
End Sub
```

（3）运行效果如图 7－4 所示。

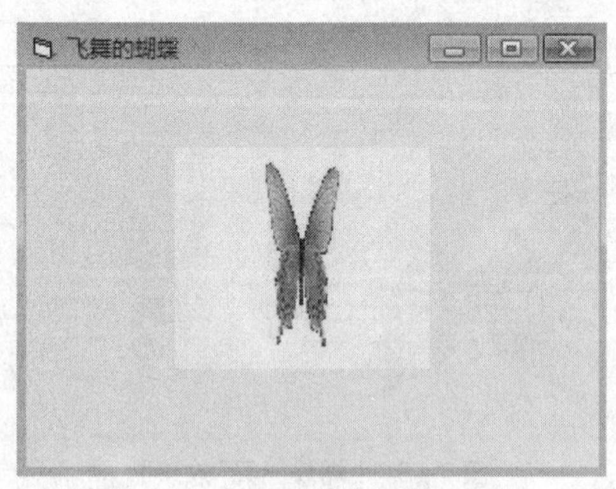

图 7－4　“飞舞的蝴蝶”效果图

❸ PictureBox 与 Image 的比较

（1）PictureBox 控件是“容器”控件，可以作为父控件，容纳其他的控件，而 Image 控件不是容器。

（2）PictureBox 控件可以通过 Print 方法接收文本，并可通过 Circle、Line、Pset、Point 等图形方法，接收由像素组成的图形。Image 控件则不支持这些方法。

(3) PictureBox 控件通过 AutoSize 属性调整图片框与图片的大小，当 AutoSize 为 True 时，图片框改变大小来适应图片的大小；当 AutoSize 为 False 时，图片框显示不下的图片将被截去。

Image 控件通过 Stretch 属性调整图片框与图片的大小，当 Stretch 为 False 时，图像改变大小来适应图片的大小；当 Stretch 为 True 时，图片改变大小来适应图像的大小。

(4) 图像控件的最大优势是使用系统资源比较少而且它的重新绘图（刷新）速度快，但图像控件的功能不如图片框多。

(三) 直线控件和形状控件

❶ Line 控件

Line（直线）控件的功能主要是用来在窗体、图片框或者框架内创建简单的线段。通过设置直线控件的位置、长度、颜色、宽度等属性，可以产生不同风格、不同颜色的线段，在设计时获得最佳的效果。在运行时，不能使用 Move 方法移动 Line 控件，但可以通过改变 X_1、X_2、Y_1、Y_2 属性来移动它或调整它的大小。

下面来介绍 Line 控件的主要属性：

1) BorderStyle 和 BorderColor 属性

Line 控件可以通过 BorderStyle 和 BorderColor 属性的设置来改变直线样式的颜色，BorderStyle 属性如表 7－4 所示。

表 7－4　BorderStyle 属性设置

设置值	效　果	设置值	效　果
0	透明	4	点画线
1	实线	5	双点画线
2	虚线	6	内实线
3	点线		

2) BorderWidth 属性

BorderWidth 属性设置线段的粗细，该属性受 BorderStyle 属性设置的影响，不同 BorderStyle 属性线条的 BorderWidth 计算方法不同，如表 7－5 所示。

表 7－5　BorderStyle 属性对 BorderWidth 属性的影响

BorderStyle 属性	对 BorderWidth 属性的影响
0	BorderWidth 设置被忽略
1－5	边界宽度从中心开始计算
6	边界宽度从外向内计算

⊙**小提示：**如果 BorderWidth 属性设置值大于 1，则 BorderStyle 属性的有效值是 1（实心线）和 6（内部实线），因为点画线的线宽不能大于一个像素。如果 BorderWidth 不是 1 而 BorderStyle 属性不是 0 或 6，则系统将 BorderStyle 设置成 1。将 BorderStyle 属性值设为 0（透明）时会忽略 BorderColor 属性。

❷ Shape 控件

Shape 控件用来画矩形、正方形、椭圆、圆、圆角矩形及圆角正方形。当 Shape 控件放到窗体时，原始显示为矩形，通过设置 Shape 属性可获得所需要的其他几何形状，配合 FillStyle 属性和 FillColor 属性可以得到不同的显示结果。

下面来介绍 Shape 控件的主要属性：

1）Shape 属性

Shape 属性提供了六种预定义的形状，如表 7－6 所示。

表 7－6　Shape 属性提供的六种预定义的形状

Shape 属性值	形状值	Shape 属性值	形状值
0	矩形	3	圆
1	正方形	4	圆角矩形
2	椭圆	5	圆角正方形

2）FillStyle 和 FillColor 属性

FillStyle 和 FillColor 属性分别用来设置 Shape 控件的内部填充样式和填充颜色。FillStyle 提供了八种属性值，如表 7－7 所示。

表 7－7　FillStyle 属性的设置值

FillStyle 属性值	形状值	FillStyle 属性值	形状值
0	实心	4	上斜对角线
1	（默认值）透明	5	下斜对角线
2	水平直线	6	十字线
3	垂直直线	7	交叉对角线

⊙**小提示**：如果 FillStyle 设置为 1（透明），则系统会自动忽略 FillColor 属性，但是 Form 对象除外。Shape 控件的 BorderStyle 属性和 Line 控件相同。

3）BorderStyle 和 BorderColor 属性

BorderStyle 和 BorderColor 属性分别用来设置 Shape 控件的外边缘线条样式和线条颜色。BorderStyle 具体属性值见表 7－3。

4）BackStyle 和 BackColor 属性

BackStyle 和 BackColor 属性分别用来设置 Shape 控件的背景样式和背景颜色。BackStyle 有两种属性值，分别为 0－Transparent 透明，1－Opaque 不透明。

Shape 控件可以分别用 BorderColor 和 FillColor 属性为 Shape 控件的内部和边框设置颜色。设计时，可以从“属性”窗口中选定 Shape 内部的填充色或边框使用的颜色属性，然后从弹出的调色板或系统颜色配置中选择合适的颜色。也可在程序运行时设置颜色，为此不仅可在程序中使用 VB 颜色常数或系统颜色常数，还可以使用 RGB 函数指定所需的颜色。

⊙**小提示**：如果把 FillStyle 或者 BorderStyle 属性设置为 1－Transparent，系统会自动忽略 FillColor 和 BackColor 属性。

❸ Shape 控件的应用

【例 7.3】　用 Shape 控件数组显示 Shape 控件的 6 种形状，并填充不同的图案。

(1)界面设计(如图 7－5 所示)，在窗体上依次排列 6 个 Shape 控件组成一组控件数组。

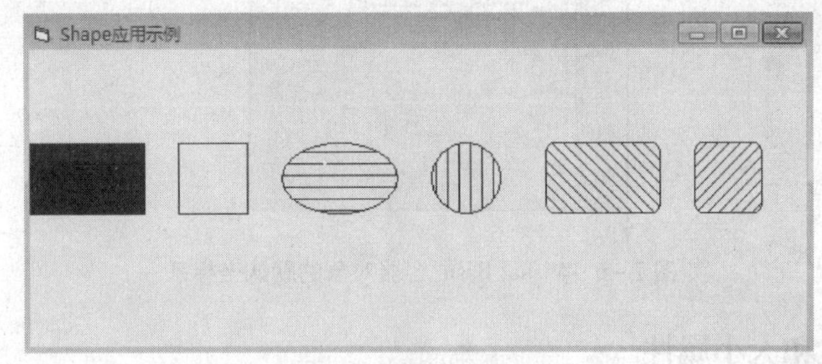

图 7－5　Shape 应用示例

(2)代码设计：

```
Private Sub Form_Activate()
Dim i As Integer
For i = 0 To 5
Shape1(i).Shape = i
'Shape1(i).FillStyle = i
Next i
End Sub
```

(3)程序运行效果如图 7－5 所示。

二、Visual Basic 坐标系统

利用 Visual Basic 绘制几何图形，可以采用两种方式：图形控件和图形绘制方法，而不论采取什么方式都要用到坐标系统。

坐标系统是相对某个容器而言的，要分析坐标系统就必须理解容器这一概念：通常我们认为能够将其他对象置于其中的对象称之为容器。在 Visual Basic 系统中容器主要有屏幕、窗体、框架以及图片框等，每一个容器都有其独立的坐标系统。

(一)容器坐标系统

在 Visual Basic 中，每个容器都有一个坐标系，其坐标原点(0,0)始终位于各个容器对象的左上角，X 轴的正方向水平向右，Y 轴的正方向垂直向下，默认的度量单位是缇 <twips>。如图 7－6 所示，窗体放在屏幕(Screen)上，则屏幕是窗体的容器；在窗体上添加一个图片框(PictureBox)控件，则窗体就是图片框的容器；如果在图片框控件上再画出文本框控件，那么图片框又成为文本框的容器，控件定位都要使用所在容器的坐标系统。

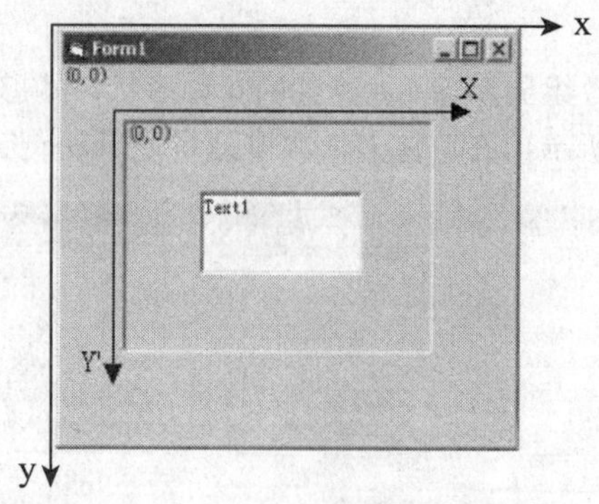

图 7-6　Visual Basic 容器对象的默认坐标系

❶ 控件的定位和大小属性

控件的定位主要由 Top 属性和 Left 属性决定，控件的大小主要由 Width 属性和 Height 属性决定。

1) Top 属性（数值类型）

控件的该属性值是控件左上角到所在容器上边缘的距离。如果控件外的容器为窗体，则控件的 Top 属性值为控件左上角到所在窗体标题栏下边缘的距离。

2) Left 属性（数值类型）

控件的该属性值是控件左上角到所在容器左边缘的距离。

3) Width 属性（数值类型）

该属性值为控件本身的宽度。

4) Height 属性（数值类型）

该属性值为控件本身的高度。

❷ 容器自身的定位和大小属性

在 VB 中，还有一些属性是可作为容器的、可以在上面输出图形或文字的控件（窗体、图片框）所特有的，它们是：

1) ScaleLeft 属性（数值类型）

该属性值为容器左上角的横坐标，默认值为 0。

2) ScaleTop 属性（数值类型）

该属性值为容器左上角的纵坐标，默认值为 0。

3) ScaleWidth 属性（数值类型）

该属性值为容器自身的宽度值。

4) ScaleHeight 属性（数值类型）

该属性值为容器自身的高度值。

5) CurrentX、CurrentY 属性（数值类型）

分别表示当前点在容器内的横坐标、纵坐标。设置 CurrentX、CurrentY 属性后，所设值就是下一个输出方法的当前位置。

【例 7.4】　测试各种容器的坐标系统，单击窗体显示出相应的坐标值。

(1) 界面设计，在窗体上分别放置一个 PictureBox 和一个 Label 控件，如图 7-7 所示。

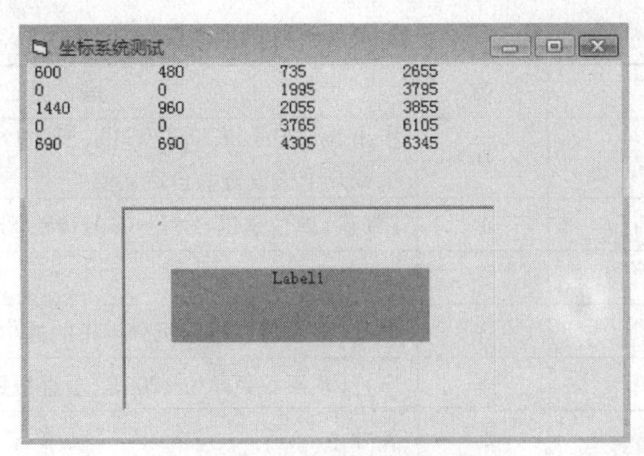

图 7－7　坐标系统测试示例

(2)代码设计

```
Private Sub Form_Click()
'对象是 label1,使用 Picture1 的坐标系统
Print Label1.Top, Label1.Left, Label1.Height, Label1.Width
'对象是 Picture1,使用自身的坐标系统
Print Picture1.ScaleTop, Picture1.ScaleLeft, _
Picture1.ScaleHeight, Picture1.ScaleWidth
'对象是 Picture1,使用 form1 的坐标系统
Print Picture1.Top, Picture1.Left, Picture1.Height, Picture1.Width
'对象是 form1,使用自身的坐标系统
Print ScaleTop, ScaleLeft, ScaleHeight, ScaleWidth
'对象是 form1,使用 screen 的坐标系统
Print Top, Left, Height, Width
End Sub
```

单击窗体后,程序运行效果如图 7－7 所示。在这里显示的各坐标系均以“Twip(缇)”为刻度单位,如果改变窗体的坐标刻度,则显示出来的 Picture1 的各属性值将改变,而 Label1 不改变,坐标刻度详见下一部分。

(二)坐标刻度

坐标刻度又称坐标单位,默认情况采用 Twip(缇)为单位。567 缇等于一厘米,1440 缇等于一英寸。

Visual Basic 允许用户根据自己的需要更改坐标轴的方向、坐标原点的位置和坐标的度量单位,建立自己的坐标系统。其方法主要有:选择标准刻度、使用 Scale 属性定义坐标系统、使用 Scale 方法定义坐标系统。

❶ 选择标准刻度

用户可通过设置 ScaleMode 属性,用标准刻度来定义坐标系统。ScaleMode 属性值如表 7－8 所示。

表 7-8　ScaleMode 属性的取值及含义

常　量	值	描　述
VbUser	0	指出 ScaleHeight、ScaleWidth、ScaleLeft、ScaleTop 属性中的一个或几个被设置为自定义值
VbTwips	1	(默认)单位是缇,1 缇≈0.01764 毫米≈0.05 磅
VbPoints	2	磅,72 磅 = 1 英寸
VbPixels	3	像素(显示器或打印机分辨率的最小单位)
VbCharacters	4	字符(水平线每单位 120 缇,垂直线每单位 240 缇)
VbInches	5	英寸
VbMillimeters	6	毫米
VbCentimeters	7	厘米

需要注意的是,改变容器对象的 ScaleMode 属性值,不会改变容器的大小或它在屏幕上的位置。也就是说,ScaleMode 属性只能改变坐标系统的度量单位,而不能改变坐标原点的位置和坐标轴的方向。

【例 7.5】　在窗体中通过选择列表框中 ScaleMode 的属性值,从而以不同的刻度单位,在标签上实时显示鼠标的当前位置。

(1)界面设计。

程序运行结果如图 7-8 所示。

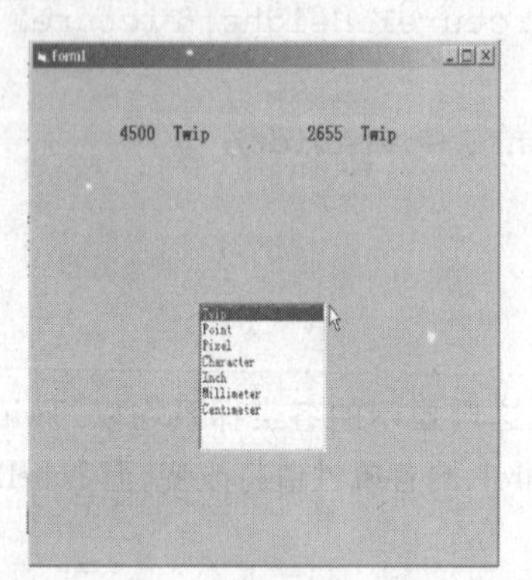

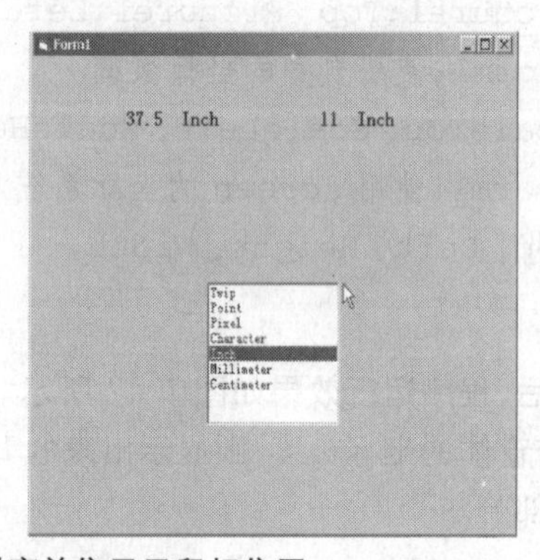

图 7-8　选择不同的刻度单位显示鼠标位置

(2)代码设计。

```
Dim str1 As String
Private Sub Form_MouseMove(Button As Integer, shift As Integer, _
x As Single, y As Single)
Label1.Caption = Str(x)&"  "& str1 & Space(10)& Str(y)&"  "& str1
End Sub
Private Sub List1_Click()
For i = 0 To 6
   If List1.Selected( i ) = True Then
```

```
        ScaleMode = i
        str1 = List1.List( i )
      End If
   Next i
   End Sub
```

❷ 使用 scale 属性定义坐标系统

当设置 ScaleMode 属性为 0，用户可以通过修改 ScaleLeft、ScaleTop、ScaleWidth、ScaleHeight 属性值来设置容器对象的位置和尺寸，它们的属性含义如下：

ScaleLeft 属性：容器左上角的横坐标，默认值为 0。

ScaleTop 属性：容器左上角的纵坐标，默认值为 0。

ScaleWidth 属性：容器内部的宽度值。

ScaleHeight 属性：容器内部的高度值。

用 ScaleLeft、ScaleTop 属性重新定义坐标原点，相当于将 X 轴沿 Y 方向平移了 ScaleTop 个单位，将 Y 轴沿 X 方向平移了 ScaleLeft 个单位。对象的左上角坐标为(ScaleLeft、ScaleTop)，右下角坐标为(ScaleLeft + ScaleWidth，ScaleTop + ScaleHeight)。坐标值的正向可以自动设置，X、Y 轴的度量单位分别是 1/ ScaleWidth 和 1/ ScaleHeight。

【例 7.6】　在宽为 400 单位长度，高为 200 单位长度的窗体上建立坐标系，原点定义在窗体中心，X 轴正向向右，Y 轴正向向下。

(1)界面设计。

程序运行结果如图 7 - 9 所示。

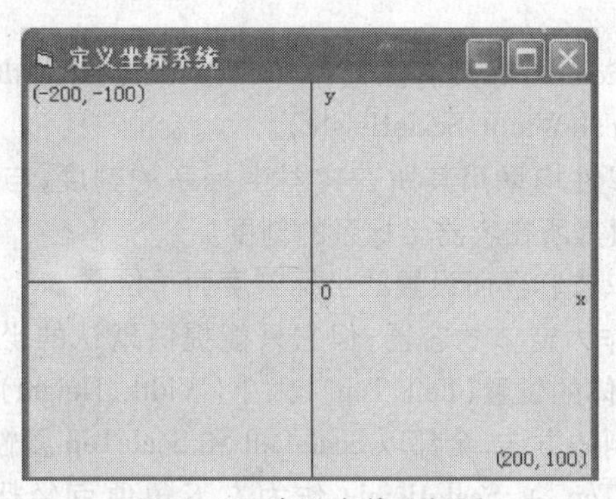

图 7 - 9　定义窗体坐标系

(2)代码设计。

```
Private Sub Form_paint()
Form1.Cls
Form1.ScaleHeight = 200                                  '设置 Scale 属性
Form1.ScaleWidth = 400
Form1.ScaleTop = -100
Form1.ScaleLeft = -200
Line ( -200, 0) -(200, 0)                                '画 X 轴
Line (0, -100) -(0, 150)                                 '画 Y 轴
CurrentX = 0: CurrentY = 0: Print 0
```

```
CurrentX = 190: CurrentY = 3: Print"x"                          '标记 X 轴
CurrentX = 10: CurrentY = -100: Print"y"                        '标记 Y 轴
CurrentX = -200: CurrentY = -100: Print"(-200,-100)"            '标记左上角坐标
CurrentX = 130: CurrentY = 85: Print"(200,100)"                 '标记右下角坐标
End Sub
```

❸ 使用 Scale 方法定义坐标系统

Scale 方法是建立用户坐标系统的一个更为有效的方法，利用 Scale 方法可以通过用户自己定义坐标系统的初始值，从而构建一个完全由用户自己控制的坐标系统。

使用格式如下：

```
[Object.]Scale[(x1,y1)-(x2,y2)]
```

该语句功能：改变容器（窗体、图片框等）左上角坐标值为（x1，y1），右下角坐标值为（x2，y2），将容器在 X 轴方向分为 x2 - x1 等分，在 Y 轴方向分为 y2 - y1 等分，这样可以得到以下结果：

```
ScaleLeft = x1
ScaleTop = y1
ScaleWidth = x2 - x1
ScaleHeight = y2 - y1
```

例如，语句 Form1.Scale（-200，-100）-（200，100）设置的窗体坐标系统与图 7-9 中建立的窗体坐标系统完全一致。

❹ 坐标系统小结

（1）容器对象（Form 和 Picture）除具有位置（Left、Top）、大小（Width、Height）属性以外，还有坐标属性（ScaleLeft、ScaleTop、ScaleWidth、ScaleHeight）。

容器控件的位置、大小属性均采用其所在容器坐标系的刻度，与容器本身的坐标刻度无关。控件的位置、大小属性也采用其所在容器坐标系的刻度。

（2）容器的坐标属性值以该容器所设置的坐标刻度为单位。

屏幕（Screen）对象可以作为窗体的容器，但它只能提供默认的坐标系统，其坐标刻度总是为“缇”，不可以改变。因此，窗体的位置（Left、Top）、大小（Width、Height）属性值均采用缇为单位。

（3）容器的有关图形绘制的方法，全都以 ScaleLeft 和 ScaleTop 属性值作为左上角顶点坐标，以 ScaleLeft + ScaleWidth、ScaleTop + ScaleHeight 作为右下角顶点坐标。容器的所有图形方法和 Print 方法，都使用对应容器的坐标系统。

（4）如果在方法中指明容器则采用容器坐标系，否则采用窗体坐标系。

（5）在容器的事件过程中，形参表示的鼠标点位为容器坐标系。

（6）MouseDown、MouseUp、MouseMove 等事件过程中的形参 x、y，其值为事件发生时鼠标在所在容器中的坐标位置。

三、图形绘制方法

（一）图形色彩

Visual Basic 中所有的颜色属性都用一个 Long 整型数来表示。绘图时默认的颜色是默认的前

景色(黑色),用户可以通过以下四种方法在运行时任意指定颜色。

❶ 使用 RGB 函数

RGB 函数返回一个 Long 整型数的 RGB 颜色值,表示一个由红、绿、蓝三基色混合产生的颜色。

格式:RGB(red, green, blue)。

其中:red、green、blue 是介于 0-255 之间的任意一个表示亮度的整型数(0 表示亮度最低,255 表示亮度最高)。

示例:`Form1.BackColor = RGB(0,255,0)　　'设定窗体背景为绿色`

❷ 2. 使用 QBColor 函数

QBColor 函数的使用格式为:QBColor(color)。

其中:color 是一个界于 0~15 的整型数,分别有 16 种颜色,如表 7-9 所示。

表 7-9　QBColor 函数中颜色码与对应颜色

参数值	颜色	参数值	颜色
0	黑	8	灰
1	蓝	9	亮蓝
2	绿	10	亮绿
3	青	11	亮青
4	红	12	亮红
5	品红	13	亮品红
6	黄	14	亮黄
7	白	15	亮白

如 `Form1.BackColor = QBColor(4)　　'设定窗体背景为红色`

❸ 从内置的 Visual Basic 系统颜色常量中选择

Visual Basic 系统中预设了常用的颜色常数,如 vbRed 表示红色,用十六进制数表示为 &HFF。表 7-10 是系统预定义的最常用的颜色参数。

表 7-10　系统预定义的常用的颜色参数

内部颜色常数	返回值(十六进制)	颜 色
VbBlack	&H000000	黑
VbRed	&H0000FF	红
VbGreen	&H00FF00	绿
VbYellow	&H00FFFF	黄
VbBlue	&HFF0000	蓝
VbMagenta	&HFF00FF	品红
VbCyan	&HFFFF00	青
VbWhite	&HFFFFFF	白

如 `Form1.BackColor = VbRed　'设定窗体背景为红色`

❹ 直接选取一个颜色值(十六进制)

Visual Basic 可以直接用一个十六进制数值设定颜色,表 7－9 中列出了常用的颜色值。如 Form1. BackColor = &HFF 将窗体背景设定为红色,该语句与下面任意一条是等效的。

```
Form1.BackColor = RGB(255,0,0)
Form1.BackColor = QBColor(4)
Form1.BackColor = vbRed
```

(二)画点方法——Pset

❶ Pset 方法

格式:[object.] Pset [Step](x,y)[,color]。

该方法在容器上(x,y)处以值为 color 的颜色画点(x、y 是 Single 类型表达式);默认容器则指当前窗体,默认 color 则为容器前景色(ForeColor)。具体参数设置如表 7－11 所示。

表 7－11 Pset 方法的语法中对象限定符意义

部　分	描　述
object	可选的。对象表达式,其值为"应用于"列表中的对象。如果 object 省略,带有焦点的 Form 对象默认作为 object
Step	可选的。关键字,指定相对于 CurrentX 和 CurrentY 属性提供的当前图形位置的坐标
(x,y)	必需的。Single(单精度浮点数),被设置点的水平(x 轴)和垂直(y 轴)坐标
color	可选的。Long(长整型数),为该点指定的 RGB 颜色。如果被省略,则使用当前 ForeColor 属性值,可用 RGB 函数或 QBColor 函数指定颜色

注意:该方法所画点的大小,取决于容器的 DrawWidth 属性值。

❷ Pset 应用

【例 7.7】 用 Pset 方法在窗体上画五彩点。

(1)界面设计,效果如图 7－10 所示。

图 7－10 五彩画点

(2)代码如下。

```
Sub Form_Click()
Dim cx As Single, cy As Single
Dim msg As String, xpos As Single, ypos As Single
cx = ScaleWidth /2                                  '得到水平中点
cy = ScaleHeight /2                                 '得到垂直中点
msg = "Made In China"
Form1.Cls  '                                         清屏
CurrentX = cx - TextWidth(msg)/2                    '水平位置
CurrentY = cy - TextHeight(msg)/2                   '垂直位置
Print  msg                                          '打印消息
For i = 1 To 100000
      xpos = Rnd * Form1.Width                      '得到水平位置
      ypos = Rnd * Form1.Height                     '得到垂直位置
      Form1.PSet (xpos, ypos), QBColor(Rnd * 15)    '画五彩碎纸
Next i
End Sub
Private Sub Form_Load()
  Randmize                                          '初始化随机数种子
Form1.ScaleMode = 3                                 '设置 ScaleMode 为像素
Form1.DrawWidth = 2                                 '设置点的大小
Form1.ForeColor = vbRed                             '设置前景为红色
Form1.FontSize = 32                                 '设置字的大小
End Sub
```

(三)获取某点的颜色值方法——Point

按照长整数,返回在 Form 或者 PictureBox 上所指定点的颜色。具体参数设置,如表 7 - 12 所示。

格式:[Object.] Point(x,y)

表 7 - 12　Point 方法的语法中对象限定符意义

部　分	描　述
object	可选的。一个对象表达式,其值为“应用于”列表中的一个对象。如果 object 省略,带有焦点的 Form 对象默认作为 object
(x,y)	必需的。均为单精度值,指定 Form 或 PictureBox 的 ScaleMode 属性中该点的水平(x 轴)和垂直(y 轴)坐标,必须用括号包含这些值

⊙小提示:如果由 x 和 y 坐标所引用的点位于 object 之外,Point 方法将返回 -1。

【例 7.8】　利用 Point 方法将 picture1 中的图像复制到 picture2 中,要求保持色彩、纵横比

不变。

(1)界面设计(如图7-11所示)。在窗体上分别放置两个图片框和一个命令按钮。控件属性如表7-13所示。

图7-11　等比例重现图片

表7-13　属性设置

对象	属性	设计时属性值	说明
Picture1	Picture	(位图)	设计图像中显示的图形
Picture2	Picture	(无)	开始时为空
Command1	Caption	复制	

(2)代码设计。

```
Private Sub Command1_Click()
Dim x As Single, y As Single, bc As Long, i As Integer, j As Integer
For i = 1 To Picture1.ScaleWidth Step 10
    For j = 1 To Picture1.ScaleHeight Step 10
      temp = Picture1.Point(i, j)      '将点(i,j)的颜色赋值到临时变量 temp
'将 picture1 上点(i,j)对应在 picture2 上的坐标(x,y)按比例计算出来
       x = Picture2.ScaleWidth / Picture1.ScaleWidth * i
       y = Picture2.ScaleHeight / Picture1.ScaleHeight * j
       Picture2.PSet (x, y), temp
'在 picture2 上用颜色 temp,在(x,y)处画点
     Next j
Next i
End Sub
```

(3)程序运行后,点击复制按钮效果如图7-11所示。

(四)画线、画矩形方法——Line

❶ Line 方法画线

Line 方法用来实现在对象上画直线,如表 7 – 14 所示。

格式:[Object.] Line[[step](X1,Y1)] – [step](X2,Y2)[,color]。

画线的方式主要有两种,分别是两点边线方式和多点折线方式,下面分别介绍。

表 7 – 14　Line 方法的语法中对象限定符的意义

部　分	描　述
object	可选的。对象表达式,其值为"应用于"列表中的对象。如果 object 省略,带有焦点的 Form 对象默认为 object
Step	可选的。关键字,指定相对于 CurrentX 和 CurrentY 属性提供的当前图形位置的坐标
(x1,y1)	可选的。Single(单精度浮点数),直线或矩形的起点坐标。ScaleMode 属性决定了使用的度量单位。如果默认,线起始于由 CurrentX 和 CurrentY 指示的位置
Step	可选的。关键字,指定相对于线的起点的终点坐标
(x2,y2)	必需的。Single(单精度浮点数),直线或矩形的终点坐标
color	可选的。Long(长整型数),画线时用的 RGB 颜色。如果它被省略,则使用当前 ForeColor 属性值,可用 RGB 函数或 QBColor 函数指定颜色

1)两点连线

(1)格式 1:[容器名.]Line [(x1,y1)] – (x2,y2)[,Color]

默认容器名指窗体;默认起点坐标则以当前输出位置为起点;默认 Color 表达式则为容器的 ForeColor 属性;坐标点为 Single 类型表达式。

例如:下列语句分别在窗体、控件 Picture1 上画线。

```
Line(100,150) -(400,300),RGB(120,120,200)       '窗体坐标
Picture1.Line(10,10) -(60,100),RGB(0,0,255)    '图片框坐标
```

(2)格式 2:[容器名.]Line [(x1,y1)] – Step(x2,y2)[,Color]

所绘制直线的两个端点位置为$(x1,y1)$和$(x1+x2,y1+y2)$。

2)多点折线

连续使用默认起点、画两点连线的语句,可以绘制多点折线:每句的终点位置为下一句的起点位置,首句或是采用格式 1 或是以当前输出位置作为起点。

举例:

Line(200,150) – (400,300)'用前景色画一条从(200,150)到(400,300)的直线段

Line – (400,300)'用前景色画一条从(CurrentX、CurrentY)到(400,300)的直线段

Line(200,150) – step(200,150)　　'上一语句的直线段从(200,150),X 方向增加 200,Y 方向增加 150。此句等效于:

Line(200,150) – (400,300)

❷ Line 方法画矩形

1)画简单矩形

格式:[容器名.]Line [(x1,y1)] - [Step](x2,y2)[, Color],B

指定位置为矩形对角点,以容器的 FillStyle 填充格式、FillColor 颜色在矩形内部填充;图形边框的颜色由 Color 表达式指定,默认 Color 表达式则为容器的 ForeColor 属性。

2)画填充矩形

格式:[容器名.]Line [(x1,y1)] - [Step](x2,y2),[Color],BF

用画矩形边框的颜色再填充矩形为实心,图形的填充特性只有对封闭图形才起作用。该语句的输出效果与容器的 FillStyle、FillColor 属性无关。

举例:

```
Line(200,150) -(400,300), ,B   '用前景色画矩形(注意逗号不可省略)
Line(200,150) -(400,300),VbRed ,BF   '用红色画实心矩形,填充色也为红色
```

❸ Line 方法应用

【例 7.9】 单击"开始"按钮时,以窗体中心为起点,每 0.1 秒随机画出一条直线,设置线条的宽度为 2,线条的颜色使用 RGB 函数随机产生,单击"停止"按钮则停止画线。

(1)界面设计。

如图 7 - 12 所示,在窗体中添加一个小时钟,两个命令按钮,并对其标题属性进行相应的设置。

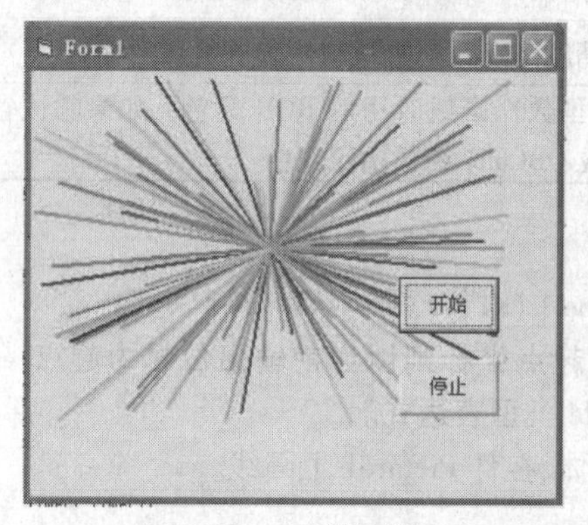

图 7 - 12　五彩射线图

(2)代码设计。

```
Private Sub Command1_Click()
    Form1.Cls
    Timer1.Enabled = True
End Sub
Private Sub Command2_Click()
    Timer1.Enabled = False
End Sub
Private Sub Form_Load()
Timer1.Enabled = False
    Timer1.Interval = 100
    Randomize
    Form1.Scale ( -1, 1) -(1, -1)   '自定义坐标系统
    DrawWidth = 2    '设置线宽
```

```
End Sub
Private Sub Timer1_Timer()
randx = Rnd
randy = Rnd
If randx > 0.5 Then randx = -randx
If randx > 0.5 Then randy = -randy
Form1.Line (0, 0)-(randx, randy), RGB(Rnd * 255, Rnd * 255, Rnd * 255)
End Sub
```

(3)运行结果。

如图7-12所示,单击"开始"按钮时,以窗体中心为起点,每0.1秒随机画出一条直线,线条的颜色使用RGB函数随机产生,单击"停止"按钮则停止画线。

(五)画圆、圆弧、椭圆方法——Circle

❶ Circle方法画圆

格式:[容器名.]Circle [Step](x,y),radius[,Color]

以(x,y)为圆心[有Step关键字则以(CurrentX + x,CurrentY + y)为圆心]、以radius为半径画颜色值为Color的圆。

默认容器名、Color选项的有关规则同前,此处不再赘述。

【例7.10】 创建一个动画演示程序,要求在窗体上画出100个以窗体中心为圆心,以随机半径为半径的不同颜色的同心圆。

(1)界面设计,运行效果见图7-13。

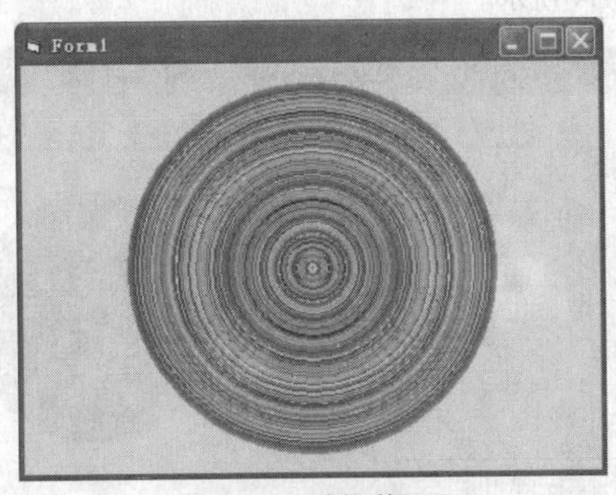

图7-13　随机彩圆图

(2)代码设计。

```
Sub paintcircle()
Dim r As Single, g As Single, b As Single
Dim radius As Single
r = 255 * Rnd
g = 255 * Rnd
```

```
b = 255 * Rnd
xpos = Form1.ScaleWidth /2
ypos = Form1.ScaleHeight /2
radius = ((ypos * 0.9) + 1) * Rnd
Form1.Circle (xpos, ypos), radius, RGB(r, g, b)
End Sub

Private Sub Timer1_Timer()
Dim i As Integer
For i = 1 To 100
   Call paintcircle
Next i
End Sub
```

请读者考虑,如果要在容器 Picture1 中按上述要求画圆,则应该如何改写程序?

❷ Circle 方法画圆弧

格式:[容器名.]Circle [Step](x,y),radius,[Color],start,end

start、end 为 single 类型表达式,该方法以 start 弧度为起点按逆时针方向到 end 弧度为止画一段圆弧(平行于 x 轴的正向为 0 弧度)。

若 Start 为负值,该方法还画出 1 条从圆心到圆弧相应端点的连线,参数 end 也同样。

【例 7.11】 设计一个程序,运行画面如图 7-14 所示。程序运行时,先输入各公司月销售额,然后单击命令按钮,图片框中将显示各公司销售额的圆饼图。要求:在文本框中只能输入数字字符;在圆饼图中分别用红、绿、蓝三色显示 A、B、C 公司的扇区填充色。

(1)界面设计:如图 7-14 所示。

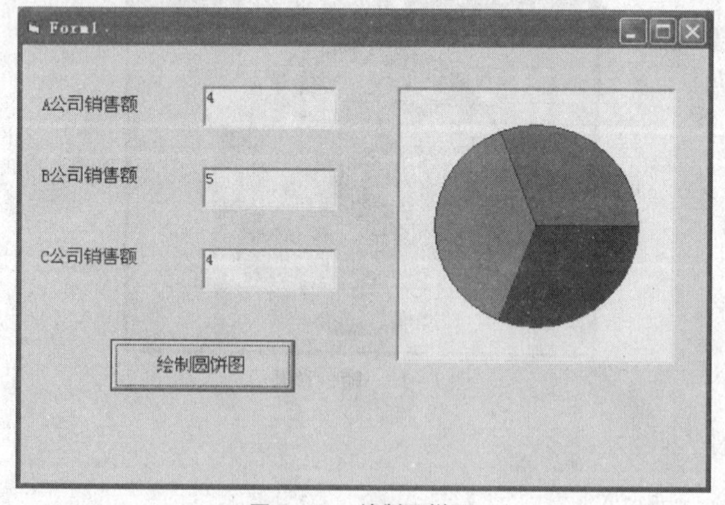

图 7-14　绘制圆饼图

(2)代码设计。

```
Private Sub Command1_Click()   '绘制圆饼图
    Const pi = 3.141593
```

```
    Dim a As Single, b As Single, c As Single, x As Single
    Picture1.Scale ( -8, -8)-(8, 8)
    Picture1.FillStyle = 0      '实心填充
    a = Text1(0).Text
    b = Text1(1).Text
    c = Text1(2).Text
     x = 2 * pi /(a + b + c)   '计算每个单位在圆饼图中所占圆心角的弧度值
    '依次画出3个颜色不同的圆饼图
Picture1.FillColor = RGB(255, 0, 0)
    Picture1.Circle (0, 0), 6, 0, -2 * pi, -a * x
    Picture1.FillColor = RGB(0, 255, 0)
    Picture1.Circle (0, 0), 6, 0, -a * x, -(a + b) * x
    Picture1.FillColor = vbBlue
    Picture1.Circle (0, 0), 6, 0, -(a + b) * x, -(a + b + c) * x
End Sub
Private Sub Form_Load()
    Picture1.Width = Picture1.Height
End Sub
```

❸ Circle 方法画椭圆(弧)

格式:[容器名.]Circle [Step](x,y),radius,[Color,start,end],aspect

aspect 是取正值的 single 类型表达式,为椭圆纵轴与横轴之比。若 aspect 值小于 1,则 radius 为横轴的长度,否则为纵轴的长度。在默认某参数前的参数时,不可以默认","号。采用如下的代码:

```
Form1.ScaleMode = 7
Form1.Circle (2, 1.5), 1, vbRed
Form1.Circle (4, 1.5), 1, , -0.5, -2.1
Form1.Circle (7, 1.5), 1, , , , 2
Form1.Circle (9, 1.5), 1, , -2, 1
```

所绘制的图形依次为圆、扇形、椭圆和圆弧,如图 7 - 15 所示。

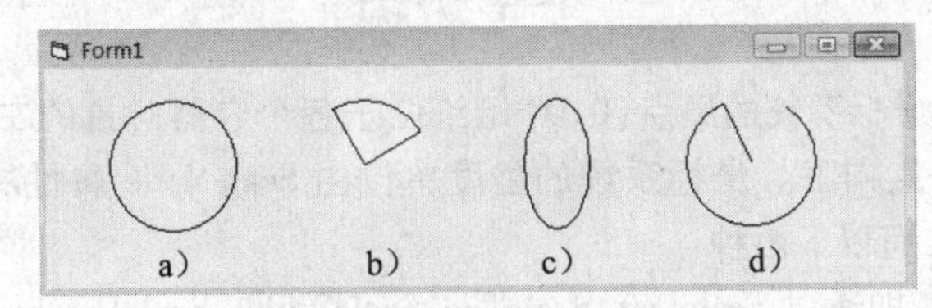

图 7 - 15　Circle 方法应用示例

a)画圆;b)画扇形;c)画椭圆;d)画圆弧

【例 7.12】　利用 Circle 方法在窗体中画一个有缺口的饼图。

(1)界面设计,运行效果见图 7 - 16。

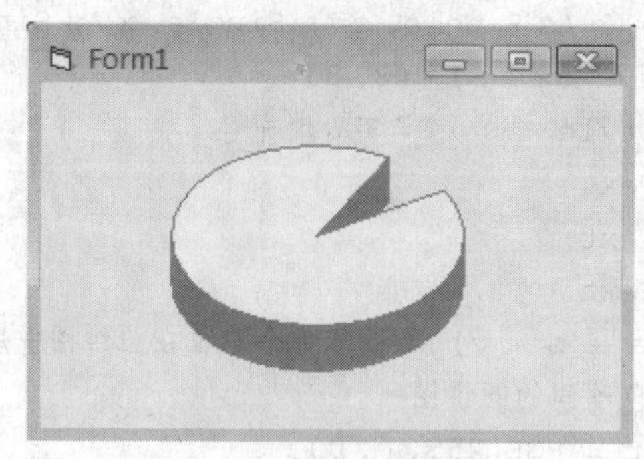

图7-16　带有缺口的饼图

(2)代码设计。

```
Private Sub Form_Paint()
Const pi = 3.14159
For i = 300 To 1 Step -1
  '画红色椭圆弧
Form1.Circle (1900, 1000 + i), 1000, vbRed, -pi /3, -pi /6, 3 /5
Next i
Me.FillStyle = 0
Me.FillColor = RGB(255, 255, 255)
'顶上画一个白色椭圆弧
Form1.Circle (1900, 1000), 1000, vbRed, -pi /3, -pi /6, 3 /5
End Sub
```

⊙**小提示**:想要填充圆,使用圆或椭圆所属对象的 FillColor 和 FillStyle 属性。只有封闭的图形才能填充。封闭图形包括圆、椭圆或者扇形。画部分圆或椭圆时,如果 start 为负,Circle 画一半径到 start,并将角度处理为正的;如果 end 为负,Circle 画一半径到 end,并将角度处理为正的。Circle 方法总是逆时针(正)方向绘图。可以省略语法中间的某个参数,但不能省略分隔参数的逗号。指定的最后一个参数后面的逗号是可以省略的。

本章小结

Visual Basic 默认的坐标系统的原点(0,0)始终位于各个容器对象的左上角,*X* 轴的正方向水平向右,*Y* 轴的正方向垂直向下。坐标系统的量度单位由 ScaleMode 属性决定。Visual Basic 允许用户自定义坐标系,方法有以下两种:

(1)使用 Scale 属性,即通过 ScaleLeft、ScaleTop、ScaleWidth、ScaleHeight、ScaleMode 设置坐标原点、坐标轴方向和刻度单位。

(2)使用 Scale 方法。Scale 方法是建立用户坐标系最简便的方法。

格式:[Object.]Scale [(左上角坐标 x1,y1) - (右下角坐标 x2,y2)]

Visual Basic 提供的四个图形控件如表 7-15 所示。

表 7－15　图形控件

图形控件	属性要点
Image(图像控件)	图像控件的 Stretch 属性值为 True 时,加载到控件中的图像可以自动调整尺寸以适应图像控件的大小
Picture Box(图片框)	图片框的 AutoSize 属性值为 True 时,能使图片框按装载的图片大小重新调整尺寸,即图片框的大小与图片匹配,可作为容器使用
Shape(形状控件)	形状控件的 Shape 属性确定六种形状用来绘制几何图形
Line(直线控件)	主要属性 X、$Y1$、$X2$、$Y2$ 的值确定了直线显示的起止位置

绘图方法(又称图形方法)如表 7－16 所示。

表 7－16　绘图方法

方　法	作　用	使用格式
Pset	绘制指定颜色的点	[Object.] Pset[step](x,y)[,color]
Line	用于画直线或矩形	[Object.]Line[[step](X1,Y1)]－[step](X2,Y2)[,color][,B][F]
Circle	画圆、椭圆、圆弧和扇形	[Object.]Circle [Step](x,y),r[,color[,start,end[,aspect]]]
Point	获取指定位置的点的 RGB 颜色值	[Object.] Point(x,y)
Cls	清除图像	[Object.]Cls

习题七

一、判断题(正确的打"√",错误的打"×")

1. 用 Cls 方法能够清除窗体或图片框中用 picture 属性设置的图形。　(　　)
2. Picture 图片框既可用来显示图片和绘制图形,也可用 print 方法来显示文字。　(　　)
3. 移动框架时框架内控件也跟随移动,所以框架内各控件的 left、top 属性值也随之改变。　(　　)
4. 框架控件和形状控件都不能响应用户的鼠标单击事件。　(　　)
5. 图片框的 Move 方法不仅可以移动图片框,而且还可以改变该图片框的大小,同时也会改变该图片框控件的有关属性值。　(　　)
6. VB 提供的几种标准坐标系的原点都是在绘图区域的左上角,如果要把坐标原点放在其他位置,则需要使用自定义坐标系统。　(　　)
7. Image 和 PictureBox 的 Autosize 属性的功能不同。　(　　)
8. 当 Scale 方法不带参数时,则采用默认坐标系。　(　　)
9. 使用 Line 方法画矩形时,必须在指令中使用关键字 B 和 F。　(　　)
10. Circle 方法正向采用顺时针方向。　(　　)

二、选择题

1. 改变控件在窗体中的左右位置应修改该控件的(　　)属性。

A. Top　　B. Left　　C. Width　　D. Right

2. 重新定义图片框控件的坐标系统,可采用该图片框的(　　)方法。

A. Scale　　B. ScaleX　　C. ScaleY　　D. SetFocus

3. 若在图片框上用绘图方法绘制一个圆，则图片框的(　　)属性不会对该圆的外观产生影响。

A. BackColor　　B. ForeColor　　C. DrawWidth　　D. DrawStyle

4. 形状控件所显示的图形不可能是(　　)。

A. 圆　　B. 椭圆　　C. 圆角正方形　　D. 等边三角形

5. 执行 form1. scale(10, -20) - (-30,20)语句后，form1 窗体坐标系 X 轴和 Y 轴的正方向是(　　)。

A. 向左和向下　　B. 向右和向上　　C. 向左和向上　　D. 向右和向下

6. 对象的边框类型由(　　)属性设置。

A. DrawWidth　　B. DrawStyle　　C. Borderstyle　　D. ScaleMode

7. Cls 可清除窗体和图片框中的(　　)内容。

A. 运行时输出的文字和图形　　B. 设计时放置的控件

C. Picture 属性设置的背景图案　　D. 以上三项

8. 下列用 Line 方法绘制红色实心矩形的语句正确的是(　　)。

A. Line(10,10) - Step(50,50),RGB(255,0,0),BF

B. Line(10,10) - Step(60,60),B,RGB(255,0,0),BF

C. Line(10,10) - Step(60,60),RGB(255,0,0),B

D. Line Step (10,10) - Step(50,50),BF

9. 要清除 PictureBox 控件中的图形，必须用(　　)命令。

A. Picture1. Picture = LoadPicture()

B. Picture1. Picture = ""

C. Picture1. Picture = LoadPicture("")

D. kill Picture1. Picture

10. 用 Scale 方法改变窗体坐标系之后，被改变了属性值的窗体属性名是(　　)。

A. ScaleWidth　　B. Width　　C. Height　　D. DrawMode

三、填空题

1. 以图片框 picture 的中心位置为圆心，以 700 为半径在 picture 上画一个圆的方法是________________。

2. 画图语句 picture1. circle(800,1000),500 的含义是________________。

3. 使用 Scale 方法建立窗体 Form1 的用户坐标系统，其中窗体左上角坐标为(-200,250)，右下角坐标为(300,-100)，具体形式为________________。

4. PictureBox 控件可通过设置其__________属性为 True，使图片框可自动调整大小以适应图片的大小；而 Image 控件可通过设置其__________属性为 True，使其加载的图片能自动调整大小以适应 Image。

四、程序阅读题

1. 写出下列各段程序运行的结果。

```
Private Sub Command1_Click()
    Dim x As Double, y As Double
    x = Width /4
    y = Height /4
```

```
    Line (x, y) - Step(1000, 1000), , B
    Line -(x, y)
End Sub
```

2. 画出下列各段程序运行的结果。

```
Private Sub Picture1_MouseDown(Button As Integer, _
Shift As Integer, X As Single, Y As Single)
    x0 = X: y0 = Y
End Sub
Private Sub Picture1_MouseUp(Button As Integer, _
Shift As Integer, X As Single, Y As Single)
   If Picture1.FillStyle < > 0 Then
       Picture1.FillStyle = 0
   Else
       Picture1.FillStyle = 1
   End If
   Picture1.Line (x0, y0) -(X, Y), RGB(255, 255, 0), B
End Sub
```

五、程序填空题

1. 完成一个行星程序的设计，一个蓝色的小圆围绕红色大圆沿椭圆轨道运行。椭圆方程为：$x = x0 + rx * \cos(\text{alfa})$，$y = y0 + ry * \sin(\text{alfa})$，其中 $X0$，$Y0$ 为椭圆圆心坐标，RX 为水平半径，RY 为垂直半径，ALFA 为圆心角。具体要求如下：

(1) 在窗体中引入一个合适大小的形状控件 SHAPE2，将 SHAPE2 的 SHAPE 属性设置为圆形、蓝色。

(2) TIMER 的时间间隔为 0.1 秒。

(3) 代码窗口中的内容填充完整。

效果如图 7 - 17 所示。

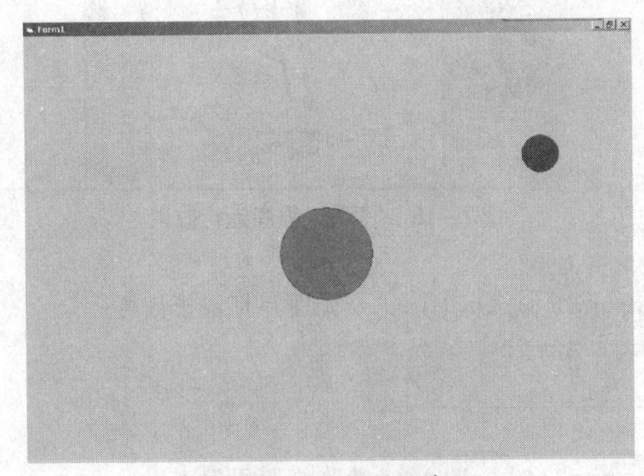

图 7 - 17　行星运动

```
Dim rx As Single, ry As Single
```

```
Dim alfa As Single
Private Sub Form_Load()  '窗体最大化充满屏幕
Form1.Left = 0
Form1.Top = 0
Form1.Width = ____________(1)____________
Form1.Height = ____________(2)____________  '将 SHAPE1 居中
Shape1.Left = Form1.ScaleWidth /2 - Shape1.Width /2
Shape1.Top = Form1.ScaleHeight /2 - Shape1.Height /2
rx = Form1.ScaleWidth /2 - Shape1.Width /2
ry = Form1.ScaleHeight /2 - Shape1.Height /2  '将 SHAPE2 的起始位置
定位在水平轴的 0 度位置上
Shape2.Left = Form1.ScaleWidth /2 + rx - Shape2.Width /2
Shape2.Top = Form1.ScaleHeight /2 - Shape2.Height /2
End Sub
Private Sub Timer1_Timer()
alfa = alfa + 0.05
x = Form1.ScaleWidth /2 + rx * Cos(alfa)
y = Form1.ScaleHeight /2 + ry * Sin(alfa)
Shape2.Left = ____________(3)____________
Shape2.Top = ____________(4)____________
End Sub
```

2. 下面是一个“画板”程序，程序运行结果如图 7 – 18 所示。单击“颜色”按钮(Command1)打开颜色对话框，实现对绘图笔颜色的设置，单击“清除”按钮(Command2)则清除图片框中的图形，使用单选按钮选择线型粗细(Option1)设置为 1 磅和(Option2)设置为 3 磅，根据选择线型的粗细、颜色，用鼠标的左键模拟笔在绘图区随意绘图。

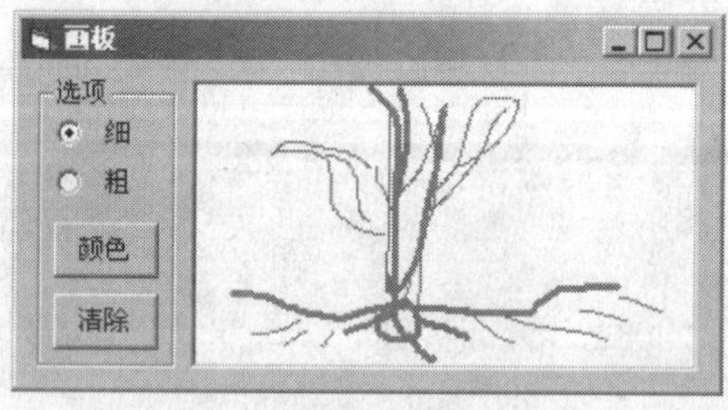

图 7 – 18 “画板”程序运行效果

```
Private Sub Command1_Click()  '设置图片框前景颜色
    CommonDialog1.Action = 3
    ____________(1)____________
End Sub
Private Sub Command2_Click()  '清除绘制图形
  Picture1.Cls
End Sub
Private Sub Option1_Click()    '选择线宽
```

```
  Picture1.DrawWidth = 1
End Sub
Private Sub Option2_Click()     '选择线宽
  Picture1.DrawWidth = 3
End Sub                         '鼠标按下,确定当前坐标
Private Sub Picture1_MouseDown(Button As Integer, _
Shift As Integer, X As Single, Y As Single)
__________(2)__________
  __________(3)__________
End Sub                         '按下鼠标左键,移动鼠标画线
Private Sub Picture1_MouseMove(Button As Integer, _
Shift As Integer, X As Single, Y As Single)
  If Button = 1 Then __________(4)__________
End Sub
```

六、上机题

1. 在窗体上画一条正弦曲线,变化范围在 $0-2\pi$ 之间。

2. 以缇为单位,以窗体中心点为原点,以窗体的高与宽中最小值的 1/2 为半径画一个半圆(线为蓝色,线粗为 2twip,填充色为红色)。

3. $x1$、$y1$ 已声明为模块级变量,鼠标按下的事件过程如下:

```
Dim x1 As Single, y1 As Single
Private Sub Picture1_MouseDown(Button As Integer, _
Shift As Integer, X As Single, Y As Single)
x1 = x: y1 = y
End Sub
```

编制事件过程 Picture1_MouseUp,使得在图片框控件 Picture1 上拖动鼠标后,绘制出一个矩形,鼠标按下、抬起的位置分别为矩形斜对角线的定点,矩形轮廓线为红色,矩形内部填充色为绿色。

第八章

文 件

本章学习导读

在本章之前介绍的工程有多类文件，如窗体文件、工程文件等，这些都是程序文件。本章将进一步对文件的分类、文件操作的步骤、函数、语句及文件的基本控件加以介绍。在这些文件类型中，本章将重点介绍数据文件，使用数据文件可以永久地保留计算结果，也可将数据文件读入计算机进行再处理。数据文件和程序中的数据、变量不同，程序中的数组、变量随程序的建立而建立，随程序的消亡而消亡，而数据文件则可以永久保存在磁盘。

一、文件概述

众所周知，程序运行是在计算机内存中完成的，关闭程序后存入结果的变量就不复存在，因此很多数据或操作对象需要存放在磁盘中，这样应用程序就需要基于磁盘文件进行处理。

文件是指在外部存储器上数据的集合。

从不同的角度，文件可分为不同的类型。

1）根据文件内容，文件可分为程序文件和数据文件

（1）程序文件：是可以由计算机执行的程序，包括源文件和可执行文件。在 Visual Basic 中，扩展名为.exe、.vbp、.bas、.cis 等的文件都是程序文件。

（2）数据文件：是程序中使用的数据，这些数据可以是程序中需使用的数据，也可以是程序的处理结果。

本章讨论的是 Visual Basic 的数据文件。

2）根据存取方式和结构分类，数据文件又可分为顺序文件、随机文件

（1）顺序存取文件（Sequential File）：顺序文件是普通的文本文件，文件中的记录一个接一个地存放。在这种文件中，只知道第一个记录的存入位置，其他记录的位置无从知晓。当要查找某个数据时，只能从文件头开始，一个记录一个记录地顺序读取，直到找到要查找的记录为止。

顺序文件的组织比较简单，但维护困难，为了修改文件中的某个记录，必须把整个文件读入内存，修改完后再重新写入磁盘。顺序文件不能灵活地增减数据，因而适用于有一定规律且不经常修改的数据。其主要优点是占用空间小，容易使用。

（2）随机存取文件（Random Access File）：与顺序文件不同，在访问随机文件中的数据时，不必考虑各个记录的排列顺序或位置，可以根据需要访问文件中的任一记录。

在随机文件中，每个记录的长度是固定的，记录中的每个字段的长度也是固定的。此外，随机文件的每个记录都有其唯一的一个记录号。在写入数据时，只要指定记录号，就可以把数据直接存入指定位置。而在读取数据时，只要给出记录号，就能直接读取该记录。在随机文件中，可以同时进行读、写操作，因而能快速地查找和修改每个记录，不必为修改某个记录而对整个文件进行读、写操作。

随机文件的优点是数据的存取较为灵活、方便，速度较快，容易修改；缺点是占空间较大，数据

组织较为复杂。

3）根据文件信息的编码方式，文件又可以分为 ASCII 文件和二进制文件

（1）ASCII 文件：又称为文本文件，它以 ASCII 方式存储，数值型数据中的每位数字分别使用代表它们的 ASCII 码存储，汉字的存储则使用双字节的汉字字符集编码。这种文件可以用字处理软件建立和修改（必须按纯文本文件保存）。

（2）二进制文件（Binary File）：以二进制方式保存的文件，二进制文件不能用普通的字处理软件编辑，占用空间较小。

二、文件的打开与关闭

在 Visual Basic 中，数据文件的操作按下述步骤进行：

1）打开（或建立）文件

一个文件必须先打开或建立后才能使用。如果一个文件已经存在，则打开该文件；如果不存在，则建立该文件。

2）进行读、写操作

在打开（或建立）的文件上执行所要求的输入输出操作。在文件处理中，把内存中的数据传输到相关联的外部设备（如磁盘）并作为文件存放的操作叫做写数据，而把数据文件中的数据传输到内存程序中的操作叫做读数据。一般来说，在主存与外设的数据传输中，由主存到外设叫做输出或写，而由外设到主存叫输入或读。

3）关闭文件

文件处理一般需要以上三步。在 Visual Basic 中，数据文件的操作则通过有关的语句和函数来实现。

（一）文件的打开（建立）

如前所述，在对文件进行操作之前，必须先打开或建立文件。Visual Basic 用 Open 语句打开或建立一个文件。其格式为：

Open 文件说明 [For 方式] [Access 存放类型] [锁定] As [#] 文件号 [Len = 记录长度]

Open 语句的功能是：为文件的输入输出分配缓冲区，并确定缓冲区所使用的存取方式。

说明：（1）格式中的 Open、For、Access、As 以及 Len 为关键字，“文件说明”的含义如前所述，其他参量的含义如下：

①方式：指定文件的输入输出方式，可以是下述操作之一：

Output：指定顺序输出方式。

Input：指定顺序输入方式。

Append：指定顺序输出方式。与 Output 不同的是，当用 Append 方式打开文件时，文件指针被定位在文件末尾。如果对文件执行写操作，则写入的数据附加到原来文件的后面。

Random：指定随机存取方式，也是默认方式。在 Random 方式中，如果没有 Access 子句，则在执行 Open 语句时，Visual Basic 试图按下列顺序打开文件：

（a）读/写；（b）只读；（c）只写。

Binary：指定二进制方式文件。在这种方式下，可以用 Get 和 Put 语句对文件中任何字节位置的信息进行读写。在 Binary 方式中，如果没有 Access 子句，则打开文件的类型与 Random 方式

相同。

“方式”是可选的,如果省略,则为随机存取方式,即 Random。

②存取类型:放在关键字 Access 之后,用来指定访问文件的类型。可以是下列类型之一:

- Read:打开只读文件。
- Write:打开只写文件。
- Read Write:打开读写文件。这种类型只对随机文件、二进制文件及用 Append 方式打开的文件有效。

③锁定:该子句只在多用户或多进程环境中使用,用来限制其他用户或其他进程对打开的文件进行读写操作。锁定类型包括:

- 默认:如不指定锁定类型,则本进程可以多次打开文件进行读写;在文件打开期间,其他进程不能对该文件执行读写操作。
- Lock Shared:任何机器上的任何进程都可以对该文件进行读写操作。
- Lock Read:不允许其他进程读该文件。只在没有其他 Read 存取类型的进程访问该文件时,才允许这种锁定。
- Lock Write:不允许其他进程写这个文件。只在没有其他 Write 存取类型的进程访问该文件时,才能使用这种锁定。
- Lock Read Write:不允许其他进程读写这个文件。如果不使用 Lock 子句,则默认为 Lock Read Write。

④文件号:是一个整型表达式,其值在 1—511 范围内。执行 Open 语句时,打开文件的文件号与一个具体的文件相关联,其他输入输出语句或函数通过文件号与文件发生关系。

⑤记录长度:是一个整型表达式。对于用随机访问方式打开的文件,该值是记录长度;对于顺序文件,该值是缓冲字符数。“记录长度”的值不能超过 32767 字节。对于二进制文件,将忽略 Len 子句。

(2)为了满足不同的存取方式的需要,对同一个文件可以用几个不同的文件号打开,每个文件号有自己的一个缓冲区。对于不同的访问方式,可以使用不同的缓冲区。但是,当使用 Output 或 Append 方式时,必须先将文件关闭,才能重新打开文件。而当使用 Input、Random 或 Binary 方式时,不必关闭文件就可以用不同的文件号打开文件。

(3)Open 语句兼有打开文件和建立文件两种功能。在对一个数据文件进行读、写、修改或增加数据之前,必须先用 Open 语句打开或建立该文件。如果为输入(Input)、附加(Append)或随机(Random)访问方式打开的文件不存在,则建立相应的文件。此外,在 Open 语句中,任何一个参量的值如果超出给定的范围,则产生“非法功能调用”错误而且文件不能被打开。

下面是一些打开文件的例子:

```
Open "Price.dat" For Output As #1
```

建立并打开一个新的数据文件,使记录可以写到该文件中。

如果文件“Price.dat”已存在,该语句打开已存在的数据文件,新写入的数据将覆盖原来的数据。

```
Open "Price.dat" For Append As #1
```

打开已存在的数据文件,新写入的记录附加到文件的后面,原来的数据仍在文件中。如果给定的文件名不存在,则 Append 方式可以建立一个新文件。

```
Open "Price.dat" For Input As #1
```

打开已存在的数据文件,以便从文件中读出记录。

以上例子中打开的文件都是按顺序方式输入输出。

Open　"Price. dat"　For　Random　As　#1

按随机方式打开并建立一个文件，然后读出或写入定长记录。

Open　"Records"　For　Random　Access　Read　Lock　Write　As　#1

为读取"Records"文件以随机存取方式打开该文件。该语句设置了写锁定，但在 Open 语句有效时，允许其他进程读。

Open　"c:\abc\abcfile. dat"　For　Random　As　#1　len = 256

用随机方式打开 c 盘上 abc 目录下的文件，记录长度为 256 字节。

（二）文件的关闭

文件的读写操作结束后，应将文件关闭，这可以通过 Close 语句来实现。其格式为：

Close [[#]文件号][,[#]文件号]……

Close 语句用来结束文件的输入输出操作。例如，假定用下面的语句打开文件：

Open" price. dat" For Output As #1

则可以用下面的语句关闭该文件：

Close　#1

说明：

(1)格式中的"文件号"是 Open 语句中使用的文件号。关闭一个数据文件具有两方面的作用：第一，把文件缓冲区中的所有数据写到文件中；第二，释放与该文件相联系的文件号，以供其他 Open 语句使用。

(2) Close 语句中的"文件号"是可选的。如果指定了文件号，则把指定的文件关闭；如果不指定文件号，则把所有打开的文件全部关闭。

(3)除了用 Close 语句关闭文件外，在程序结束时将自动关闭所有打开的数据文件。

三、文件操作语句和函数

这一小节介绍通用的语句和函数，这些语句和函数用于文件的读、写操作中。

（一）文件指针

文件被打开后，自动生成一个文件指针(隐含的)，文件的读或写就从这个指针所指的位置开始。用 Append 方式打开一个文件后，文件指针指向文件的末尾，而如果用其他几种方式打开文件，则文件指针都指向文件的开头。完成一次读写操作后，文件指针自动移到下一个读写操作的起始位置，移动量的大小由 Open 语句和读写语句中的参数共同决定。对于随机文件来说，其文件指针的最小移动单位是一个记录的长度；而顺序文件中文件指针移动的长度与它所读写的字符串的长度相同。在 Visual Basic 中，与文件指针有关的语句和函数是 Seek。

文件指针的定位通过 Seek 语句来实现。其格式为：

Seek　#文件号，位置

Seek 语句用来设置文件中下一个读或写的位置。"文件号"的含义同前；"位置"是一个数值表达式，用来指定下一个要读写的位置，其值在 1—($2^{31}-1$)范围内。

说明：

(1)对于用 Input、Output 或 Append 方式打开的文件,"位置"是从文件开头到"位置"为止的字节数,即执行下一个操作的地址,文件第一个字节的位置是1。对于用 Random 方式打开的文件,"位置"是一个记录号。

(2)在 Get 或 Put 语句中的记录号优先于由 Seek 语句确定的位置。此外,当"位置"为0或负数时,将产生出错信息"错误的记录号"。当 Seek 语句中的"位置"在文件尾之后时,对文件的写操作将扩展该文件。

与 Seek 语句配合使用的是 Seek 函数,其格式为:

Seek(文件号)

该函数返回文件指针的当前位置。由 Seek 函数返回的值在 $1-(2^{31}-1)$ 范围内。

对于用 Input、Output 或 Append 方式打开的文件,Seek 函数返回文件中的字节位置(产生下一个操作的位置)。对于用 Random 方式打开的文件,Seek 函数返回下一个要读或写的记录号。

对于顺序文件,Seek 语句把指针移到指定的字节位置上,Seek 函数返回有关下次将要读写的位置信息;对于随机文件,Seek 语句只能把文件指针移到一个记录的开头,而 Seek 函数返回的是下一个记录号。

(二)其他语句和函数

❶ FreeFile 函数

用 FreeFile 函数可以得到一个在程序中没有使用的文件号。当程序中打开的文件较多时,这个函数很有用。特别是当在通用过程中使用文件时,用这个函数可以避免使用其他 Sub 或 Function 过程中正在使用的文件号。利用这个函数,可以把未使用的文件号赋给一个变量,用这个变量作为文件号,不必知道具体的文件号是多少。

【例8.1】 用 FreeFile 函数获取一个文件号。

```
Private Sub Form_Click()
  Filename $ = InputBox $ ("请输入要打开的文件名:")
  Filenum = FreeFile
  Open Filename $ For Output As Filenum
  Print Filename $ ;"opened as file #"Filenum
  Close # Filenum
End Sub
```

该过程把要打开的文件的文件名赋给变量 Filename $(从键盘上输入),而把可以使用的文件号赋给变量 Filenum,它们都出现在 Open 语句中。程序运行后,在输入对话框中输入"datafile.dat",单击"确定"按钮,程序输出:

datafile. dat opened as file #1

❷ Loc 函数

格式:Loc(文件号)

Loc 函数返回由"文件号"指定的文件的当前读写位置。格式中的"文件号"是在 Open 语句中使用的文件号。

对于随机文件,Loc 函数返回一个记录号,它是对随机文件读或写的最后一个记录的记录号,即当前读写位置上的一个记录;对于顺序 Loc 函数返回的是从该文件被打开以来读或写的记录个数,一个记录是一个数据块。

❸ LOF 函数

格式:LOF(文件号)

LOF 函数返回给文件分配的字节数(即文件的长度)。“文件号”的含义同前。在 Visual Basic 中,文件的基本单位是记录,每个记录的默认长度是 128 个字节。因此,对于由 Visual Basic 建立的数据文件,LOF 函数返回的将是 128 的倍数,不一定是实际的字节数。例如,假定某个文件的实际长度是 257(128 * 2 + 1)个字节,则用 LOF 函数返回的 384(128 * 3)个字节。对于用其他编辑软件或字处理软件建立的文件,LOF 函数返回的将是实际分配的字节数,即文件的实际长度。

用下面的程序段可以确定一个随机文件中记录的个数:

```
RecordLength = 60
Open“c: \prog \Myrelatives”For Random As #1
x = LOF(1)
NumberOfRecords = x \RecordLength
```

❹ EOF 函数

格式:EOF(文件号)

EOF 函数用来测试文件的结束状态。“文件号”的含义同前。利用 EOF 函数,可以避免在文件输入时出现“输入超出文件尾”错误。因此,它是一个很实用的函数。在文件输入期间,可以用 EOF 测试是否到达文件末尾。对于顺序文件来说,如果已到文件末尾,则 EOF 函数返回 True,否则返回 False。

当 EOF 函数用于随机文件时,如果最后执行的 Get 语句未能读到一个完整的记录,则返回 True,这通常发生在试图读文件结尾以后的部分时。

EOF 函数常用来在循环中测试是否已到文件尾,一般结构如下:

```
Do While Not EOF(1)
    ‘文件读写语句
Loop
```

四、顺序文件

在顺序文件中,记录的逻辑顺序与存储顺序一致,对文件的读写操作只能一个记录一个记录地顺序进行。

(一)顺序文件的写操作

❶ Print #语句

格式:Print #文件号,[Spc(n)|Tab(n)][表达式表][;|,]

Print #语句的功能是,把数据写入文件中。Print #语句与 Print 方法的功能类似。Print 方法所“写”的对象是窗体、打印机或控件,而 Print #语句所“写”的对象是文件。例如:

Print #1,A,B,C

把变量 *A*、*B*、*C* 的值"写"到文件号为 1 的文件中。而

Print　A,B,C

则把变量 *A*、*B*、*C* 的值"写"到窗体上。

说明:

(1)格式中的"表达式表"可以省略。在这种情况下,将向文件中写入一个空行。例如:

Print　#1

(2)和 Print 方法一样,Print　#语句中的各数据项之间可以用分号隔开,也可以用逗号隔开,分别对应紧凑格式和标准格式。数值数据由于前有符号位,后有空格,因此使用分号不会给以后读取文件造成麻烦。但是,对于字符串数据,特别是变长字符串数据来说,用分号分隔就有可能引起麻烦,因为输出的字符串数据之间没有空格。例如,设

A $ = "Beijing",B $ = "Shanghai",C $ = "Tianjin"

则执行

Print　#1,A $;B $;C $

后,写到磁盘上的信息为"BeijingShanghaiTianjin"。为了使输出的各字符串明显地分开,可以人为地插入逗号,即改为:

Print　#1,A $;",";B $,",";C $

这样写入文件中的信息为"Beijing,Shanghai,Tianjin"。

(3)实际上,Print　#语句的任务只是将数据送到缓冲区,数据由缓冲区写到磁盘文件的操作是由文件系统来完成的。对于用户来说,可以理解为由 Print　#语句直接将数据写入磁盘文件。但是执行 Print　#语句后,并不是立即把缓冲区的内容写入磁盘,只有在满足下列条件之一时才写盘:

- 关闭文件(Close);
- 缓冲区已满;
- 缓冲区未满,但执行下一个 Print　#语句。

例 8.2　假定文本框(名称为 Text1),用 Print　#语句向文件(文件名为 TEST.DAT)中写入数据。

方法 1:把整个文本框的内容一次性地写入文件。

```
  Open"TEST.DAT"For Output As #1
  Print  #1, Text1
Close  #1
```

方法 2:把整个文本框的内容一个字符一个字符地写入文件。

```
   Open"TEST.DAT"For Output As #1
 For i =1 To len(Test1)
 Print  #1,Mid(Text1, i, 1);
 Next i
 Close  #1
```

❷ Write　#语句

格式:Write　#文件号,表达式表

和 Print #语句一样,用 Write　#语句可以把数据写入顺序文件中。

说明:

(1)“文件号”和“表达式表”的含义同前。当使用 Write　#语句时,文件必须以 Output 或 Append 方式打开。“表达式表”中的各项以逗号分开。

(2) Write　#语句与 Print　#语句的功能基本相同,其主要区别有以下两点:

①当用 Write　#语句向文件写数据时,数据在磁盘上以紧凑格式存放,能自动地在数据项之间插入逗号,并给字符串加上双引号。一旦最后一项被写入,就插入新的一行。

②用 Write　#语句写入的正数的前面没有空格。

(3) 如果试图用 Write　#语句把数据写到一个用 Lock 语句限定的顺序文件中去,则会发生错误。

(二)顺序文件的读操作

顺序文件的读操作,就是从已存在的顺序文件中读取数据。在读一个顺序文件时,首先要用 Input 方式将准备读的文件打开。Visual Basic 提供了 Input、Line Input 语句和 Input 函数读出顺序文件的内容。

❶ Input　#语句

格式:Input　#文件号,变量表

功能:Input #语句从一个顺序文件中把读出的每个数据项分别存放到所对应的变量。例如:

```
Input  #1,A,B,C
```

表示从文件中读出 3 个数据项,分别把它们赋给 *A*、*B*、*C* 三个变量。

说明:

- 变量表由一个或多个变量组成,各变量用逗号分隔,既可以是数值变量,又可以是字符串或数组元素。
- 变量的类型和次序与文件中数据项的类型应匹配。
- 变量表中不能使用结构类型变量,如数组名。
- 在为数值变量赋值而读数时,将忽略前导空格、回车或换行符,把遇到的第一个非空格、非回车和非换行符作为数值的开始,遇到空格、回车或换行符则认为数值结束。空行和非数值数据赋以 0 值。
- 在为字符型变量赋值而读数时,若遇第一个字符(不算前导空格)是双引号,将把下一个双引号之前的字符串赋给变量(双引号不算在字符串内);若遇到第一个字符不是双引号,则以遇到的第一个逗号或行结束符作为结尾,空行看做空字符串。

当有多种数据类型的数据时,尤其是含有字符型数据时,为了能够用 Input #语句将文件中为数据正确地读出,在写数据文件时,最好使用 Write #语句,因为 Write #语句能够将各个数据项明显地区分开。

❷ Line Input　#语句

格式:Line Input　#文件号,字符串变量

功能:从顺序文件中读一行到变量中,主要用来读取文本文件。

说明:读出的数据中不包含回车符及换行符。

例如:以下代码段逐行读取一个文件到文本框 Text1:

```
Dim NextLine As String
```

```
Open"city.dat"For Input As FileNum
Do Until EOF(FileNum)
   Line Input #FileNum,NextLine
   Text1.Text = Text1.Text + NextLine + chr(13) + chr(10)
Loop
```

需要注意的是,尽管 Line Input #语句到达回车换行时会识别行尾,但是,当它把该行读入变量时,不包括回车换行。如果要保留该回车换行,必须使用代码添加。

❸ Input $函数

格式:Input $ (n,#文件号)

Input $函数返回从指定文件中读出的 *n* 个字符的字符串。例如:

```
x $ = Input  $ (100,#1)
```

表示从文件号为 1 的文件中读取 100 个字符,并把它赋给变量 x $。

五、随机文件

使用顺序文件有一个很大的缺点,就是它必须顺序访问,即使明知所要的数据是在文件的末端,也要把前面的数据全部读完才能取得该数据;而随机文件则可直接快速访问文件中的任意一条记录,它的缺点是占用空间较大。

随机文件有以下几个特点:

(1)随机文件的记录是定长记录,只有给出记录号 *n*,才能通过"(*n* - 1) × 记录长度"计算出该记录与文件首记录的相对地址。因此,在用 Open 语句打开文件时必须指定记录的长度。

(2)每个记录划分为若干个字段,每个字段的长度等于相应的变量的长度。

(3)各变量(数据项)要按一定格式置入相应的字段。

(4)打开随机文件后,既可读也可写。

随机文件以记录为单位进行操作。

随机文件的打开与读写操作

在对一个随机文件操作之前,也必须用 Open 语句打开文件,随机文件的打开方式必须是 Random 方式,同时要指明记录的长度。与顺序文件不同的是,随机文件打开后,可同时进行写入与读出操作。

随机文件与顺序文件的读写操作类似,但通常把需要读写的记录中的各字段放在一个记录中,同时应指定每个记录的长度。

❶ 随机文件的写操作

随机文件写操作分为以下几步:

1)定义数据类型

随机文件由固定长度的记录组成,每个记录含有若干个字段。记录中的各个字段可以放在一个记录类型中,记录类型用 Type…End Type 语句定义。Type…End Type 语句通常在标准模块中使用,如果放在窗体模块中,则应加上关键字 Private。

2)打开随机文件

与顺序文件不同,打开一个随机文件后,既可用于写操作,也可用于读操作。打开随机文件的一般格式为:

Open"文件名称"For Random As #文件号 [Len = 记录长度]

"记录长度"等于各字段长度之和,以字符(字节)为单位。如果省略"Len = 记录长度",则记录的默认长度为128个字节。

3)将内存中的数据写入磁盘

随机文件的写操作通过Put语句来实现,其格式为:

Put #文件号,[记录号],变量

该命令是将一个记录变量的值写入文件中由记录号指定的记录位置上,记录号为大于1的整数。若省略记录号,则表示写入的位置是在当前记录之后。

❷ 随机文件的读操作

从随机文件中读取数据的操作与写文件操作步骤类似,只是把第三步中的Put语句用Get语句来代替。其格式为:

Get #文件号,[记录号],变量

该命令是从文件中将由记录号指定位置上的记录内容读入记录变量中。若记录号缺少,则读出的是当前记录后面的那一条记录。

六、文件系统控件

在Windows应用程序中,当打开文件或将数据存入磁盘时,通常要打开一个对话框。利用这个对话框,可以指定文件、目录及驱动器名,方便地查看系统的磁盘、目录及文件等信息。为了建立这样的对话框,Visual Basic提供了3个控件,即驱动器列表框(Drive ListBox)、目录列表框(Directory ListBox)和文件列表框(File ListBox)。利用这3个控件,可以编写文件管理程序。

(一)驱动器列表框和目录列表框

驱动器列表框和目录列表框是下拉式列表框,在工具箱中的图标如图8-1所示。

(a)　　(b)

图8-1　驱动器列表框和目录列表框图标
(a)驱动器列表框;(b)目录列表框

❶ 驱动器列表框

驱动器列表框及后面介绍的目录列表框、文件列表框有许多标准属性,包括Enabled、FontBold、FontItalic、FontName、FontSize、Height、Name、Top、Visible、Width。此外,驱动器列表框还有一个Drive属性,用来设置或返回所选择的驱动器名。Drive属性只能用程序代码设置,不能通过属性窗口设置。其格式为:

驱动器列表框名称.Drive[= 驱动器名]

"驱动器名"是指定的驱动器,如果省略,则Drive属性是当前驱动器。如果所选择的驱动器在当前系统中不存在，则产生错误。

每次重新设置驱动器列表框的 Drive 属性时，都将引发 Change 事件。驱动器列表框的默认名称为 Drive1，其 Change 事件过程的开头为 Drive1_Change( )，如图 8－2 所示。

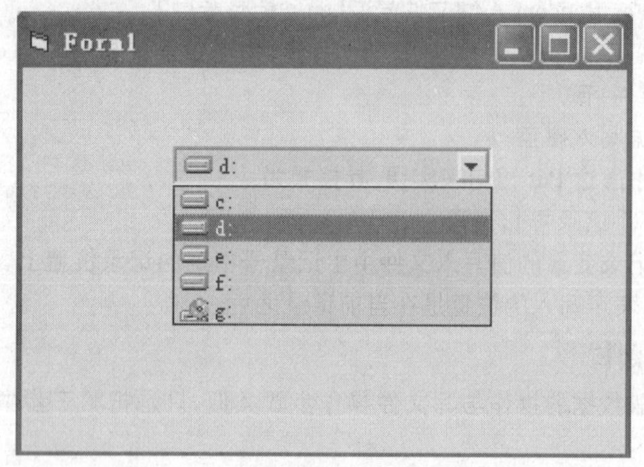

图 8－2　驱动器列表框（运行期间）

❷ 目录列表框

目录列表框用来显示当前驱动器上的目录结构。建立时显示当前驱动器的顶层目录和当前目录。顶层目录用一个打开的文件夹表示，当前目录用一个加了阴影的文件夹来表示，当前目录下的子目录用合着的文件夹来表示，如图 8－3 所示。

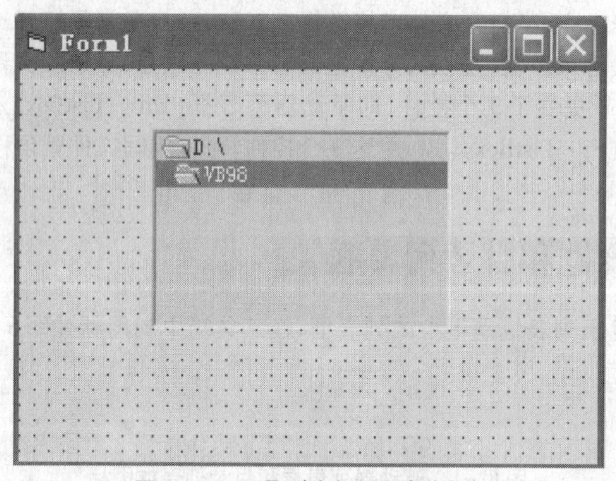

图 8－3　目录列表框（设计阶段）

在 Visual Basic 中建立目录列表框时，当前目录为 Visual Basic 的安装目录（如“VB98”“VB60”等，见图 8－3）。程序运行后，双击顶层目录（这里是“c:\”），就可以显示根目录下的子目录名，双击某个子目录，就可以把它变为当前目录。

在目录列表框中只能显示当前驱动器上的目录。如果要其他驱动器上的目录，必须改变路径，即重新设置目录列表框的 Path 属性。

Path 属性适用于目录列表框和文件列表框，用来设置或返回当前驱动器的路径，其格式为：

［窗体.］目录列表框.| 文件列表框. Path［＝"路径"］

“窗体”是目录列表框所在的窗体，如果省略则为当前窗体。如果省略“＝路径”，则显示当前路径。例如：

Print　Dir1. Path

Path 属性只能在程序代码中设置，不能在属性窗口中设置。对目录列表框来说，当 Path 属性值改变时，将引发 Change 事件。而对文件列表框来说，如果改变 Path 属性，将引发 PathChange 事件（见后）。

驱动器列表框与目录列表框有着密切关系。在一般情况下，改变驱动器列表框中的驱动器名后，目录列表框中的目录应当随之变为该驱动器上的目录，也就是使驱动器列表框和目录列表框产生同步效果。这可以通过一个简单的语句来实现。

如前所述，当改变驱动器列表框的 Drive 属性时，将产生 Change 事件。当 Drive 属性改变时，Drive_Change 事件过程就发生反应。因此，只要把 Drive1. Drive 的属性值赋给 Dir1. Path，就可产生同步效果。即

```
Private  Sub  Drive1_Change()
    Dir1.Path = Drive1.Drive
End Sub
```

例如，在窗体上画一个驱动器列表框，然后画一个目录列表框，并编写上面的事件过程。程序运行后，在驱动器列表框中改变驱动器名，目录列表框中的目录立即随着改变，如图 8 – 4 所示。

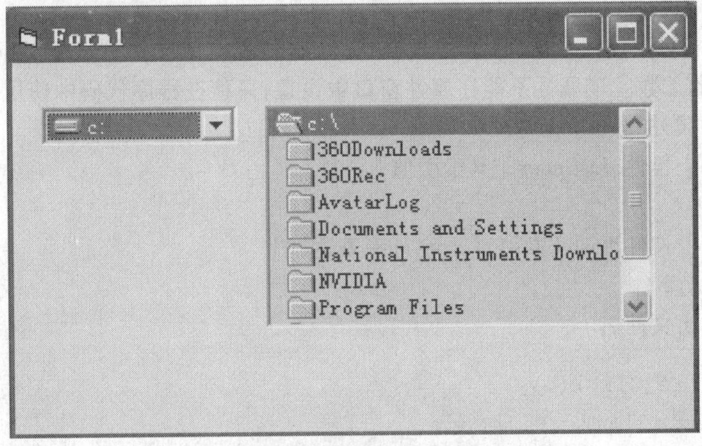

图 8 – 4　驱动器列表框和目录列表框的同步

（二）文件列表框

用驱动器列表框和目录列表框可以指定当前驱动器和当前目录，而文件列表框可以用来显示当前目录下的文件（可以通过 Path 属性改变）。

文件列表框的默认控件名是 File1。在工具箱中，文件列表框的图标如图 8 – 5 所示。

图 8 – 5　文件列表框图标

❶ 文件列表框属性

（1）Path 属性：显示该路径下的文件。

重新设置 Path 属性引发 PathChange 事件。

(2) Pattern 属性:显示文件的类型。

[窗体.]文件列表框名. Pattern [= 属性值]

重新设置 Pattern 属性引发 Pattern_Change 事件。

例如:filFile. Pattern = " *. frm",显示 *. frm 文件。多个文件类型用分号;分界,例如:" *. frm; *. frx"。

(3) FileName 属性:用来在文件列表框中设置或返回某一选定的文件名称。

格式: [窗体.][文件列表框名.] FileName [= 文件名]

引用时只返回文件名,相当于 fileFile. List(filFile. ListIndex),需用 Path 属性得到其路径;设置时可带路径。

例如:要从文件列表框中获得全路径名,代码如下:

```
If  Right(File1. Path,1) = "\"   Then
   Name $ = File1. path&File1. Filename
Else
   Name $ = File1. path&" \"&File1. Filename
End If
```

(4) ListCount 属性:

格式:[窗体.] 控件. ListCount

这里的"控件"可以是组合框、目录列表框、驱动器列表框或文件列表框。ListCount 属性返回控件内所列项目的总数。该属性不能在属性窗口中设置,只能在程序代码中使用。

(5) ListIndex 属性

格式:[窗体.] 控件. ListIndex [=索引值]

(6) List 属性

格式:[窗体.] 控件. List (索引)[=字符串表达式]

Click、DblClick 事件:

例如,单击输出文件名。

```
Sub filFile_Click( )
    MsgBox filFile.FileName
End Sub
```

例如,双击执行可执行程序:

```
Sub filFile_DblClick( )
    ChDir (dirDirectory.Path)       ' 改变当前目录
    RetVal = Shell(filFile.FileName,1)      ' 执行程序
End Sub
```

❷ 驱动器列表框、目录列表框及文件列表框的同步操作

在实际应用中,驱动器列表框、目录列表框和文件列表框往往需要同步操作,这可以通过 Path 属性的改变引发 Change 事件来实现。例如:

```
Private  Sub  Dir1_Change()
   File1.Path = Dir1.Path
```

```
End Sub
```

该事件过程使窗体上的目录列表框 Dir1 和文件列表框 File1 产生同步。

类似地,增加下面的事件过程,就可以使三种列表框同步操作:

```
Private  Sub  Drive1_Change()
    Dir1.Path = Drive1.Drive
End Sub
```

❸ 执行文件

文件列表框接收 DblClick 事件。利用这一点,可以执行文件列表框中的某个可执行文件。也就是说,只要双击文件列表框中的某个可执行文件,就能执行该文件。这可以通过 Shell 函数来实现。例如:

```
Private  Sub  File1_DblClick()
    x = Shell(File1.FileName,1)
End Sub
```

过程中的 FileName 是文件列表框中被选择的可执行文件的名字,双击该文件名就能执行。

(三)文件系统控件的应用

【例 9.3】 用文件系统控件实现文件管理。窗体上有 1 个驱动器列表框、1 个目录列表框、1 个文件列表框、1 个框架和 3 个复选框,运行界面如图 8 - 6 所示。

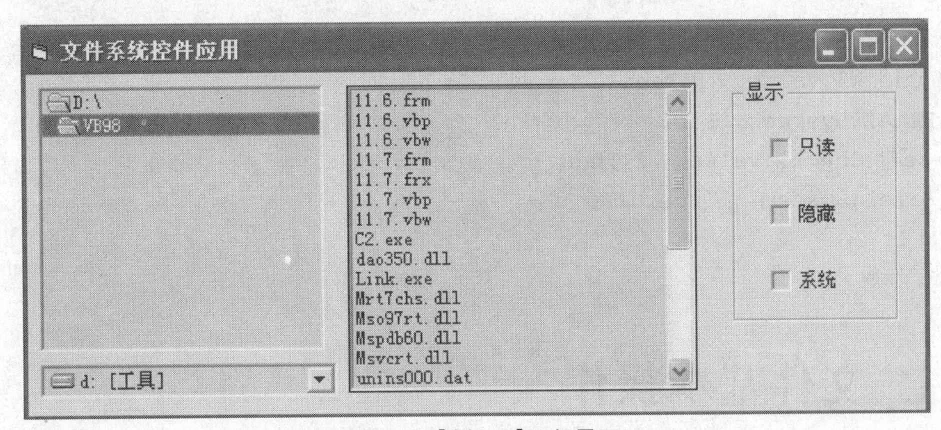

图 8 - 6 【例 8.3】运行界面

根据程序需要,驱动器列表框、目录列表框和文件列表框三者发生联动,必须在程序中编写驱动器列表框和目录列表框的 Change 事件代码,具体操作步骤如下:

(1)在窗体中添加所需控件,修改相关控件的属性。

(2)编写代码,实现同步。

```
Private Sub Dir1_Change()
File1.Path = Dir1.Path
End Sub
```

```
Private Sub Drive1_Change()
Dir1.Path = Drive1.Drive
End Sub
```

(3)编写“隐藏”复选框的单击事件过程代码。

```
Private Sub Check2_Click()
If Check2.Value = 0 Then
  File1.Hidden = False
ElseIf Check2.Value = 1 Then
  File1.Hidden = True
End If
End Sub
```

(4)编写“只读”复选框的单击事件过程代码。

```
Private Sub Check1_Click()
If Check1.Value = 0 Then
  File1.ReadOnly = False
ElseIf Check1.Value = 1 Then
  File1.ReadOnly = True
End If
End Sub
```

(5)编写“系统”复选框的单击事件过程代码。

```
Private Sub Check3_Click()
If Check3.Value = 0 Then
  File1.System = False
ElseIf Check3.Value = 1 Then
  File1.System = True
End If
End Sub
```

七、文件基本操作

❶ FileCopy 语句(拷贝文件)

格式:FileCopy source , destination
功能:复制一个文件。
说明:FileCopy 语句不能复制一个已打开的文件。

❷ Kill 语句(删除文件)

格式:Kill pathname
功能:删除文件。
说明:pathname 中可以使用统配符“ * ”和“?”。

例如:Kill　"＊.TXT"

❸ Name 语句[文件(目录)重命名]

格式:Name　oldpathname　As　newpathname

功能:重新命名一个文件或目录。

说明:

(1)Name 具有移动文件的功能。

(2)不能使用统配符"＊"和"?",不能在一个已打开的文件上使用 Name 语句。

习题八

一、选择题

1. 以下关于文件的叙述中,错误的是(　　)。

A. 顺序文件中的记录是一个接一个地顺序存放

B. 随机文件中记录的长度是随机的

C. 执行打开文件的命令后,自动生成一个文件指针

D. LOF 函数返回给文件分配的字节数

2. 以下关于文件的叙述中,正确的是(　　)。

A. 一个记录中所包含的各个元素的数据类型必须相同

B. 随机文件中的每个记录的长度是固定的

C. Open 命令的作用是打开一个已经存在的文件

D. 使用 Input 语句可以从随机文件中读取数据

3. 按文件的内容划分为(　　)。

A. 顺序文件和随机文件　　B. ASCII 文件和二进制文件

C. 程序文件和数据文件　　D. 磁盘文件和打印文件

4. 在用 Open 语句打开文件时,如果省略"For 方式",则打开文件的存取方式是(　　)。

A. 顺序输入方式　　B. 顺序输出方式

C. 随机存取方式　　D. 二进制方式

5. 能对顺序文件进行输出操作的语句是(　　)。

A. Put　　B. Get　　C. Write　　D. Read

6. 文件列表框中用于设置或返回所选文件的路径和文件名的属性是(　　)。

A. File　　B. FilePath　　C. Path　　D. FileName

7. 在窗体上画一个命令按钮,然后编写如下代码:

```
Private  Sub  Command1_Click()
    Dim MaxSize,NextChar,MyChar
    Open"d:\temp\female.txt"For Input As #1
    MaxSize = LOF(1)
    For  NextChar = MaxSize To 1 Step
      Seek #1,NextChar
      MyChar = Input(1,#1)
    Next NextChar
    Print EOF(1)
```

```
    Close #1
End Sub
```

程序运行后,单击命令按钮,其输出结果为(　　)。

A. True　　B. False　　C. 0　　D. Null

二、填空题

1. 根据不同的标准,文件可分为不同的类型。例如,根据数据性质,可分为______文件和______文件;根据数据的存取方式和结构,可分为______文件和______文件;根据数据的编码方式,可分为______文件和______文件。

2. 打开文件所使用的语句为______。在该语句中,可以设置的输入输出方式包括______、______、______、______和______,如果省略,则为______方式。存取类型分为______、______和______3 种。

3. 顺序文件通过______语句或______语句把缓冲区中的数据写入磁盘中,但只有在满足三个条件之一时才写盘,这 3 个条件是______、______和______。

4. 在 Visual Basic 中,顺序文件的读操作通过______、______语句或______函数实现。随机文件的读写操作分别通过______和______语句实现。

5. 在窗体上画一个驱动器列表框、一个目录列表框和一个文件列表框,其名称分别为 Drive1、Dir1 和 File1,为了使它们同步操作,必须触发______事件和______事件,在这两个事件中执行的语句分别为______和______。

6. 下列程序的功能是把文件 D:\a1. txt 复制成 D:\a2. txt,请填空。

```
Private  Sub  Form_Click()
    Dim ch As String
    Open"d:\a1.txt"For__________
    Open"d:\a2.txt"For__________
Do While Not__________
   ch = Input(1,10)
   Print #20,ch;
Loop
    Close #10,#20
End Sub
```

三、编程上机题

1. 某单位全年每次报销的经费(假定为整数)存放在一个磁盘文件中,试编写一个程序,从该文件中读出每次报销的经费,计算其总和,并将结果存入另一个文件中。

2. 编写程序,按下列格式输出月历,并把结果放入一个文件中:

SUN	MON	TUE	WED	THU	FRI	SAT
1	2	3	4	5	6	7
8	9	10	11	12	13	14
15	16	17	18	19	20	21
22	23	24	25	26	27	28
29	30	31				

3. 在窗体上画 6 个标签、两个文本框、一个组合框(其 Style 属性设置为 2)、两个命令按钮以及

一个驱动器列表框、一个目录列表框和一个文件列表框，如图 8 - 7 所示。然后按以下要求设计程序，程序执行情况如图 8 - 8 所示。

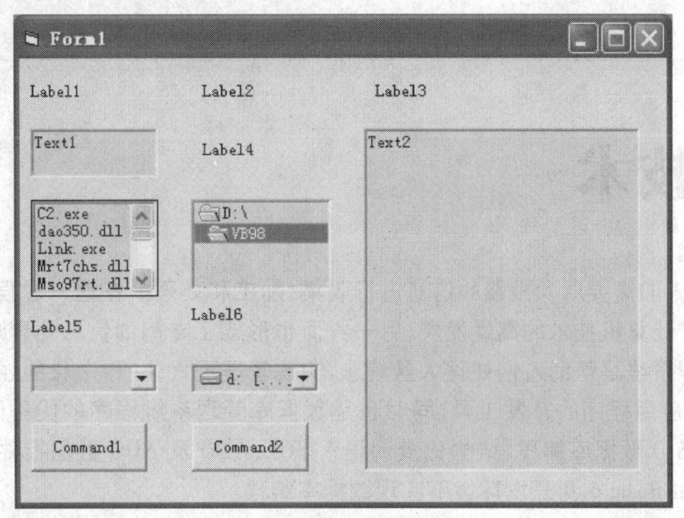

图 8 - 7　编程题 3 界面设计

(1) 程序运行后，可以在"目录："下面的标签中列出当前路径。组合框设置为下拉式列表框，在组合框中有 3 项供选择，分别为"所有文件（ *. * ）""文本文件（ *. TXT）"和"Word 文档（ *. DOC）"，在文件列表框中列出的文件类型与组合框中显示的文件类型相同。

(2) 可以通过单击驱动器列表框和双击目录列表框进行选择，使文件列表框中显示相应目录中的文件，所显示的文件类型由组合框中的当前项目确定。

(3) 单击文件列表框中的一个文件名，该文件名即可以"文件名称："下面的文本框显示出来。

(4) 单击"读文件"按钮，可使"文件名称："下面文本框中所显示的文件（文本文件）的内容在右面的文本框中显示出来，此时可以对该文本进行编辑。

(5) 单击"保存"按钮，编辑后的文件内容可以保存到由目录列表框指定的路径、文件列表框指定的文件中（该文件显示在"文件名称："下面的文本框中）。

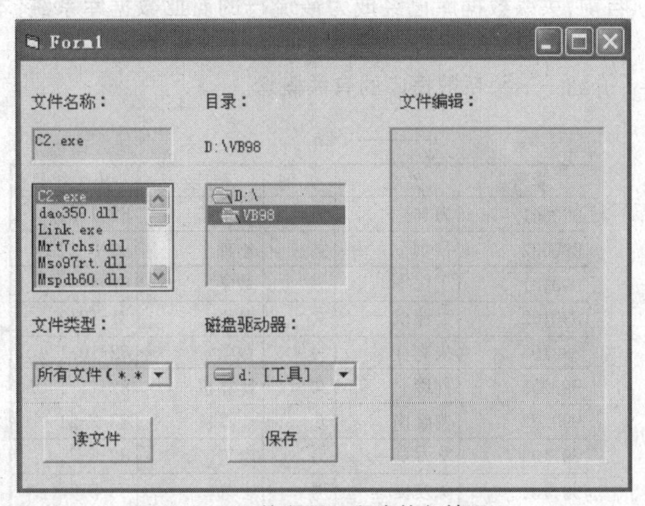

图 8 - 8　编程题 3 程序执行情况

第九章

数据库技术

本章学习导读

在信息时代,人们需要对大批量的信息进行收集、加工和处理。在这一过程中,数据库技术的应用一方面促进了计算机技术的高度发展,另一方面也形成了专门的信息处理理论及数据库管理系统。数据库管理系统是帮助人们处理大量信息,实现管理现代化、科学化的强有力的工具。Visual Basic 6.0 作为应用程序的开发工具,同时也是数据库管理系统程序的优秀开发平台。本章将介绍 Visual Basic 6.0 数据库编程、结构化查询语言 SQL、ADO 及 ADO 数据控件、数据绑定控件和使用 ADO 在 Visual Basic 6.0 开发环境下实现数据库编程。

一、数据库编程概述

在学习具体的数据库编程前,首先了解数据库的一些相关知识,以及 Visual Basic 在数据库编程方面的独到之处。

(一)数据库的基本概念

数据库就是一组排列成易于处理和读取的相关信息的集合。数据库可以分为层次数据库、网状数据库和关系数据库三种。关系数据库建立在严格的数学概念基础之上,采用单一的数据结构描述数据间的联系,并且提供了结构化查询语言 SQL 的标准接口,因此具有强大的功能、良好的数据独立性和安全性。目前,关系数据库已经成为最流行的商业数据库系统,本章所讨论的数据库也是关系数据库。

下面结合图 9-1 介绍一下关系数据库的有关概念。

字段　主键　按学号索引　记录

学号	姓名	性别	专业	出生年月
990001	万林	男	物理	82-1-21
990002	庄前	女	物理	82-9-21
990101	丁保华	男	数学	82-4-4
990102	姜沛棋	女	数学	81-12-2
990103	朱克良	男	数学	82-10-1
990201	程玲	女	计算机	82-11-14
990202	黎敏艳	女	计算机	83-2-21
991103	章万京	男	电气	82-6-3
991104	陈友良	男	电气	83-5-5

图 9-1　关系(基本情况表)的结构

(1) 关系(表):一个关系就是一张二维表。每张表都有一个名称,即关系名。

(2) 记录(行):二维表中的每一行称为一条记录,记录是一组数据项(字段值)的集合,表中不允许出现完全相同的记录,但记录可以出现任意的先后次序。

(3) 字段(列):二维表中每一列称为一个字段,每一列均有一个名字,称为字段名,各字段名互不相同。列出现的顺序也可以是任意的,但同一列中数据的类型必须相同。

(4) 主键:在数据库中最常用的操作是检索信息,为了提高检索效率,常将关系数据库中的某个字段或某些字段组合定义为主键。每条记录的主键值是唯一的,这就保证了可以通过主键唯一标识一条记录。

(5) 索引:为了提高数据库的访问效率,表中的数据应该按照一定顺序排列,如学生成绩表应按学号排序。但数据库要经常进行更新,如果每次更新都要对表重新排序,则太复杂。为此,通常建立一个较小的表——索引表,该表中只含有索引字段和记录号。通过索引表可以快速确定要访问记录的位置。

(6) 表间关系:一个数据库可以由多个表组成,表与表之间可以用不同的方式相互关联。若第一个表中的一条记录内容与第二个表中多条记录的数据相符,但第二个表中的一条记录只能与第一个表的一条记录的数据相符,这样的表间关系类型叫做一对多关系(如图 9－2)。

基本情况表

学号	姓名
990001	万林
990002	庄前
…	…

学生成绩表

学号	课程	成绩
990001	数学	85
990001	外语	90
…	…	…

图 9－2　一对多关系

若第一个表的一条记录的数据内容可与第二个表的多条记录的数据相符,反之亦然,这样的表间关系类型叫做多对多关系。

(二) Visual Basic 6.0 的数据库应用

如图 9－3 所示,一个数据库应用程序的体系结构由用户界面和应用程序、数据库引擎、数据库三部分组成。数据库引擎是数据库驱动程序,位于应用程序和物理数据库文件之间,其他程序员可以用统一的方式访问各种数据库。在 Visual Basic 6.0 数据库应用系统的三部分中,用户程序是程序员开发的,也是用 Visual Basic 6.0 来编写的部分。

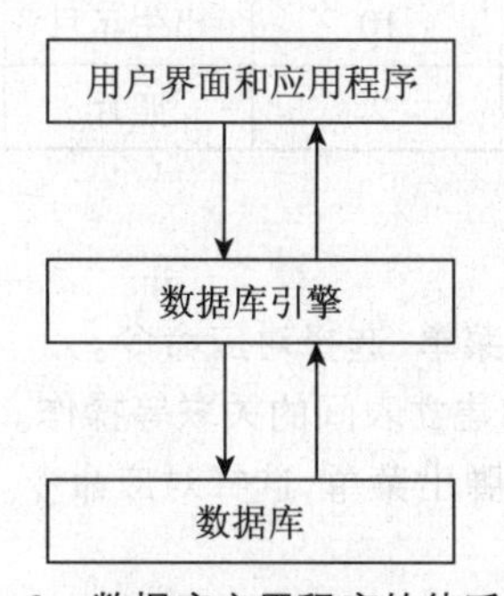

图 9－3　数据库应用程序的体系结构

Visual Basic 6.0 作为数据库应用程序开发平台既简单、灵活,而且还具有可扩充性,其优点表现如下：

• 简单性。Visual Basic 6.0 提供了数据库相关控件，通过这些控件只要编写少量的代码甚至不编写任何代码就可以访问和操作数据库。

• 灵活性。Visual Basic 6.0 除了可以直接建立和访问内部的 Access 数据库外，还可以通过数据库引擎或者 ODBC 驱动程序与其他类型的数据库进行链接。

• 可扩充性。Visual Basic 6.0 是一种可扩充的语言，其中包括在数据库应用方面的扩充。在 Visual Basic 6.0 中，可以使用 ActiveX 控件，这些控件可以由 Microsoft 公司提供，也可以由第三方开发者开发。有了 ActiveX 控件，可以很容易地进行数据库应用功能方面的扩充。

二、数据库管理

VB 的数据库管理器（VisData.exe）可用于管理数据库。在 VB 开发环境内单击"外接程序"菜单中的"可视化数据管理器"命令可打开"可视数据管理器"对话框，如图 9－4 所示：

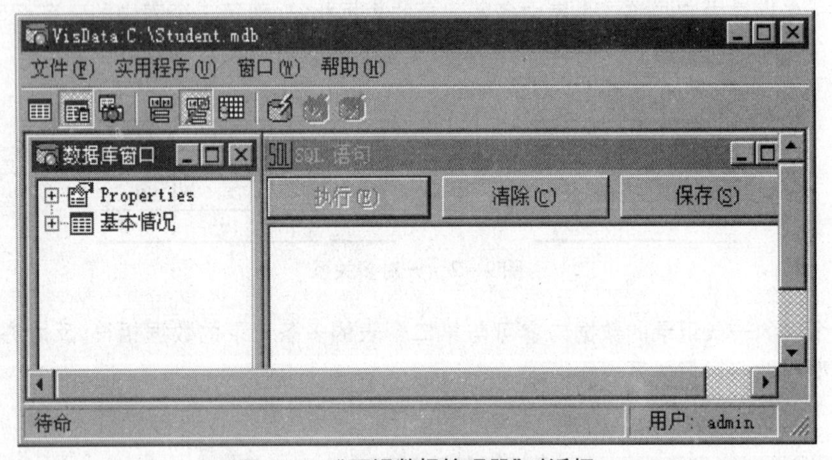

图 9－4 "可视数据管理器"对话框

在可视数据管理器下，可建立一个学生数据库 Student.mdb，所含学生基本情况表结构如下：

字段名	类　型	宽　度	字段名	类　型	宽　度
学号	Text	6	专业	Text	10
姓名	Text	10	出生年月	Date	8
性别	Text	2	照片	Binary	

数据库管理器使用小结：

（1）建立新表。

鼠标右键单击数据库窗口，弹出菜单，选择对应命令。

（2）打开、删除表，修改表结构和建立表间的关联等操作。

右键单击数据库窗口内的表名，弹出菜单，选择对应命令。

（3）编辑记录。

双击表名，打开表格输入窗口，编辑、增删记录。

三、数据绑定控件

（一）Data 控件

数据控件 Data 是 Visual Basic 访问数据库最常用的工具之一。数据控件提供不需编程而能访问现存数据库的功能，允许将 Visual Basic 的窗体与数据库方便地进行连接。

Data 控件是 Visual Basic 的内部控件，因此可以直接在标准工具箱中找到该控件。可以将多个 Data 控件同时添加到一个工程甚至是同一个窗体中。每个控件可以连接到不同的数据库或同一个数据库的不同表上，还可以和代码一起查询满足 SQL 语句的表的记录集。

使用 Data 控件可以访问多种数据库，这些数据库包括 Microsoft Access、Microsoft FoxPro 等。还可以使用 Data 控件访问 Microsoft Excel 以及标准的 ASCII 文本文件。此外，Data 控件也可以访问和操作远程的开放式数据库连接（ODBC）数据库，例如 Microsoft SQL Server 以及 Oracle 等。

Data 控件的属性如表 9－1 所示：

表 9－1　Data 控件的属性

连接属性	Data 控件属性说明
Connect	指定数据控件所要连接的数据为类型
DatabaseBane	指定具体使用的数据库文件名，包括所有的路径名
RecirdSource	确定具体可访问的数据，这些数据构成记录集对象
RecordTyde	确定记录集类型

注意：RecordSource 属性可以是数据库中的单个表名，也可以是使用 SQL 查询语言的一个查询字符串。如果连接的是单表数据库，则 DatabaseName 属性应设置为数据库文件所在的子目录名，而具体文件名放在 RecordSource 属性中。

数据控件只能连接数据库产生记录集，不能显示记录集中的数据，要显示记录集中的数据必须通过能与它绑定的控件来实现，如图 9－5 所示。

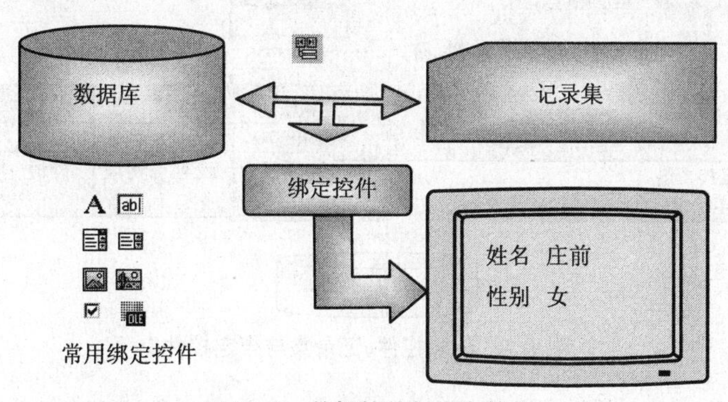

图 9－5　数据控件与绑定控件

(二)数据绑定控件

在 Visual Basic 6.0 中,可与 Data 控件一起使用的标准绑定控件主要有:复选框控件、图像框控件、标签控件、图片框控件、文本框控件、列表框控件、组合框控件。

用来显示数据的控件之所以被称为绑定控件,是因为它连接在数据控件上。必须对控件设定适当的属性值,才能显示相应的信息。工具箱内数据绑定控件图标形状为:。

画在窗体上的外观如图 9-6 所示。

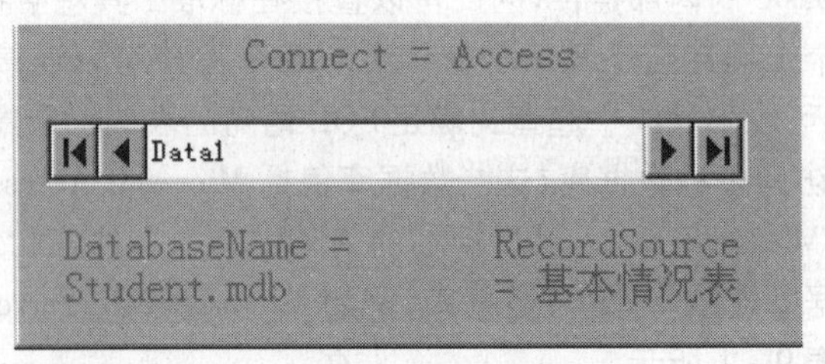

图 9-6 画在窗体上的外观

在 Visual Basic 中,大多数绑定控件都具有以下三种与数据有关的属性。

❶ DataSource 属性

用来指定绑定控件所连接的数据控件名称,也就是把控件绑定到哪个数据控件上。例如,将一个文本框控件的 DataSource 属性设置为 Data1,则文本框与 Data1 相关联。

❷ DataChanged 属性

DataChanged 属性用来指示显示于绑定控件里的值是否已经改变。如果已经改变,则其值为 True,否则为 False。

❸ DataField 属性

DataField 属性用来指定 Data 控件建立的记录集里字段的名称。

Data 控件、记录集与绑定控件如图 9-7 所示。

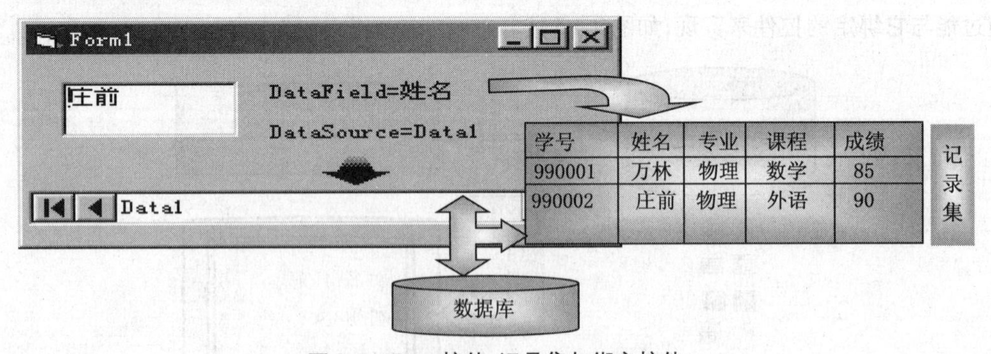

图 9.7 Data 控件、记录集与绑定控件

思考题:

题 9.1 设计一个窗体显示在"第九章 一、数据库编程概述"中建立的 Student.mdb 数据库中基本情况表的内容。

题 9.2 用一个数据网格控件 MsFlexGrid 显示 Student.mdb 数据库中基本情况表的内容。

相关提示如表 9－2 所示。

表 9－2　思考题的提示内容

默认控件名	其他属性设置
Data 1	DatabaseName = " 目录名\ Student. mdb"
	RecordsetTyp = 0
	RecordSource = " 基本情况"
MsFlexGrid 1	Datasource = Date 1

属性：

Rows 、Cols（网格的行或列数）；

FixedRows 、FixedCols（不可卷动的行或列数）。

四、ADO 数据控件

（一）ADO 对象模型

ADO(ActiveX Data Objects)是 Microsoft 处理数据库信息的最新技术，它是一种 ActiveX 对象，采用了被称为 OLE DB 的数据访问模式。它是数据访问对象 DAO、远程数据对象 RDO 和开放数据库互联 ODBC 三种方式的扩展。ADO 对象模型更为简化，不论是存取本地的还是远程的数据，都有统一的接口。

（二）使用 ADO 数据控件

在使用 ADO 数据控件前，必须先通过"工程/部件"菜单命令选择"Microsoft ADO Data Control 6.0(OLE DB)"选项，将 ADO 数据控件添加到工具箱。ADO 数据控件与 Visual Basic 的内部数据控件很相似，它允许使用 ADO 数据控件的基本属性快速创建与数据库的连接。

工具箱内 ADODC 控件图标形状为：

画在窗体上的外观如图 9－8 所示。

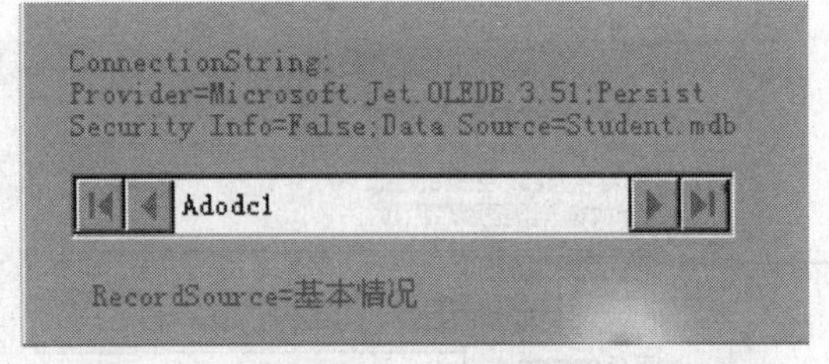

图 9－8　工具箱内 ADODC 控件图标外观

一般地，能够利用三种记录集对象访问数据库中的数据，连接设置如表 9－3 所示。

表 9-3　ADO 控件连接设置

连接属性	ADO 控件属性说明
ConnectionString	包含了用于与数据源建立连接的相关信息(ADO 控件没有 DatabaseName 属性)
RecordSource	确定具体可访问的数据,这些数据构成记录集对象 Recordset

连接操作具体为:

(1)鼠标右击 ADODC 控件,选择快捷菜单"ADODC 属性"命令,打开 ADODC 控件属性页窗口,如图 9-9 所示。

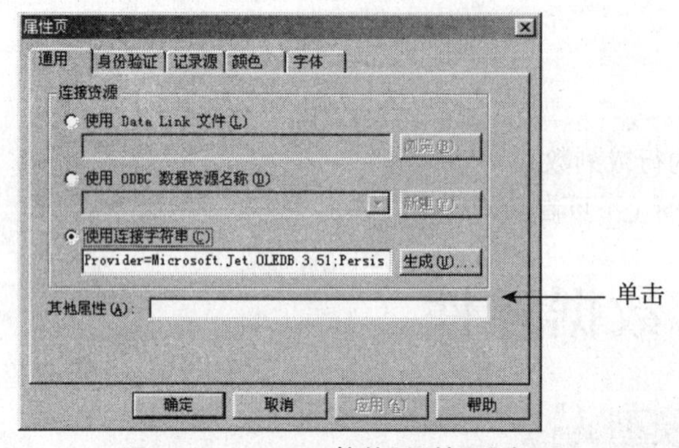

图 9-9　ADODC 控件"属性页"窗口

(2)在"通用"选项卡的"连接资源"选项组中选择"使用连接字符串"单选按钮,单击"生成"按钮,将打开一个"数据链接属性"对话框的"提供者"选项卡,如图 9-10 所示。

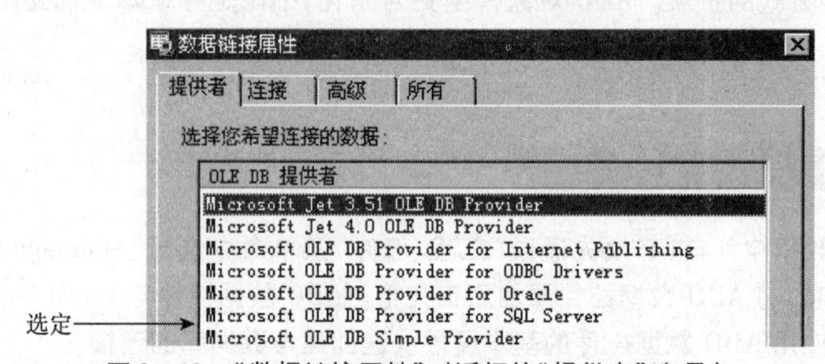

图 9-10　"数据链接属性"对话框的"提供者"选项卡

(3)在步骤(2)中选择 Microsoft Jet 3.51 OLE DB Provider,然后单击"下一步"按钮,则打开该对话框的"连接"选项卡,如图 9-11 所示。

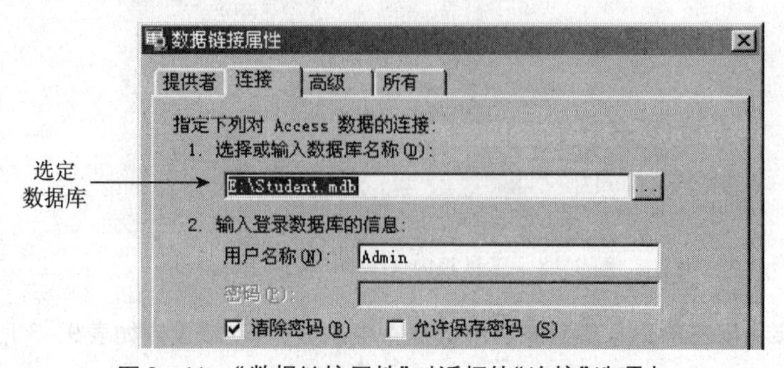

图 9-11　"数据链接属性"对话框的"连接"选项卡

(4) 设置 RecordSource 属性。

RecordSource 属性用于确定具体可以访问的数据，这些数据构成了记录集对象的 RecordSet。该属性值可以是一个表的名称、一个存储查询或一个查询字符串。在属性窗口中单击 RecordSource 属性框右边的省略号按钮"…"，弹出 ADODC 控件的"属性页"对话框，如图 9－12 所示。在"记录源"选项卡的"命令类型"下拉列表中选择 2-adCmdTable 选项，表示将为 ADODC 控件选择一个数据库中已经存在的表或已经建议的查询作为数据源。

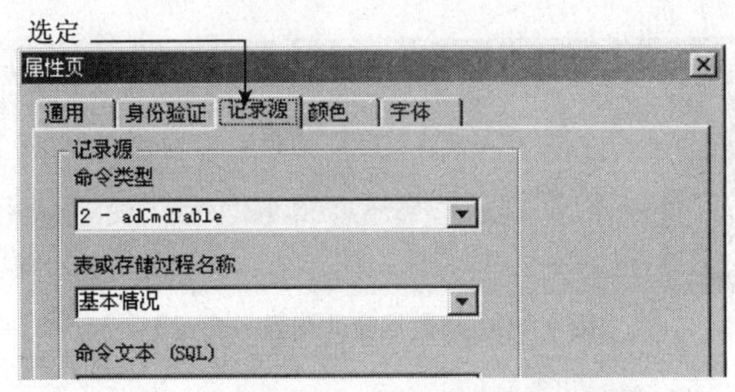

图 9－12　"属性页"对话框"记录源"选项卡

设置完成后，ADODC 控件的 ConnectionString 属性为：

Provider = Microsoft. Jet. OLEDB. 3. 51；Persist Security Info = False；Data Source = Student. mdb

RecordSource 属性为：基本情况(表)。

ADO 控件的其他操作与 Data 控件相同。

(三) ADO 控件上绑定控件的使用

ADO 控件上绑定的控件一般有如图 9－13 所示的几种，网络控件的比较如表 9－4 所示。

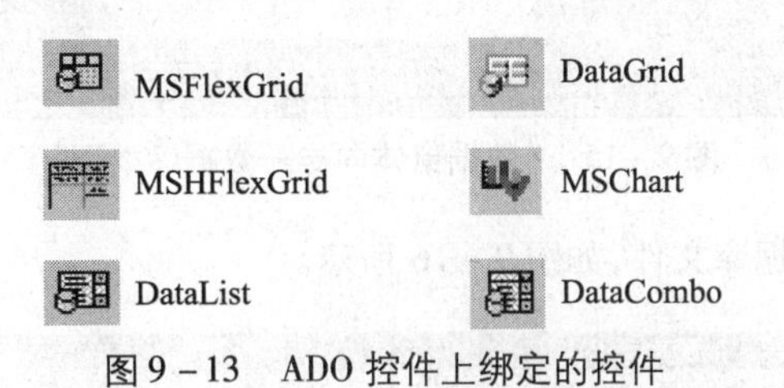

图 9－13　ADO 控件上绑定的控件

表 9－4　网格控件比较

网格控件	分　类	功能说明
MSFlexGrid	标准	不能进行编辑，有图形功能
MSHFlexGrid	OLEDB	不能进行编辑，可分层处理网格，有图形功能
DataGrid	OLEDB	可以进行编辑操作，显示文本

思考题：

题 9.3　使用 ADO 控件和 DataGrid 网格控件浏览数据库。

（四）使用数据窗体向导

通过数据窗体向导能建立一个访问数据的窗口。在使用前必须执行"外接程序/外接程序管理器"命令，将"VB6 数据窗体向导"装入到"外接程序"菜单中。

步骤1：执行"外接程序"菜单中的"数据窗体向导"命令，如图9－14所示。

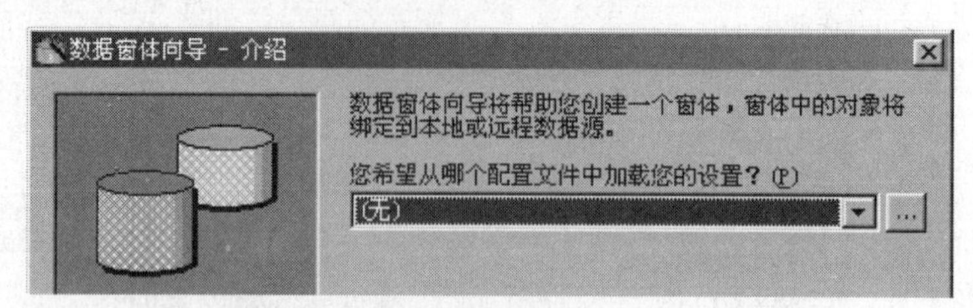

图9－14 "数据窗体向导—介绍"

步骤2：选择数据库类型，如图9－15所示。

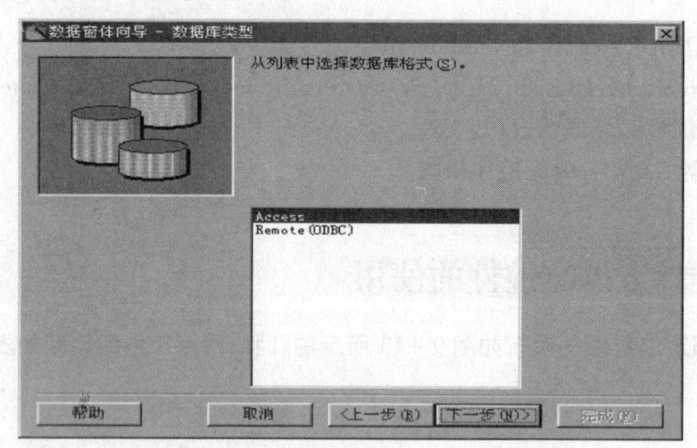

图9－15 "数据窗体向导—数据库类型"

步骤3：选择具体的数据库文件，如图9－16所示。

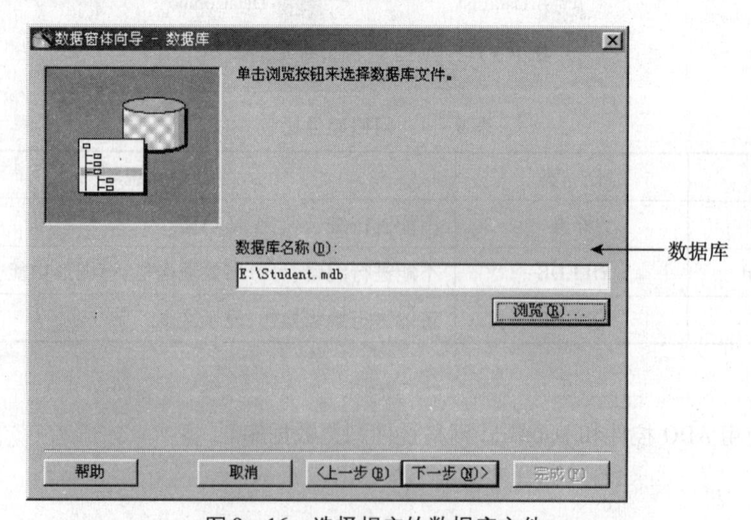

图9－16 选择相应的数据库文件

步骤 4：设置应用窗体的工作特性，如图 9－17 所示。

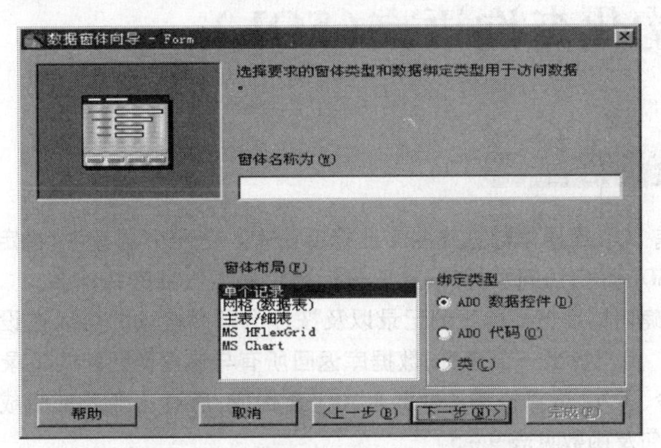

图 9－17　设置应用窗体的工作特性

步骤 5：选择记录源（所需要的实际数据），如图 9－18 所示。

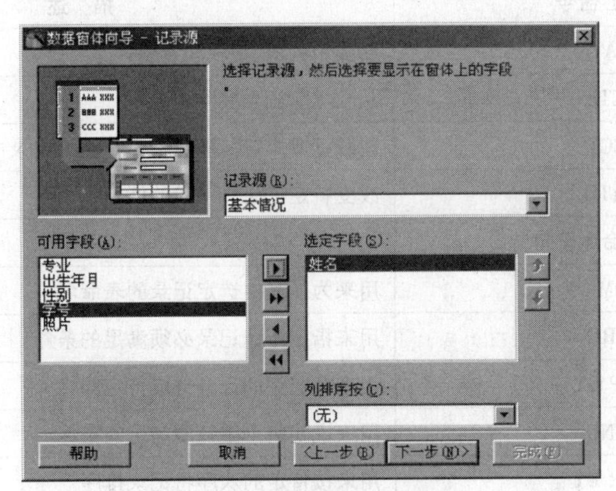

图 9－18　设置相应的记录源

步骤 6：选择所需要的操作按钮，如图 9－19 所示。

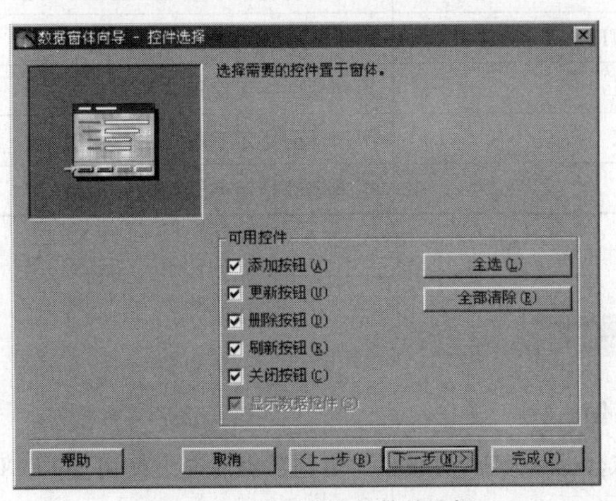

图 9－19　进行相应的控件选择

五、结构化查询语言(SQL)

(一)结构化查询语言

结构化查询语言 SQL 是操作数据库的工业标准语言。在 SQL 语言中,指定要做什么而不是怎么做。不需要告诉 SQL 如何访问数据库,只要告诉 SQL 需要数据库做什么。

利用 SQL,可以确切指定想要检索的记录以及按什么顺序检索。可以在设计或运行时对数据控件使用 SQL 语句。用户提出一个查询,数据库返回所有与该查询匹配的记录。

SQL 语言由命令、子句、运算符和函数等基本元素构成,通过这些元素组成语句对数据库进行操作。常用命令、子句及函数见表 9－5:

表 9－5　结构化查询语言

常用 SQL 命令	描　述
CREAT	创建新的表、字段和索引
DELETE	从数据库表中删除记录
SELECT	在数据库中查找满足特定条件的记录
UPDATE	改变特定记录和字段的值
常用 SQL 命令子句	描　述
FROM	用来为从其中选定记录的表命名
WHERE	用来指定所选记录必须满足的条件
GROUP BY	用来把选定的记录分成特定的组
HAVING	用来说明每个组需要满足的条件
ORDER BY	用来按特定的次序将记录排序
合计函数	描　述
AVG	用来获得特定字段中的值的平均数
COUNT	用来返回选定记录的个数
SUM	用来返回特定字段中所有值的总和
MAX	用来返回指定字段中的最大值
MIN	用来返回指定字段中的最小值

(二)使用 SELECT 语句查询

❶ 使用 SELECT 语句

从数据库中的获取数据称为查询数据库,查询数据库通过使用 SELECT 语句,常见的 SELECT 语句形式为:

Select 字段表 From 表名 Where 查询条件 Group By 分组字段 Order By 字段[Asc|Desc]。

可以在设计或代码中对数据控件的 RecordSource 属性设置 SQL 语句，也可将 SQL 语句赋予对象变量。

在建立 SQL 语句时，如果需要通过变量构造条件，则需要在应用程序中将变量连接到 SELECT 语句。例如：

"Select * From 基本情况表 Where 专业 ='"& Text1 &"'"

❷ 使用 UPDATE 语句修改记录

UPDATE 创建一个更新查询来按照某个条件修改特定表中的字段值。其语法如下：

UPDATE [表集合] SET [表达式] WHERE [条件]

❸ 使用 DELETE 语句查询

可以创建删除查询来删除 FROM 子句中列出的、满足 WHERE 子句的一个或多个表中的记录，其语法所示如下：

DELETE [表字段] FROM [表集合] WHERE [条件]

六、报表制作

数据报表设计器属于 ActiveX Designer 组中的一个成员，在使用前需要执行"工程|添加 Data Report"命令，将报表设计器加入当前工程中，产生一个 DataReport1 对象，并在工具箱内产生一个"数据报表"工具组，如图 9-20 所示。

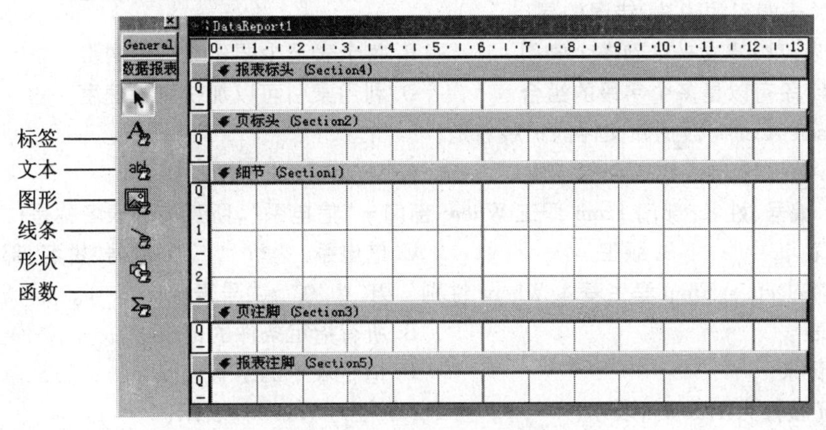

图 9-20　Data Report1 对象

- "标签"控件在报表上放置静态文本。
- "文本"控件在报表上连接并显示字段的数据。
- "图形"控件可在报表上添加图片。
- "线条"控件在报表上绘制直线。
- "形状"控件在报表上绘制各种各样的图形外形。
- "函数"控件在报表上建立公式。
- 报表标头区包含整个报表最开头的信息，一个报表只有一个报表头，可使用"标签"控件建立报表名。
- 报表注脚区包含整个报表尾部的信息，一个报表也只有一个注脚区。
- 页标头区设置报表每一页顶部的标题信息；页注脚区包含每一页底部的信息；细节区包含

报表的具体数据,细节区的高度将决定报表的行高。

例 9.1 建立新工程,在窗体上放置两个命令按钮。

- 在当前工程内加入一个 DataEnvironent1 对象。完成与指定数据库的连接。在 Connection1 下创建 Command1 对象。
- 在当前工程中加入报表设计器 DataReport1,设置报表设计器的 DataSource 属性为数据环境对象,DataMember 属性为 Command1 对象。
- 将数据环境设计器中 Command1 对象内的字段拖动到数据报表设计器的细节区。
- 使用"标签"控件,在报表标头区插入报表名,页标头区设置报表每一页顶部的标题信息等。
- 使用"线条"控件在报表内加入直线,使用"图形"控件和"形状"控件加入图案或图形。
- 在命令按钮 Click 事件内加入代码 DataReport1. Show 显示报表,DataReport1. PrintReport 打印报表。

习题九

一、选择题

1. 以下说法错误的是(　　)。

A. 一个表可以构成一个数据库

B. 多个表可以构成一个数据库

C. 一个表的每一条记录中的各数据项具有相同的类型

D. 同一个字段的数据具有相同的类型

2. 以下关于索引的说法,错误的是(　　)。

A. 一个表可以建立一个到多个索引　　B. 每个表至少要建立一个索引

C. 索引字段可以是多个字段的组合　　D. 利用索引可以加快查找速度

3. Microsoft Access 数据库文件的扩展名是(　　)。

A. . dbf　　B. . acc　　C. . mdb　　D. . db

4. Select 编号、姓名、部门 From 职工 Where 部门 = "信电系",所查询的表名称是(　　)。

A. 所有表　　B. 职工　　C. 信电系　　D. 编号、姓名、部门

5. 语句"Select * From 学生基本 Where 性别 = 男"中的" * "号表示(　　)。

A. 所有表　　B. 所有指定条件的记录

C. 所有记录　　D. 指定表中的所有字段

6. 当 Bof 属性为 True 时,表示(　　)。当 Eof 属性为 True 时,表示(　　)。

A. 当前记录位置位于 Rdcordset 对象的第一条记录

B. 当前记录位置位于 Rdcordset 对象的第一条记录之前

C. 当前记录位置位于 Rdcordset 对象的最后一条记录

D. 当前记录位置位于 Rdcordset 对象的最后一条记录之后

7. 当使用 Seek 方法或 Find 方法进行查找时,可以根据记录集的(　　)属性判断是否找到了匹配的记录。

A. Match　　B. NoMath　　C. Found　　D. Nofound

8. 以下说法正确的是(　　)。

A. 使用 Data 控件可以直接显示数据库中的数据

B. 使用数据绑定控件可以直接访问数据库中的数据

C. 使用 Data 控件可以对数据库中的数据进行操作,却不能显示数据库中的数据

D. Data 控件只有通过数据绑定控件才可以访问数据库中的数据

二、填空题

1. DB 是____________的简称,DBMS 是____________的简称。

2. 按数据的组织方式不同,数据库可以分为 3 种类型,即____________数据库、____________数据库和____________数据库。

3. 一个数据库可以有____________个表,表中的____________称为记录,表中的____________称为字段。

4. Visual Basic 允许对 3 种类型的记录集进行访问,即____________、____________和____________。以____________方式打开的表或由查询返回的数据是只读的。

5. 要设置 Data 控件连接的数据库的名称,需要设置其____________属性。要设置 Data 控件连接的数据库类型,需要设置其____________属性。

6. 要设置记录集的当前记录有序号位置,需通过____________属性。例如,要定位于在由 Data1 控件所确定的记录集的第 5 条记录,应使用语句:____________。

7. 记录集的____________属性用于指示 Recordset 对象中记录的总数。

8. 要使数据绑定控件能够显示数据库记录集中的数据,必须首先在设计时或在运行时设置这些控件的两个属性,即使用____________属性设置数据源,使用____________属性设置要连接的数据源字段的名称。

三、编程上机题

1. 使用可视化数据库管理器建立一个 Access 数据库 Mydb. mdb,其中含表 Student,其结构如表 9 – 6 所示。

程序设计要求如下:

表 9 – 6 题三表

名 称	类 型	大 小
姓名	Text	10
年龄	Integer	
性别	Text	2
数学	Single	
英语	Single	
计算机	Single	

学生信息表结构

(1) 设计一个窗体,编写程序能够对 Mydb. mdb 数据库中 Student 表进行编辑、添加、删除等操作。

(2) 设计一个窗体,编写程序浏览学生基本信息,查询某指定学生考试成绩。

2. 在 Visual Basic 或 Access 环境下建立一个"Zg. mdb"数据库,并在库中建立一个"职工情况. dbf"表,如表 9 – 7 所示。

表 9-7　职工情况表结构

编号	姓名	出生年月	性别	职称	婚否	备注
76001	张江	1976.11	女	讲师	T	
76002	王锦	1975.02	男	副教授	T	
76005	李华	1976.06	男	讲师	F	
……	……	……	……	……	……	

请编写一个 Visual Basic 应用程序，实现对 Access 环境下建立的“Zg. mdb”中的“职工情况.dbf”表中记录的浏览、增加和删除操作。